U0380364

国家自然科学基金面上项目（51978144、51678127）

性能驱动的城市街区形态生成与优化

徐小东　吴奕帆　刘宇鹏　殷晨欢　王艺　著

东南大学出版社
SOUTHEAST UNIVERSITY PRESS
南京·2023

内容提要

在"双碳"背景下，与气候相关的绿色城市设计理论与方法逐步成为广受关注的前沿课题，本书从城市形态与环境舒适度的相关性视角切入，在原理揭示的基础上比对了不同气候条件下影响因素的差异性，总结出与之相适配的开放空间设计策略，同时进一步凝练形成相应的模式语言，系统构建了气候适应性城市设计方案生成和形态优化的方法与技术路径，并通过不同层级的案例加以检验，初步验证了其通用性和可靠性，具有重要的理论意义和应用价值。

本书立论新颖，资料翔实，理论、方法和实践应用并重，既适用于建筑学、城乡规划学、风景园林学、气象学以及相关领域的专业人士、建设管理者阅读，也可作为高等院校相关专业师生选修课的参考教材。

图书在版编目（CIP）数据

性能驱动的城市街区形态生成与优化 / 徐小东等著 .
—南京：东南大学出版社，2023.11
（双碳导向下的绿色城市设计丛书 / 徐小东主编）
ISBN 978-7-5766-0518-1

Ⅰ .①性… Ⅱ .①徐… Ⅲ .①城市 – 能源管理 – 研究 –
中国②城市规划 – 研究 – 中国 Ⅳ .① F206 ② TU984.2

中国版本图书馆 CIP 数据核字（2022）第 242858 号

责任编辑：孙惠玉　　责任校对：子雪莲　　封面设计：余武莉　　责任印制：周荣虎

性能驱动的城市街区形态生成与优化
Xingneng Qudong De Chengshi Jiequ Xingtai Shengcheng Yu Youhua

著　　者：	徐小东　吴奕帆　刘宇鹏　殷晨欢　王艺
出版发行：	东南大学出版社
出 版 人：	白云飞
社　　址：	南京四牌楼 2 号　　邮编：210096　　电话：025-83793330
网　　址：	http://www.seupress.com
经　　销：	全国各地新华书店
排　　版：	南京凯建文化发展有限公司
印　　刷：	南京玉河印刷厂
开　　本：	787mm×1092mm　1/16
印　　张：	20.75
字　　数：	505 千
版　　次：	2023 年 11 月第 1 版
印　　次：	2023 年 11 月第 1 次印刷
书　　号：	ISBN 978-7-5766-0518-1
定　　价：	79.00 元

本社图书若有印装质量问题，请直接与营销部调换。电话（传真）：025-83791830

20世纪是人类创造空前繁荣的物质文明的时代，同时也是人类对地球生态环境和自然资源产生严重破坏的时期。城市、建筑与环境之间的矛盾日益尖锐，自然环境的持续恶化和不可再生资源的迅速枯竭，都已成为关系人类能否延续和生存下去的紧迫问题，也给城市自身的发展带来前所未有的压力和阻碍。

就目前而言，城市可持续发展主要面临以下两大挑战：其一，是人、城市与自然环境的矛盾。建筑和城市以一种控制自然的机器的形象出现，难以融入环境，反而会造成自然环境的破坏，致使"城市固有风土和历史传统被抹杀……形成冷漠的无机的城市"[1]。其二，是城市发展和能源过度耗费所带来的潜在危害，建成环境日益成为环境退化的主要动力。其中，最令人忧虑的是二氧化碳的排放致使全球变暖的趋势日益显著。

从国际上来看，城市设计及相关领域学者已经提出的理论学说极大地丰富了人们对城市建成环境的认识。城市设计的发展大致经历了四个阶段：1920年以前的第一代城市设计，主要采用古典建筑美学及视觉有序的原则，关注场所的形态赋形。第二代城市设计基本遵循技术美学和经济性准则，共同尊奉"物质形态决定论"，关注城市功能、土地分配合理性及场所意义的空间形态揭示。第三代城市设计——绿色城市设计，把城市看作一个与自然系统共生的地球生命有机体，关注城市的可持续性和韧性，主张"整体优先"和"生态优先"的准则[2]。最新崛起的数字化城市设计（即第四代城市设计）则通过多源数据集的分析、模型建构和综合运用，试图较为科学地建构起计划和市场作用相结合的城市空间和用地属性，揭示更深层和复杂的城市形态作用机制[3]。

通过对上述城市设计发展主线的回溯与认识可以发现，绿色城市设计强调一种底线思维的理性，即生态底线的维系[3]。与以往相比，绿色城市设计已经突破了绿化、美化的旧有框架，基于自然与人类协调发展，强调生态平衡，保护自然，关注人类健康，以及"双碳"背景下的能源利用和资源的高效整合，更加注重城市建设的内在质量而非外显数量。当下，相关的绿色设计、生态设计的理念与方法层出不穷，并与数字技术日益融合。

首先，表现在城市设计对生态思想及其发展的关注。1973年，石油危机引发了太阳能建筑和城镇建设的热潮，这一时期注重城市资源和能源的保护。1974年，E. R. 舒马赫提出"小的是美好的"，为自足性设计提供了完整的哲学理论。1975年，罗杰斯等人发起的城市生态组织在美国加利福尼亚州成立，其宗旨在于"重建与自然平衡的城市"。与此同时，I. L. 麦克哈格、J. O. 西蒙兹、J. 拉乌洛克、M. 霍夫、雅涅斯基、赫尔佐格等也在绿色城市设计与建筑创作实践方面进行了成功的探索。

其次，呈现出结合生物气候条件的设计思路。从 1960 年代对太阳能的收集和利用，到 1970 年代对零能耗建筑和城市的探索，再到 1980 年代以后对地域和场所感的追求、对生物气候设计和绿色城市设计的研究，一直都处于不断变化之中。1970 年代，生物气候设计主要集中于对建筑物高效节能的制冷、采暖措施以及日光照明的研究。1980 年代起，人们对可持续发展的研究开始向纵深发展，关注人类健康、空气质量以及自然要素对城镇建筑环境所造成的影响等诸多问题。1990 年代，B. 吉沃尼开始将这一研究拓展到城市设计领域。城市和建筑领域结合生物气候条件的研究日益成为学术探讨的前沿课题，相关成果大量涌现。

最后，关注城市形态与建筑能耗关联性的研究。目前，城市形态和能源绩效相关性研究逐渐成为西方学者关注的主题，其研究主要集中在以下方向：其一，从城市规划视角或者从能源基础设施布局、能源模式优化等切入进行以定性研究为主的理念凝练与策略铺陈；其二，基于真实环境的城市能源绩效的机器学习模式，或是基于虚拟环境下的城市能源绩效的仿真模式，采用定量分析与机器学习，研究结果更具科学性和准确性。与此同时，不少学者如努尔基维（Nuorkivi）和阿霍宁（Ahonen）、基尔斯特德（Keirstead）和沙（Shah）以及巴虎（Bahu）等人积极展开了相关工程实践的探索；城市建筑能耗模拟与分析平台 CityBES、建筑能耗模拟软件 EnergyPlus、城市仿真模型 UrbanSim、城市能源分析师软件 City Energy Analyst、模拟城市软件 CitySim、城市建模平台 UMI、城市能源模拟平台 SimStadt、通用城市三维信息模型 CityGML 等创新型软件或基于网络的应用平台亦迅速发展，并已能够分析和预测城市规模的能源使用情况。

总体来看，在"双碳"背景下，绿色城市设计在理论探索和实践层面出现了方向、内容和成果的多元化发展趋势，从自然资源利用、能源高效整合、气候适应性设计等方向入手取得了积极成效。但就当前而言，我国学界有关气候适应性城市设计、城市形态与能源绩效相关性研究多限于综述，或是对国外先进技术的追踪与应用，原创性略显不足；或重现象揭示，或重理论阐释与分析，不同技术路径、不同学科视野之间整合不充分；技术方法的科学性、数据的规模范围也有待提升与累积；同时，已有不少研究都集中在定性描述领域，模拟仿真、机器算法等量化分析的应用虽日益丰富，但缺少有效整合；相关指标体系、驱动因子的选择还存在欠缺，量化评价标准缺位。

因此，面对全球气候变暖与快速城镇化所带来的日益严重的城市能源紧缺、环境恶化与人文失范，如何建设高质量城市环境、关注人类健康和降低能源消耗成为当下亟待解决的关键问题。未来绿色城市设计将以可持续发展理念指引理论构建和技术协同创新为技术路线，一如既往地关注基于整体优先、生态优先原则，结合自然要素的绿色城市设计；

重点聚焦全球性气候变化，开展气候适应性城市设计方法研究，并坚持绿色发展，构建持续有序的城市能源高效运行体系。为此，须直面挑战，针对绿色城市设计存在的若干需要拓展的新领域展开理论、方法与技术的创新研究，以此助力"双碳"目标的实现。

这套丛书得以顺利出版，首先要感谢东南大学出版社徐步政先生和孙惠玉女士的头脑风暴，精心策划了"双碳导向下的绿色城市设计丛书"的编书构思。在"双碳"背景下，我们深感展开绿色城市设计系列研究责任重大、意义深远，遂迅速组织实施这一计划。

由于时间仓促，书中不足与谬误之处在所难免，恳请各位读者在阅读该丛书时能及时反馈，提出宝贵意见与建议，以便我们在丛书后续出版前加以吸收与更正。

徐小东

2022 年 3 月 20 日

总序参考文献

[1] 岸根卓郎. 环境论：人类最终的选择 [M]. 何鉴，译. 南京：南京大学出版社，1999.

[2] 王建国. 生态原则与绿色城市设计 [J]. 建筑学报，1997（7）：8-12, 66-67.

[3] 王建国. 从理性规划的视角看城市设计发展的四代范型 [J]. 城市规划，2018, 42（1）：9-19, 73.

20 世纪以来，随着全球性城市化进程的不断推进，城市业已成为人类生存与发展的重要外部环境。在此过程中，环境恶化、能源紧缺和气候变暖等生态环境问题也逐渐显露出来，人、城市与自然的矛盾日益尖锐。在此背景下，可持续发展理念及相应的绿色城市设计理论开始成为城市设计领域广受关注的前沿课题。气候适应性城市设计是绿色城市设计领域的重要研究内容，有助于创造良好的微气候环境，节约资源，减少能耗，在一定程度上缓解城市与自然的矛盾与对立，为人类营造一个诗意栖居的生活环境。针对气候适应性城市设计策略展开理论探索与研究无疑具有重要的理论意义和应用价值。

目前，国内外相关气候适应性城市设计的研究主要集中在宏观尺度（如城市热岛、城市风廊等）与微观尺度（如单一街道、建筑单体等）层面，将中观尺度的城市街区作为研究对象的相关探讨还不充分，尤其是与日益成为主流的性能驱动设计相结合的研究成果和实践案例尚不多见。近年来，数字化技术作为分析与评价的重要方法，凭借其推演的逻辑性、量化的可视性优势，有力推进了气候适应性城市设计的相关探索与发展。

环境性能驱动设计与城市形态耦合将促进城市设计从传统的理论指导型设计向计算性自动寻优发展，提升城市设计方案生成的合理性、科学性与严密性，促使城市设计学科的发展从数字化技术的前沿领域中获益。该研究成果将有助于城市规划师更好地理解开放空间布局与微气候舒适度相互影响的关联性，将城市开放空间形态与气候舒适度之间的"黑箱"联系转译为形态生成逻辑，进而提出相应的设计策略。作为一种可操作性强、具有实际应用意义的分析研究方法，有利于增强气候适应性城市设计的科学性与严谨性。

本书是在由徐小东总体构思与指导，吴奕帆、刘宇鹏、殷晨欢、王艺所完成的相关学位论文成果的基础上重新编写、深化而成。本书以城市开放空间作为研究对象，以气候舒适度作为驱动因子，通过引入参数化设计插件 Grasshopper 等参数化设计软件与平台，将环境性能驱动优化设计流程引入城市设计的过程中，结合已有的绿色城市设计理念，探寻基于微气候舒适度提升的城市开放空间设计准则，并借此实现街区层级城市形态的自动生成与优化，为创造舒适的城市外部空间环境，创建生态、节能、健康、宜居的城市环境提供技术支持。

本书以夏热冬冷地区、湿热地区、干热地区和寒冷地区作为典型气候区展开相应的方法与策略研究。首先，针对地区气候特征进行介绍，并根据气候适应性设计原理归纳总结了该地区基本的城市设计策略；其次，以城市开放空间作为研究的切入点，梳理了开放空间形态对微气候影响的基础理论，进一步凝练出与微气候相关的宏观、中观和微观层面的开放空间形态因子，为研究的展开做好铺垫。在技术手段上，引入目前参数化设计前沿领域中的性能模拟优化技术，该方法以性能为导向，使设计与评价一体化进行，通过计算机自动优化开放空间对环境响应的过程，揭示其对微气候的影响机理。在剖析了各软件平台的优劣势及技术特点后，尝试将犀牛（Rhino）参数化设计插件 Grasshopper 作为参数化建模手段及各软件集成平台，选取其插件瓢虫（Ladybug）系列进行性能模拟；以参数化设计插件 Grasshopper 自带的遗传算法插件 Galapagos 为优化手段，将城市形态生成、微气候性能模拟与自动寻优不同模块加以整合，以通用热气候指数（Universal Thermal Climate Index，UTCI）为优化目标，运用遗传算法进行自动寻优。同时，亦为基于气候适应性的开放空间优化设计制订了流程框架。

　　本书分别以南京、广州、深圳、喀什等城市为例，设置了不同尺度的城市街区作为实验样本，通过对实验中各个开放空间优化过程、演变趋势及最优解进行解析，揭示了城市开放空间布局及其不同形态因子对微气候的影响机理，并利用多元线性回归分析法得到各因子对微气候影响的量化数值。同时，进一步比对了不同季节及气候条件对街区形态布局影响的差异性，总结出与之相匹配的开放空间设计策略及模式语言。通过不同层级的案例验证，进一步证实了其通用性和可靠性。同时，该研究也为气候适应性城市设计提供了一套全新的方案生成方法和优化策略，可为未来相关的研究工作提供借鉴与参考。

徐小东

2022 年 3 月 26 日

目录

总序

前言

第一部分

第二部分

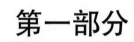

第一部分

1 绪论

1.1 研究背景

40 多年来，随着改革开放进程的不断推进和经济的持续发展，中国城市面貌发生了翻天覆地的变化，相当多的城市都在不同程度上经历了城市规模的急剧扩张、人口激增，城市功能结构、街廓肌理和空间环境均发生了显著变化，但也出现了一些"城市病"问题。国家统计局数据显示，2012 年，中国历史上第一次居住在城市区域的人口超过了 50%，预计到 2030 年，中国的城市化率将在 66% 左右[1]。放眼世界，我们的星球也先于中国进入了城市时代，目前全球已有超过一半的人口居住在城市中。城市代替了自然，成为在此繁衍生息的人类赖以生存的最直接、最重要的外部环境[2]。

1.1.1 环境与能源问题

城市是自然环境与人工建设相互作用的综合产物。以现代文明要求为基准建立的钢筋混凝土都市，在促进社会经济发展的同时也丧失了一部分面对自然变化的调节能力，需更加依赖人工环境的改良方式，也不可避免地会导致城市热岛效应、空气污染、酸雨等一系列城市所特有的环境问题。20 世纪中后期，发达国家开始着手研究生态城市设计的技术路径与方法，以遏止城市不断扩张所造成的环境恶化趋势。1980 年代，联合国人居署和联合国环境规划署在全球范围内提出"可持续城市发展计划"，倡导建设社会、经济、环境和资源都可持续的城市，历经 30 多年的发展，此计划已成为引导城市经济、社会发展的基本理念。

自改革开放以来，中国经济长期处于粗放型发展状态，"先发展后治理"的发展模式对资源与环境造成了极大负担，脆弱的城市生态陷入坍塌式破坏中。一方面，高度集中的人口与建筑导致城市微气候环境的不断恶化；另一方面，为维持居住环境的舒适性又需要消耗更多的能源。《世界能源展望 2009》(*World Energy Outlook*-2009) 相关数据表明，欧美日消耗了 59.6% 的世界总能源消耗量，中国则为 17.9%，西方富裕国家的人均建筑能耗大概是发展中国家的 9 倍，以全球 16% 的人口消耗了 64% 的建筑能耗。放眼全球，能源供应与气候变化难以支撑建筑能耗的成倍增长①。

与此同时，城市扩张也会导致私家车持有量的增加，这将进一步加剧能源需求和环境压力。应当清晰地意识到，传统模式的高昂成本无法支撑未来的城市发展需求，必须实施资源节约型和环境友好型的可持续发展战略，探索一条人与自然和谐共生的发展道路，这也是从国家能源全局角度与"双碳"战略思考的必然要求。

1.1.2 气候变迁

气候变暖是 21 世纪人类共同面临的严峻挑战。自工业革命以来，化石燃料的使用导致大量温室气体的排放。在 2011 年，大气中二氧化碳（CO_2）、甲烷（CH_4）和氧化亚氮（N_2O）的量相较工业革命前分别上涨了 40%、150% 和 20%[3]，这都大大加剧了温室效应，造成地表平均温度逐年上升。全球气候变暖是一个长期趋势，联合国政府间气候变化专门委员会（Intergovernmental Panel on Climate Change，IPCC）的系列报告表明，从 1880 年到 2012 年，全球陆地和海洋平均表面温度上升了 0.85℃[3]（图 1-1）。这一现象逐渐导致了海洋热膨胀，冰川消融，不断侵蚀陆地环境；过热的气温加剧了疾病在密集都市环境中的传染概率，严重影响了人类健康②；致使河流湖泊水温升高，滋生细菌，影响水质和水生生物的生存代谢；进而导致诸如强降水、热带气旋等极端天气频发，给生态环境和人类的生产与生活安全带来巨大影响。

目前全球对化石燃料的依赖和新能源技术开发的时间需求，导致短期内将无法逆转温室气体的排放趋势。中国仍处于快速城市化进程中，国务院研究报告预测 2030 年中国城镇化水平将达 66% 至 70%[4]。因此，如何寻求经济增长和维持温室气体排放率在一个可控水平之间的平衡是眼下最大的挑战[5]。气候变化持续影响自然环境、人类社会及经济发展，将会作为一个全球性的问题长期存在，而城市作为人口和经济聚合体将会首当其冲承受气候变化的不利影响。因此，研究气候适应性城市设计策略，探讨城市形态要素对城市室外微气候环境的影响，以适应未来气候变化，因时、因地制宜地改善特定气候条件下城市环境的舒适性应成为可持续发展视角下城市设计的重点所在。

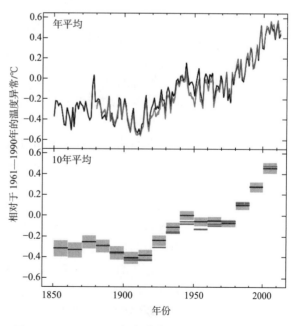

图 1-1　1850—2012 年全球陆地和海洋平均表面温度

1.1.3 绿色城市设计

自从城市可持续发展理念诞生以来，随着研究的不断深入，逐渐形成了一系列既相对独立又相互关联的设计思想。从早期埃比尼泽·霍华德（Ebenezer Howard）的田园城市到紧凑城市精明增长，再到现代生态城市、低碳城市，每一个城市可持续发展理念的背后都有其特定的时代背景和关注重点。绿色城市设计（Green Urban Design）是建立在人与自然关系深刻认识基础上的新型城市设计思想，并综合了社会、经济、人、环境和谐融合的高效发展观念，而在这之前的多数理论中，经济效率、平等与环境可持续是分离的，甚至互相排斥[6]，这使得其在当下背景下脱颖而出，在国际上获得了广泛的认可与支持。2005年联合国环境规划署在旧金山签署了《城市环境协定——绿色城市宣言》，呼吁在能源、城市自然、交通、城市设计等方面促进城市的可持续发展，改善人居环境。在此之后绿色城市运动在全球各地蓬勃兴起，现在许多城市都有可持续行动计划③。

面对中国人口众多、资源匮乏的条件限制，生态严重破坏与环境污染的现实状况，以及经济持续增长、社会和谐发展的内在需求，急需探索一种新的城市发展模式。绿色城市设计理念在应对中国严峻现状方面有其独特优势，可作为未来城市发展与管理的战略支柱[7]。绿色城市的实现也绝非朝夕之功，它涵盖自然、经济、人文等多个维度的发展策略，是一项艰巨的历史使命。城市气候性适应策略是绿色城市设计理念的重要内容之一，它基于自然气候这一角度来改善城镇人居环境，减少能源消耗，为建立绿色城市探寻行之有效的方法与路径。

1.1.4 城市气候

城市的诞生是人类与自然气候抗争建立起栖身之所的结果，城市物理环境的不均衡与人为因素的介入同时也使得城市局部环境间有着显著的微气候差异。

人类活动影响了城市气候，反之亦然。在室外街道或建筑室内，空气温度、湿度以及气压各不相同，它们共同作用于在此生活的人身上，影响着人体的舒适度。早上在开阔广场打太极的老人，中午在树荫处休息的游人，傍晚在胡同里门廊下乘凉拉家常的主妇……城市空间因微气候的不同而产生了不同的舒适性，诱发与之相对应的各种活动，气候也因此成为城市设计的一个启发点，可将人们对城市气候的认知作为城市设计思考的重要一环，这在一定程度上可以缓解城市与自然的对立关系，为人类打造一个适宜栖居的室外空间。

众多学者分别从相关学科角度对城市与气候的相互关联展开研究。1818年，英国气象学家卢克·霍华德（Luke Howard）出版了《伦敦气候：从气象观测推断》，阐明了伦敦市区的气温高于周边的现象，并将此类地区称为"城市热岛"[8]，霍华德遂成为城市气候领域的奠基者之一；1855年，法国学者雷诺（Renou）汇总了巴黎的气象资料，针对巴黎气候现象进行了相关研究[9]。此后，又有一批研究者相继进行了观测和分析，进一步推进了城市气候研究的广度和深度。1958年，戈登·曼利（Gordon Manley）首次提出"城市热岛效应"（Urban Heat Island, UHI）的概念[10]；1937年，阿尔伯特·克拉策（Albert Kratzer）对以往的城市气候研究进行了收集与归纳，汇总出版了《城市气候》一书[11]；1979年，中国周淑贞等学者绘制了上海市的等温线分布[12]；1980年代，奥克（Oke）与兰茨伯格（Landsberg）等人先后总结了世界气候研究工作的成果[13]。

随着对城市气候研究的不断深入，关注的领域也开始从纯气象学转向与建筑学相关的综合研究。1963年，奥戈亚（Olgyay）在《设计结合气候：建筑地方主义的生物气候研究》中将地区气候、人体舒适性及建筑设计结合起来[14]；1969年，英国著名景观设计师麦克哈格（McHarg）出版了《设计结合自然》，提出应以适应生态的方式来规划人类生存的环境，链接起城市设计与城市气候的桥梁[15]；1969年，巴鲁克·吉沃尼（Baruch Givoni）出版《人·气候·建筑》，继承并发展了奥戈亚的生物气候设计理论，提出从舒适度的角度出发改良设计的策略[16]；1990年，阿恩菲尔德（Arnfield）研究了基于太阳辐射的街道设计[17]。除了理论研究外，建筑师们也将对气候条件的思考更多地运用到实践中，例如，提出"形式追随气候"的印度建筑师查尔斯·柯里亚（Charles Correa）、利用气候设计降低建筑能耗的马来西亚建筑师杨经文等。

1990年代，吉沃尼的著作《建筑设计和城市设计中的气候因素》将城市气候这一研究拓展到了城市设计领域[18]，现如今已有诸多学者从不同角度对其进行了拓展研究。近年来，人体热舒适度模型的建立和计算机技术的发展使城市气候与城市形态的研究正逐渐由定性走向定量，使设计师们得以制订更为清晰的设计导则。随着城市化的发展，城市热岛效应的加剧使其造成的污染物扩散等研究成为全球城市气候研究人员所关注的焦点，相关主题的文献数量快速增长[19]。同时，由于全球经济文化的发展及城市热岛效应的全球化趋势，南亚等发展中国家的学者也纷纷开始了城市气候的研究，样本城市数量不断增加[20]。相比较传统的测量方法，红外模拟和遥感等新技术的出现为设计师们提供了更为清晰的城市气候地图。此外，随着电脑模拟系统的完善，利用仿真模拟软件CFD（计算流体力学）等数值模拟技术来定量分析城市气候已成为研究的热点，其中性能驱动优化等集设计与评价于一体的技术正将科研成果更多地转化到实际应用中去。

中国一直积极着手制定应对气候变化的政策和行动计划。2014年9月，国家发展和改革委员会颁布的《国家应对气候变化规划（2014—2020年）》中首次提及城市气候，其中包含了城市热岛、建筑设计、开放空间、城市绿化水体等关键词，该文件成为城市规划的主要依据，文件中对量化人类热舒适度、空气污染指数以及城市热岛强度等提出了具体要求④。2016 年 12 月，住房和城乡建设部与环境保护部联合印发了《全国城市生态保护与建设规划（2015—2020 年）》，进一步强调了城市设计与气候关联的重要性，并指出城市风廊和绿化是关键举措。诸多院校和城市规划学者也纷纷投身于对当地城市气候的研究，从热岛强度、气候图、风廊等不同角度，运用地理信息系统（Geographic Information System，GIS）、红外遥感等手段，对我国广州[21]、北京[22]、武汉[23]、香港[24]等不同气候区的不同城市进行了案例研究，呈现出百花齐放的局面。

其中，在整体层面上，清华大学宋晔皓的博士学位论文《结合自然整体设计注重生态的建筑设计研究》从建筑与自然的关系和整体性设计方面进行了探索[25]。东南大学董卫、王建国编著的《可持续发展的城市与建筑设计》从可持续发展的角度，运用大量国内外案例探讨了生态建筑和城市的技术路线[26]。东南大学徐小东的博士学位论文《基于生物气候条件的绿色城市设计生态策略研究》为绿色城市设计奠定了总体框架和纲领性策略[27]，其确立的体系为本书的研究提供了重要参考。

1.1.5　计算机模拟技术的发展

计算机技术的快速发展，有力地促进了各个行业生产技术水平、劳动生产率水平和管理水平的不断提升。与此同时，技术进步对建筑设计领域也产生了巨大的推动作用，提供了新的设计、表现、分析和建造手段。

建筑性能模拟和分析软件的应用，使得过去受条件限制而无法分析的复杂问题通过计算机模拟便能快速准确地得到答案，因此这些软件已成为设计实践环节不可或缺的重要工具。现已有一批成熟的性能模拟软件在建筑设计中被广泛应用，例如，生态建筑大师模拟分析软件 Ecotect、建筑能耗模拟软件 EnergyPlus、风环境模拟软件 Phoenics 等，它们能对建筑声、光、风、热环境进行模拟与分析，帮助设计师更好地处理建筑与环境的关系，以理性的设计手段辅助设计，无疑在提高设计的科学性、改善人居环境方面发挥着重要作用，为推动可持续建筑设计提供有效途径。借助参数化的设计工具突破了传统设计手法的局限，实现了设计结果能够及时反映参数的变化，建立起设计条件到设计结果之间的联系，在设计初期介入对环境性能的模拟和优化，改变传统的"模拟—修改"的设计流程，将方案设计与性能模拟有机整合，将设计师从烦琐重复的工作中解脱出来，也使得建筑设计具备动态性和适应性。

技术作为建筑与环境之间的媒介和工具，正在以迅猛的速度改变着传统的设计过程，使得建筑设计步入更加理性科学的道路。技术带来的不仅是设计工具的改变，而且是思维模式和设计方法的转变，帮助设计师构建一种全新的方式来解决设计问题，在提高工作效率的同时，使得设计过程更加科学与理性[28]。基于此背景，改善气候舒适性与实现可持续的城市环境塑造越来越多地被提及，并日益受到关注。充分考虑气候差异性，利用气候条件进行城市形态生成和环境设计，依靠强大的计算机技术对微气候进行模拟分析，将方案设计与性能模拟有机整合，以此减少不必要的能源消耗，改善城市微气候，营造安全、舒适、高品质的城市空间环境。

1.2 研究现状与动态

1.2.1 国内外相关研究综述

1）城市空间形态与微气候

（1）国外研究现状

① 城市气候研究阶段

1818 年，霍华德最早开始对城市气候展开系统研究，他通过对伦敦的气象记录进行对比分析，总结出当地的气候特点，并发现了伦敦存在的城市热岛效应。

1937 年，克拉策出版了世界上第一部通论性城市气候专著《城市气候》，对 1930 年代以前的城市气候研究工作进行了总结[11]。

1965 年，托尼·约翰·钱德勒（Tony John Chandler）同样以伦敦气候为基础，通过对大伦敦地区气象站数据的收集整理，研究了在雾和阳光条件下气温和湿度方面的多种差异，发现是人造热源和空气污染导致了这些变异[29]。

兰茨伯格于 1981 年出版了其城市学研究的经典著作《城市气候》[30]。

威廉·洛瑞（William P. Lowry）于 1977 年提出了城市气候研究的理想构架[31]。

② 与建筑及城市结合的气候研究阶段

1963 年，奥戈亚[14]提出"生物气候建筑学"的概念，首次系统地将设计与气候、地域和人体生物舒适性结合起来，并提出了生物气候设计原则。

1970 年代前后，吉沃尼等人[16]在奥戈亚兄弟研究的基础上，在《人·气候·建筑》中提出了新的生物气候设计方法，使建筑师可以将气候知识直接运用于建筑设计中，被称为气候设计的"再发现"。

1976 年，奥克[32]提出城市冠层（Urban Canopy Layer，UCL）和城市边界层（Urban Boundary Layer，UBL）的概念，并强调城市冠层现象是一个微观大气现象概念：冠层内任意点的特定气候条件都是由其周围环境的特性所直接决定的。此外，1988 年，奥克[33]还根据街道断面估算天空开阔度用以研究街道层峡中的湍流情况，以及讨论空气质量和层峡空间呼吸性能。

1981 年，奥克[34]用简化的缩尺模型来模拟平静和无云条件下农村和城市环境的夜间降温率。实验结果表明，城市中心区峡谷几何形状——由天空可视域（Sky View Factor，SVF）表征——是夜间城市热岛的一个相关变量，它在长波辐射热损失的调节中起着重要作用，并对城市规模与热岛强度之间的关系有重要影响。

2008 年，里兹万·艾哈迈德·梅蒙（Rizwan Ahmed Memon）等人[35]总结了城市热岛效应最新的研究途径、概念、方法、研究工具和缓解措施，并指出城市结构所引起的二次辐射是影响城市升温尤其是城市热岛效应的最重要的原因。

2010 年，帕勒姆·米尔扎伊（Parham A. Mirzaei）等人[36]针对城市热岛效应的研究和应用进行了系统梳理，对每一种研究和预测城市热岛效应的方法的优越性和局限性进行了讨论，并探讨了集成这些方法的应用前景。

2012 年，吴恩融（Edward Ng）等人[37]对城市绿化规划进行了全面回顾，并对其适宜的位置、数量和类型进行了参数化研究，结果表明，在我国香港地区这样的高密度城市形态下，屋顶绿化无益于近地人体舒适度的改善。在人行区域，树木比草地有更明显的冷却作用。占城市面积约 33% 的植树面积可以使人行高度位置的气温降低 1℃。

③ 城市空间形态与微气候关联性研究阶段

1990 年代，吉沃尼[18]将气候在建筑层面的运用推广到城市设计领域，系统研究了气候的形成机制及其受建筑、城市影响的方式，并针对不同气候区提出了相应的城市和建筑设计策略。

2006 年，利莫·沙舒瓦 - 巴尔（Limor Shashua-Bar）等人[38]提出了一种新的工具来量化研究建筑形态和植被的综合热效应。研究引入三种通用模型来代表最常见的城市居民区街道类型。统计分析表明，建筑形式、植被和柱廊与其热效应都存在一种线性关系。这就提供了一种评估不同建筑形态潜在热效应的有效通用工具。

2006 年，埃里克·约翰逊（Erik Johansson）等人[39]以湿热气候区城市科伦坡（Colombo）为对象，研究了街道层峡几何形态对室外热舒适度的影响；测量了空气的温度、湿度、风速和太阳辐射，并通过计算生理等效温度（Physiological Equivalent Temperature，PET）来估算环境热舒适性。研究发现，狭窄街道、高大建筑物同时出现时最舒适，特别是在有树荫的情况下；如果是毗邻沿海地区，海风亦会产生积极影响。

2007 年，法兹亚·阿里 - 图德特（Fazia Ali-Toudert）等人[40]研究了城市街道设计对室外热舒适度的影响。通过环境模拟软件 ENVI-met 对不同街道断面形式的街区进行了舒适度模拟，结果表明，峡谷 SVF 越高，热应力就越高。在 SVF 小的街道，东西向的街道层峡热应力最高，偏离这个方向热状况将得到改善。基本上，突出立面所形成的深影或植被可以直接影响不舒适时间段和范围。

2008 年，王振[41]在《夏热冬冷地区基于城市微气候的街区层峡气候适应性设计策略研究》中，从城市街区层峡与微气候之间的关系出发，以现场实测数据为基础，应用数值模拟的方法对街区层峡进行动态耦合计算，包括仿真模拟软件 CFX 的风环境模拟，环境模拟软件 ENVI-met 的热环境模拟等，从街区层峡的几何特征、布局方式、下垫面属性、绿化水体等多个方面为微气候改善提供设计思路和策略。

2010 年，黄媛[42]在《夏热冬冷地区基于节能的气候适应性街区城市设计方法论研究》中，选取条式、塔式、庭院式三种不同的城市建筑形态，研究容积率、朝向、高宽比等指标对建筑太阳能效和建筑采暖、制冷能耗的综合影响；同时比较冬季和夏季的差异性和相关性，这些规律将有助于转化为设计策略。

2010 年，法蒂哈·布尔比亚（Fatiha Bourbia）等人[43]通过实地测量的方法研究了半干旱气候下的君士坦丁堡城市街道等开放空间对当地微气候的影响，结果显示，城市街道中的空气温度与其周边的郊区环境有着 3—6℃的温差。

2014 年，阿里亚纳·米德尔（Ariane Middel）等人[44]为了探寻改善夏季微气候的有效城市形态和设计策略，利用环境模拟软件 ENVI-met 的微气候模型对半干旱地区城市菲尼克斯的城市形态与景观类型对午后微气候的影响进行了研究。通过对五种不同形态街区的微气候模拟发现，在半干热地区，水平对流、太阳辐射和局部遮阴不同模式对局地气温有显著影响。此外，高密度的城市形态可以形成局部冷岛。

2014 年，埃维特·埃雷尔（Evyatar Erell）等人[45]出版的《城市小气候：建筑之间的空间设计》的讨论尺度介于建筑室内气候和大规模城市气候之间，即建筑间的小气候。该书在气候研究最新进展和全面理解气候物理过程的基础上，把现代最新气候科学成就与这些成果在城市设计中的应用结合起来，是城市设计者认知和理解气候相关知识的有效资料。

2016 年，邬尚霖[46]在《低碳导向下的广州地区城市设计策略研究》中，立足城市和街区尺度，开展定性与定量研究，研究土地开发强度、街道空间、公共设施对微气候的影响。针对土地开发强度的研究，提出提高容积率和首层架空率、利用方位通道来保证日照等设计策略；针对城市街道的研究，提出根据道路等级选择高宽比、增加街道两侧的通风廊道、综合措施协同作用等设计策略；基于公共设施的研究，提出通过空间补偿来争取公共空间、建筑与公共空间的协同作用等，以实现城市的低碳发展。

2017 年，玛丽安娜·齐图拉（Marianna Tsitoura）等人[47]提出了一种新的开放空间设计工具，可以简便快捷地考量一个地区的关键气候参数，给气候适应性城市的开放空间设计提供必要信息。通过给出不同形态方案下的微气候参数，为设计师提供决策依据。

2017 年，穆罕默德·瓦西姆·亚希亚（Moohammed Wasim Yahia）等人[48]以湿热气候地区坦桑尼亚为例，模拟城市设计模式对特定城市形态微气候和室外热舒适度的影响。

随着大数据、数据科学、机器学习等领域的快速发展，气候适宜性城市设计也将迎来一场大的变革，其中首当其冲的便是将实体形式的城市参数化。其实，对城市设计数字化的尝试由来已久，例如，美国加利福尼亚州大学伯克利分校的克里斯托弗·沃尔夫冈·亚历山大（Christopher Wolfgang Alexander），英国剑桥大学的莱斯利·马丁（Leslie Martin）和莱昂内尔·马奇（Lionel March），伦敦大学学院的比尔·希利尔（Bill Hillier）、朱利安妮·汉森（Julienne Hanson）以及迈克尔·巴蒂（Michael Batty）等学者，均在城市形态数字模型研究方面做出了重要贡献[49]。其中，英国剑桥大学的马丁等人已根据欧洲城市肌理提取出建筑形态原型，将城市形态指标和城市微气候成功关联起来[50]。

在实践方面，拉尔夫·厄斯金（Ralph Erskine）早期研究了规划与寒冷气候之间的关系。在加拿大雷索卢特机场（Resolute Bay Airport）的方案设计中，他将抵御寒冷气候作为首要考量的因素，体现了在建筑群规划设计时对地域气候的尊重[18]。

（2）国内研究现状

国内许多研究者从自身专业角度针对城市规划、设计中的气候问题，进行了很多有意义的实证研究。

① 城市与气候总体关系研究

朱瑞兆[51]研究了中国不同气候分区的城市风环境与城市规划之间的关系。唐永銮等人[52]提出希望以塔式高层建筑形式来解决城市近地空气污染扩散效率的问题。

宋晔皓[25]将城市视为一个有机体，从时间、空间和资源的有限性等方面探讨了建筑系统结构和生物气候缓冲层的建构。

董卫、王建国[26]从可持续发展的角度探讨了生态建筑和城市的技术路线以及适应气候的城市和建筑设计要点，并分析了大量国内外相关案例。

柏春[53]从城市形态角度出发，较为全面地提出了基于气候的城市设计理论框架。徐小东[27]奠定了基于生物气候条件的绿色城市设计总体框架和策略。

余庄、张辉[54]应用计算流体力学（CFD）技术，分析宏观尺度的城市规划布局与城市气候之间的相互关系，从调整外部空间形态、控制建设强度、合理的开放空间设计三个方面提出了改进策略。

刘加平[55]在《城市环境物理》中阐述了城市环境物理的基础知识，以及人类活动与城市物理环境的互动关系，城市环境的物理特征和变化规律；论述了如何利用城市固有的地理和气候特征来调节城市环境以及城市环境质量评价的体系与方法。

刘德明[56]讨论了寒冷地区的气候特征，提出针对寒地城市公共空间的一系列优化策略；2012 年，王刚[57]结合寒冷地区的气候特点，对不同环境特征和尺度的城市公共空间设计策略做了重点阐述；冷红等人则针对寒冷地区城市规划设计中所面临的气候问题做了相关研究，并给出了相应的优化策略[58-61]。

② 城市形态与微气候指标性研究

王振[41]针对夏热冬冷地区街区层峡形态特征和城市微气候之间的环境进行了研究。结合实地测量数据和微气候模拟，探讨了不同城市形态下城市微气候指标在一天中的变化。

丁沃沃等人[50]对城市形态与城市外部空间微气候之间的关联性进行了研究，提炼了相关概念和评价指标，并梳理了研究思路及待解决的科学问题等，为后续城市形态与城市微气候研究做出了系统性的指导和铺垫。

周雪帆[62]以2020年武汉市城市总体规划为研究对象，总结了城市土地开发强度与土地利用模式对城市中心区微气候变化的影响模式；并通过软件模拟技术得出相关土地规划指标与城市中心区微气候性能变化趋势的关联性。

孙欣[63]运用环境模拟软件ENVI-met定量揭示了单指标变化条件下空间形态指标对热环境的影响机理。同时，对不同城市土地利用及人为排放热的影响进行了定性评价。

任超等人利用计算流体力学（CFD）技术、环境模拟软件ENVI-met等对高密度城市形态与日照、通风及空气质量的影响展开系列研究[64-66]，并介绍了城市环境气候图的发展及其应用现状。

陈宏、李保峰、张卫宁[67]针对街区形态与微气候调节展开相关研究，并总结了中国在街区尺度微气候领域的研究进展。

2）微气候研究的模拟技术与方法

（1）实地测量

最早的城市气候学研究从实地测量开始，英国霍华德通过对伦敦大量气象观测数据进行对比分析，总结其气候特点并发现了城市热岛效应。

在1990年代，郑明堃等人[68]现场测量了长春文化广场的夏季热环境，测定了空气温度、地表温度、风速、相对湿度等热环境参数，并考察人的主观感觉，发现广场空气温度、地面温度均高于街道和林荫带的空气温度、地面温度，广场相对湿度低于街道和林荫地，广场风速远大于街道和林荫地，同时广场的总体舒适度最高，基于以上考虑，可以得出广场周边环境设计要最大限度地通风，以利于人体散热，提高热舒适性。

2005年，霍小平、赵华[69]采用实测方法，对西安典型城市广场夏季热环境进行研究，探究热环境的主要影响因素及其相互关系。研究发现，广场温度、湿度、太阳辐射和风速主要受道路布局、地形起伏、空间界面、下垫面材料、植被绿化及水面分布等因素的影响，通过环境的整体设计，并协调各因素之间的关系是改善广场气候舒适度的有效手段。

陈卓伦、赵立华、孟庆林等人[70]在2007年夏季对广州某住宅小区的热环境进行现场实测，通过测量空气温度、黑球温度、相对湿度及风速等因素，考察水体、树荫及道路下垫面性质对微气候的影响规律及权重因子，并据此提出改善热环境的设计方法。

实地测量是城市气候研究最基本的、可以独立使用的研究手段。即使是在今天，实测气象数据仍然是检验、校核物理和计算机模拟必不可少的步骤。然而，实地观测也存在成本高、干扰因素多、变量难控制、缺乏预测性等问题。因此，随着相关研究的深入，逐渐出现了其他更可靠易行的研究方法[71]。

（2）模型与风洞试验

实物模型分为放置于自然环境中的实体缩尺模型与放置于风洞中的缩尺模型。东京和以色列研究者曾将实体缩尺模型置于自然环境中用以研究城市整体能量平衡，并对不同建筑布局方式进行了比较[45]。在风洞试验方面，吴恩融教授团队完成的我国香港地区空气流通评估（Air Ventilation Assessment，AVA）项目便是使用风洞对城市风环境进行模拟得出不同区域的空气流通状况，进而提出改进意见[72]。

城市风环境研究的风洞试验一般采用城市气候边界层数据进行模拟和评价，通过遵循相似性原则以获得真实环境里风场特征的再现。然而风洞试验也存在一定的缺陷，即只有风环境模拟结果则无法得到气温、湿度及辐射温度等其他热环境数据；同时，风洞高昂的建设和使用成本也限制了其应用范围[71]。

（3）计算机模拟

计算机模拟领域的相关研究较多。1996年王诂[73]利用计算机辅助制图软件（AutoCAD）进行建筑日照分析。2004年宋小冬等人[74]首次实现了用遗传算法在日照约束条件下的包络体计算。计算机模拟也可被用于城市街道层峡能量收支，如储热量相关的研究[75]和街道层峡热环境模拟[76]。北田（Kitada）等人[77]通过模拟研究地形地貌及建成环境与当地风环境和气温的相互作用。帕洛莫·德尔·巴里欧（Palomo del Barrio）和谢勒（Sailor）进行了城市气候学与城市规划的相关模拟，并探索了城市绿化的应用[78]。梁宁（Leuning）[79]进行了植物冠层与气候关系方面的模拟。与此同时，巴顿（Patton）等人[80]采用大涡模拟（Large Eddy Simulation，LES）对小麦冠层内防风圈周围的流动进行了建模。瓦努阿图（Vu）等人[81]将两方程湍流模型 k-ε 闭合使用在城市大气模拟的边界层模型中。

林波荣等人[82]在《居住区室外热环境的预测、评价与城市环境建设》中，利用参数模型并结合流体力学软件来模拟室外风场的分布，通过量化手段来分析绿化、水景、下垫面材料以及建筑布局等因素对住区室外热环境的影响，其结果可为住区公共空间布局提供指导；在《绿化对室外热环境影响的研究》[83]中，通过实验来研究不同绿化形式对室外热环境的影响，利用预测和评价指标来定量分析不同性质下垫面对热环境的影响机制，发现树木对于微气候环境的改善具有显著效果，不同形式的林地布局对于热环境的改善有不同效果，同时需要考虑建筑朝向、间距、尺度等的影响，最终提出有效遮阳绿量的概念用以指导设计。

数值模拟的另一个受欢迎的领域是表面能量预算和地表温度的模拟。阿里–图德特等人[40]借助环境模拟软件 ENVI-met，通过生理等效温度（PET）来评估街道形态与热舒适度的关系[84]；阿是康夫（Yasunobu Ashie）等人[85]利用仿真模拟软件 CFD 对东京 23 个区的气流场和温度场进行了模拟。林波荣、赵彬、李先庭等人通过多样化的模拟技术对不同室外热环境进行了探究[83, 86]。赫特纳（Huttner）[87]通过现场实测和环境模拟软件 ENVI-met 来模拟研究德国弗赖堡市城市街区热环境；李京津、孙欣、史源等人利用环境模拟软件 ENVI-met 对城市中心区进行了大量的环境模拟，并根据模拟结果提出了形态优化的相关建议[88-89, 65]。高菲[90]以犀牛（Rhino）参数化设计插件 Grasshopper 为平台，根据生态建筑大师模拟分析软件 Ecotect 日照分析数据，对三种典型日照问题进行了优选实验。冯锦滔[91]在犀牛（Rhino）参数化设计插件 Grasshopper 的软件平台上使用遗传算法进行各种模块不同比例、不同分布的方案自动寻优，以生成既定容积率条件下的环境最优布局。

（4）常用微气候模拟软件

目前国内外常用的数值模拟和环境分析软件大致可分为以下两类[92]：

首先，是通用型商业仿真模拟软件 CFD，可使用数值模拟方法来描述和刻画中小尺度的三维流场和温度场。流体仿真软件 FLUENT 是英国弗鲁恩特欧洲有限责任公司（Fluent Europe Ltd.）开发的，其物理模型丰富，擅长描述复杂几何边界的动力学效应；仿真模拟软件 CFX 为英国 AEA 科技公司（AEA Ltd.）开发的，善于处理流动物理现象简单而几何形状复杂的问题；风环境模拟软件 Phoenics 是英国浓度、热量与动量有限责任公司（CHAM Ltd.）开发的，物理模型丰富，但网格处理有一定的局限性；仿真分析软件 STAR-CD 为英国计算动力学有限公司（CD Ltd.）开发的基于有限体积法的商业仿真模拟软件 CFD，能适应复杂的非结构化网格计算；仿真模拟软件 CFD 2000 是英国适应性研究公司（Adaptive Research Co.）开发的基于有限体积法的软件，适应复杂的非结构化网格计算；流体力学计算软件 OpenFOAM 为英国 OpenCFD 有限责任公司（OpenCFD Ltd.）开发的开源非商业仿真模拟软件 CFD，支持多面体网格，可以处理复杂的几何外形，网格质量高。

其次，是建立在中观尺度上的专用类环境和数值模拟软件，用以针对各专项进行分析。环境模拟软件 WinMISKAM 为德国公司开发，主要用于中观尺度的流场和浓度场环境模拟；环境模拟软件 ENVI-met 是由德国公司开发，主要适用于中观尺度的风热环境和太阳辐射环境耦合模拟；大气模拟软件 ADMS-Urban 为英国公司开发，主要用于中大尺度的城市大气扩散模拟和大气环境评估；环境分析软件 Ladybug 和 Ladybug Tools 等系列软件由宾夕法尼亚大学莫斯塔法·萨迪吉普·鲁德萨里（Mostapha Sadeghipour Roudsari）教授主持开发，它允许用户在参数化设计插件（Grasshopper）环境下导入和分析标准气象数据，绘制太阳路径、风玫瑰、辐射玫瑰等的图表,自定义多种分析图样式,进行辐射分析、阴影研究和视线分析,并图示化舒适度分布情况。

1.2.2 综合评述小结

1)城市空间形态与微气候研究综述

对于城市与微气候相关性的研究横跨多个学科,且在理论与实践方面都有所探索,这些文献与资料为本书提供了重要的研究思路和参考依据,综观上文可以发现:

（1）研究框架

已有研究多是从城市气候学的一般原理出发,对城市规划和设计提出优化建议,对于城市设计和气候关联性的揭示缺乏一种建立在数据基础上的整体性分析。

（2）研究范围

现有研究范围基本集中于两个层面,一种是从宏观层面出发对城市整体形态的规划布局进行讨论,另一种是基于微观层面街区层峡的微气候研究,缺乏城市设计最常涉及的中观层级（片区级）研究。此外,对寒冷地区的相关研究较为缺失,与大量夏热冬冷地区相关研究相比关注度明显不足,尤其缺乏针对性的量化研究。

（3）研究方法

目前主要局限于单个气候要素影响下的城市微气候控制变量研究,缺乏基于人体舒适性的综合要素分析;对城市形态的优化多基于微气候模拟后的人工判断和选择,通常得出的是一定范围内的较优解,而非最优解。

2)微气候研究的模拟技术与方法

环境模拟软件 ENVI-met 因可以进行城市街区尺度的微气候环境的风、热、湿以及日照环境模拟的耦合计算而得到广泛应用,但由于其缺乏与建模和优化软件模块之间的良好接口,故无法满足本书的实验需要。因此,本书的数值模拟软件最后选定为基于参数化设计插件 Grasshopper 平台的瓢虫（Ladybug）,其可以对城市街区尺度的微气候环境进行模拟,将风、湿、热、日照等环境影响因素经耦合计算后得出模拟区域平均通用热气候指数（UTCI）的分布图。借助同为参数化设计插件 Grasshopper 的优化程序遗传算法插件 Galapagos 及其自身强大的参数化建模能力,可以较好地满足寻优实验对于软件平台的需求。

1.3 研究目的与意义

1.3.1 研究目的

近年来,国内外基于气候适应性城市和建筑的研究与实践愈来愈受到关注。对于不同气候地区的研究，其方法仍局限于理论导则、实地测量，很少涉及模拟分析与自动优化，研究范围主要局限于气候对当地民居形态的影响与制约，很少见到关于不同地区以人体热舒适度为目标的城市空间形态和城市气候要素之间相关性的量化研究。

关于城市公共空间与城市微气候的研究，是气候学科、环境学科、地理学科及城市规划与建筑学等共同关注的领域，前者研究的重点在于测算气象参数及观测气候的动态变化，后者则侧重于关注空间形态对热舒适度的影响机制及优化策略。目前，此类研究还不系统，需要将环境性能模拟更好地融合到空间形态与热舒适度研究中，探究它们之间的关联，尝试一种新的设计思路与方法。

为此，本书首先对国内外相关研究成果进行整理与归纳，在梳理相关理论和方法的基础上，以改善城市公共空间微气候舒适度为出发点，借鉴学习针对不同气候区具有研究价值的理论、方法和技术手段，以气候舒适度为驱动因子，通过引入参数化设计插件 Grasshopper 等，将环境性能驱动优化设计流程引入城市设计过程中，结合已有的绿色城市设计理念，探寻基于城市微气候舒适度的城市形态生成与自动寻优。最后，在实践总结的基础上，结合定性与定量分析，凝练出气候适应性城市设计策略，为创建生态、节能、健康、宜居的现代城市环境提供技术支撑。

基于此，本书试图通过构建合适的技术路径以更好地厘清城市形态、气候要素与人体热舒适度三者的关系，以更好地实现不同气候区人体室外热舒适度的改善，即通过对城市形态特征的评价分析，评估不同城市形态对微气候要素的影响差异，进而分析城市形态对人体热舒适度的影响；通过对城市形态生成、调控以及微气候要素的调适，最终实现室外人体热舒适度的提升。

1.3.2 研究意义

本书旨在探索一种将城市形态生成与性能模拟有机整合的高效设计方法，以改善室外热环境性能，增加公共空间的气候适应性。本书的研究意义主要体现在理论和实践两个方面。

1）理论意义

随着中国城市化进程的不断推进，高密度城市环境成为越来越重要的城市生活空间，高楼林立的城市森林导致城市生态和微气候环境的日益窘迫。可持续发展的绿色城市理念作为治愈"城市病"的一剂良药愈发引起关注，越来越多的人开始从气候适应性角度对城市空间进行合理规划。

环境性能驱动与城市设计的结合将有利于促进城市设计从传统的定性分析向计算机模拟与自动优化发展，加强城市设计方案生成的逻辑性与合理性。同时，本书将城市空间形态与城市气候的关联性通过数字模拟的形式呈现出来，重点揭示城市形态对城市微气候和人体舒适度的影响。

目前，城市形态与微气候相关性研究大多集中在城市整体层面的宏观策略研究或在街道层峡等微观尺度上进行讨论，缺乏从城市中观层面对形态与气候关联性展开研究，本书是其有益补充。通过结合不同地区的特殊气候条件，从城市设计的角度探索城市形态与城市微气候之间的内在相关性，改变传统设计的方法与流程，探索一种将设计与性能模拟有机整合的城市设计方法，重点研究形态生成、热舒适度模拟及评价优化不同环节的相互关联，从理论上建立完整的气候适应性城市设计研究框架。以微气候性能为驱动的城市形态自动寻优方法的建立，意味着微气候模拟开始从单一的评价工具转变为形态生成体系的一部分，将评价与优化生成整合到一起[71]。

2）实践意义

针对当前城市环境的突出问题，本书尝试提出一套操作性强、具有实践意义的基于性能提升的城市形态生成与自动寻优方法，挖掘设计的多种可能性，以期在城市规划设计的过程中弥补建筑师主观判断的局限性，使对环境热舒适度的考虑和应对更加合理，进而提供可操作的方法与策略。

本书研究成果拓展和补充了基于气候适应性的城市设计方法，将街区布局与形态优化算法相结合，以求得不同气候条件下的理想城市形态生成模式，通过定性分析与量化模拟的方法不断推敲和改善设计方案；从单纯经验先导向科学理性的设计过程转变，也有助于城市规划设计人员更好地了解城市形态与微气候舒适度的关联性，将城市形态与气候舒适度之间的"黑箱"关联性转译为形态生成逻辑，并制定相应的城市形态优化策略。

第 1 章注释

① 参见《世界能源展望 2009》（*World Energy Outlook*–2009 ）。

② 参见百奥赛图（Biositu）资源创新组（The Resource Innovation Group，Biositu ）《公共卫生与气候变化：提高地方公共卫生部门能力的指南》（*Public Health and Climate Change: a Guide for Increasing the Capacity of Local Public Health Departments* ）。

③ 参见温哥华市（2017 年 4 月 ）[City of Vancouver（April 2017 ）]《最绿色城市行动计划》（*Greenest City Action Plan* ）。

④ 参见国家发展和改革委员会发表的《国家应对气候变化规划（2014–2020 年 ）》。

第 1 章参考文献

[1] 新华网. 专家预计 2020 年中国城镇化水平将达到 60% 左右 [EB/OL].（2013–07–06）[2023–04–17]. https://www.chinanews.com.cn/gn/2013/07–06/5010938.shtml.

[2] 中国建筑学会. 2016—2017 建筑学学科发展报告 [M]. 北京：中国科学技术出版

社, 2018.

[3] STOCKER T F, QIN D, PLATTNER G-K, et al. Contribution of working group I to the fifth assessment report of the intergovernmental panel on climate change[M]// IPCC. Climate change 2013: the physical science basis. Cambridge: Cambridge University Press, 2013.

[4] 国务院发展研究中心, 世界银行. 中国: 推进高效、包容、可持续的城镇化[M]. 北京: 中国发展出版社, 2014.

[5] GANG C. China's climate policy[M]. London: Routledge, 2012: 1-130.

[6] HAMMER S, et al. Cities and green growth: a conceptual framework[M]// HAMMER S, KAMAL-CHAOUI L, ROBERT A, et al. OECD regional development working papers 2011/08. Paris: OECD Publishing, 2011: 29.

[7] 张梦, 李志红, 黄宝荣, 等. 绿色城市发展理念的产生、演变及其内涵特征辨析 [J]. 生态经济, 2016, 32(5): 205-210.

[8] HOWARD L. The climate of London: deduced from meteorological observations[M]. Cambridge: Cambridge University Press, 2012.

[9] RENOU E J. Instructions météorologiques[M]. Paris: Gauthier-Villars, 1855.

[10] MANLEY G. On the frequency of snowfall in metropolitan England[J]. Quarterly journal of the royal meteorological society, 1958, 84(359): 70-72.

[11] KRATZER P A. Das stadtklima die wissenshaft[M]. Braunschweig: Friedr. Vieweg & Sohn, 1956.

[12] 周淑贞. 上海近数十年城市发展对气候的影响[J]. 华东师范大学学报(自然科学版), 1990(4): 64-73.

[13] 史军, 梁萍, 万齐林, 等. 城市气候效应研究进展[J]. 热带气象学报, 2011, 27 (6): 942-951.

[14] OLGYAY V. Design with climate: bioclimate approach to architectural regionalism [M]. New Jersey: Princeton University Press, 1963.

[15] 伊恩·伦诺克斯·麦克哈格. 设计结合自然[M]. 芮经纬, 译. 天津: 天津大学出版社, 2006.

[16] B. 吉沃尼. 人·气候·建筑[M]. 陈士骥, 译. 北京: 中国建筑工业出版社, 1982.

[17] ARNFIELD A J. Street design and urban canyon solar access[J].Energy and buildings, 1990, 14(2): 117-131.

[18] 巴鲁克·吉沃尼. 建筑设计和城市设计中的气候因素[M]. 汪芳, 阚俊杰, 张书海, 等译. 北京: 中国建筑工业出版社, 2011.

[19] ARNFIELD A J. Two decades of urban climate research: a review of turbulence, exchanges of energy and water, and the urban heat island[J]. International journal of climatology, 2003, 23(1): 1-26.

[20] KOTHARKAR R, RAMESH A, BAGADE A. Urban heat island studies in south Asia: a critical review[J]. Urban climate, 2018, 24: 1011-1026.

[21] MENG W G, ZHANG Y X, LI J N, et al. Application of WRF/UCM in the

simulation of a heat wave event and urban heat island around Guangzhou［J］. Journal of tropical meteorology, 2011, 17（3）: 257-267.

[22] 贺晓冬, 苗世光, 窦晶晶, 等. 北京城市气候图系统的初步建立［J］. 南京大学学报（自然科学）, 2014, 50（6）: 759-771.

[23] YUAN C, REN C, NG E. GIS-based surface roughness evaluation in the urban planning system to improve the wind environment: a study in Wuhan, China［J］. Urban climate, 2014, 10: 585-593.

[24] NG E, CHENG V, CHAN C. Urban climatic map and standards for wind environment: feasibility study［S］. Hong Kong: Planning Department of Hong Kong, 2008.

[25] 宋晔皓. 结合自然整体设计注重生态的建筑设计研究［D］. 北京: 清华大学, 1998.

[26] 董卫, 王建国. 可持续发展的城市与建筑设计［M］. 南京: 东南大学出版社, 1999.

[27] 徐小东. 基于生物气候条件的绿色城市设计生态策略研究［D］. 南京: 东南大学, 2005.

[28]《数字化建筑设计概论》编写组. 数字化建筑设计概论［M］. 2版. 北京: 中国建筑工业出版社, 2012.

[29] CHANDLER T J. The climate of London［M］. London: Hutchinson, 1965.

[30] LANDSBERG H E. The urban climate［M］. New York: Academic Press, 1981.

[31] LOWRY W P. Empirical estimation of urban effects on climate: a problem analysis ［J］. Journal of applied meteorology and climatology, 1977, 16（2）: 129-135.

[32] OKE T R. The distinction between canopy and boundary-layer urban heat islands［J］. Atmosphere, 1976, 14（4）: 268-277.

[33] OKE T R. Street design and urban canopy layer climate［J］. Energy and buildings, 1988, 11（1-3）: 103-113.

[34] OKE T R. Canyon geometry and the nocturnal urban heat island: comparison of scale model and field observations［J］. International journal of climatology, 1981, 1（3）: 237-254.

[35] AHMED MEMON R, LEUNG Y C D, LIU C H. A review on the generation, determination and mitigation of urban heat island［J］. Journal of environmental sciences, 2008, 20（1）: 120-128.

[36] MIRZAEI P A, HAGHIGHAT F. Approaches to study urban heat island: abilities and limitations［J］. Building and environment, 2010, 45（10）: 2192-2201.

[37] NG E, CHEN L, WANG Y N, et al. A study on the cooling effects of greening in a high-density city: an experience from HongKong［J］. Building and environment, 2012, 47（1）: 256-271.

[38] SHASHUA-BAR L, HOFFMAN M E, TZAMIR Y. Integrated thermal effects of generic built forms and vegetation on the UCL microclimate［J］. Building and environment, 2006, 41（3）: 343-354.

[39] JOHANSSON E, EMMANUEL R. The influence of urban design on outdoor thermal comfort in the hot, humid city of Colombo, Sri Lanka[J]. International journal of biometeorology, 2006, 51（2）: 119–133.

[40] ALI–TOUDERT F, MAYER H. Effects of asymmetry, galleries, overhanging façades and vegetation on thermal comfort in urban street canyons[J]. Solar energy, 2007, 81（6）: 742–754.

[41] 王振. 夏热冬冷地区基于城市微气候的街区层峡气候适应性设计策略研究[D]. 武汉: 华中科技大学, 2008.

[42] 黄媛. 夏热冬冷地区基于节能的气候适应性街区城市设计方法论研究[D]. 武汉: 华中科技大学, 2010.

[43] BOURBIA F, BOUCHERIBA F. Impact of street design on urban microclimate for semi arid climate（constantine）[J]. Renewable energy, 2010, 35（2）: 343–347.

[44] MIDDEL A, HÄB K, BRAZEL A J, et al. Impact of urban form and design on mid–afternoon microclimate in Phoenix local climate zones[J]. Landscape and urban planning, 2014, 122（2）: 16–28.

[45] 埃维特·埃雷尔, 戴维·珀尔穆特, 特里·威廉森. 城市小气候: 建筑之间的空间设计[M]. 叶齐茂, 倪晓晖, 译. 北京: 中国建筑工业出版社, 2014.

[46] 邬尚霖. 低碳导向下的广州地区城市设计策略研究[D]. 广州: 华南理工大学, 2016.

[47] TSITOURA M, MICHAILIDOU M, TSOUTSOS T. A bioclimatic outdoor design tool in urban open space design[J]. Energy and buildings, 2017, 153: 368–381.

[48] WASIM YAHIA M, JOHANSSON E, THORSSON S, et al. Effect of urban design on microclimate and thermal comfort outdoors in warm–humid Dar es Salaam, Tanzania[J]. International journal of biometeorology, 2017, 62（3）: 373–385.

[49] 王建国. 从理性规划的视角看城市设计发展的四代范型[J]. 城市规划, 2018, 42（1）: 9–19, 73.

[50] 丁沃沃, 胡友培, 窦平平. 城市形态与城市微气候的关联性研究[J]. 建筑学报, 2012（7）: 16–21.

[51] 朱瑞兆. 风与城市规划[J]. 气象科技, 1980, 8（4）: 3–6.

[52] 唐永銮, 曾星舟. 大气环境学[M]. 广州: 中山大学出版社, 1988.

[53] 柏春. 城市气候设计: 城市空间形态气候合理性实现的途径[D]. 上海: 同济大学, 2005.

[54] 余庄, 张辉. 可持续发展视角下的大都市区域发展规划模拟与分析[J]. 城市建筑, 2007（8）: 63–64.

[55] 刘加平. 城市环境物理[M]. 北京: 中国建筑工业出版社, 2011.

[56] 刘德明. 寒地城市公共环境设计研究[D]. 哈尔滨: 哈尔滨建筑大学, 1995.

[57] 王刚. 寒地城市公共环境设计[J]. 城市建设理论研究（电子版）, 2012（8）: 1–2.

[58] 冷红, 袁青, 郭恩章. 基于"冬季友好"的宜居寒地城市设计策略研究[J]. 建筑学报, 2007（9）: 18–22.

[59] 冷红, 郭恩章, 袁青. 气候城市设计对策研究[J]. 城市规划, 2003, 27(9): 49-54.

[60] 冷红, 马彦红. 应用微气候热舒适分区的街道空间形态初探[J]. 哈尔滨工业大学学报, 2015, 47(6): 63-68.

[61] 冷红, 袁青. 城市微气候环境控制及优化的国际经验及启示[J]. 国际城市规划, 2014, 29(6): 114-119.

[62] 周雪帆. 城市空间形态对主城区气候影响研究: 以武汉夏季为例[D]. 武汉: 华中科技大学, 2013.

[63] 孙欣. 城市中心区热环境与空间形态耦合研究: 以南京新街口为例[D]. 南京: 东南大学, 2015.

[64] 任超, 袁超, 何正军, 等. 城市通风廊道研究及其规划应用[J]. 城市规划学刊, 2014(3): 52-60.

[65] 史源, 任超, 吴恩融. 基于室外风环境与热舒适度的城市设计改进策略: 以北京西单商业街为例[J]. 城市规划学刊, 2012(5): 92-98.

[66] 任超, 吴恩融, 卡茨纳·卢茨, 等. 城市环境气候图的发展及其应用现状[J]. 应用气象学报, 2012, 23(5): 593-603.

[67] 陈宏, 李保峰, 张卫宁. 城市微气候调节与街区形态要素的相关性研究[J]. 城市建筑, 2015(31): 41-43.

[68] 郑明堂, 贾诗昆, 吴岩. 长春文化广场夏季热环境考察研究[J]. 吉林建筑工程学院学报, 1999, 16(2): 29-38.

[69] 霍小平, 赵华. 城市广场热环境的现场实测与分析[J]. 建筑科学, 2005, 21(4): 19-23.

[70] 陈卓伦, 赵立华, 孟庆林, 等. 广州典型住宅小区微气候实测与分析[J]. 建筑学报, 2008(11): 24-27.

[71] 杨峰. 城市形态与微气候环境: 性能化模拟途径综述[J]. 城市建筑, 2015(28): 92-95.

[72] NG E. Policies and technical guidelines for urban planning of high-density cities: air ventilation assessment (AVA) of Hong Kong[J]. Building and environment, 2009, 44(7): 1478-1488.

[73] 王诘. 建筑日照分析的CAD方法[J]. 工程设计CAD及自动化, 1996(4): 27-30, 26.

[74] 宋小冬, 孙澄宇. 日照标准约束下的建筑容积率估算方法探讨[J]. 城市规划汇刊, 2004(6): 70-73, 96.

[75] JOHN ARNFIELD A, GRIMMOND C S B. An urban canyon energy budget model and its application to urban storage heat flux modeling[J]. Energy and buildings, 1998, 27(1): 61-68.

[76] HERBERT J M, JOHNSON G T, JOHN ARNFIELD A. Modelling the thermal climate in city canyons[J]. Environmental modelling & software, 1998, 13(3/4): 267-277.

[77] TOKAIRIN T, SOFYAN A, KITADA T. Effect of land use changes on local

meteorological conditions in Jakarta, Indonesia: toward the evaluation of the thermal environment of megacities in Asia[J]. International journal of climatology, 2010, 30(13): 1931-1941.

[78] VIRAY A. Current and potential uses of green roofs on hospitals[Z]. Portland: Portland State University, 2018.

[79] LEUNING R. A critical appraisal of a combined stomatal-photosynthesis model for C_3 plants[J]. Plant, cell & environment, 1995, 18(4): 339-355.

[80] PATTON E G, SHAW R H, JUDD M J, et al. Large-eddy simulation of windbreak flow[J]. Boundary layer meteorology, 87: 276-306.

[81] VU T C A, YASUNOBO A, TAKASHI A, et al. Turbulence modeling of urban atmospheric boundary layer: development of the urban climate simulation system for urban and architectural planning (part 1)[J]. Journal of architecture & planning, 2000, 65(536): 95-99.

[82] 林波荣, 李莹, 赵彬, 等. 居住区室外热环境的预测、评价与城市环境建设[J]. 城市环境与城市生态, 2002, 15(1): 41-43.

[83] 林波荣. 绿化对室外热环境影响的研究[D]. 北京: 清华大学, 2004.

[84] LUN I, MOCHIDA A, OOKA R. Progress in numerical modelling for urban thermal environment studies[J]. Advances in building energy research, 2009, 3(1): 147-188.

[85] ASHIE Y, KONO T. Urban-scale CFD analysis in support of a climate-sensitive design for the Tokyo Bay area[J]. International journal of climatology, 2011, 31(2): 174-188.

[86] 赵彬, 林波荣, 李先庭, 等. 建筑群风环境的数值模拟仿真优化设计[J]. 城市规划汇刊, 2002(2): 57-58, 61.

[87] HUTTNER S. Further development and application of the 3D microclimate simulation ENVI-met[D]. Mainz: Johannes Gutenberg-Universitat Mainz, 2012.

[88] 李京津, 王建国. 南京步行街空间形式与微气候关联性模拟分析技术[J]. 东南大学学报(自然科学版), 2016, 46(5): 1103-1109.

[89] 孙欣, 杨俊宴, 温珊珊. 基于ENVI-met模拟的城市中心区空间形态与热环境研究: 以南京新街口为例[M]// 中国城市规划学会. 规划60年: 成就与挑战: 2016中国城市规划年会论文集. 北京: 中国建筑工业出版社, 2016: 124-140.

[90] 高菲. 基于日照影响的高层住宅自动布局[D]. 南京: 南京大学, 2014.

[91] 冯锦滔. 基于城市风热环境的空间布局自动寻优方法研究[D]. 深圳: 深圳大学, 2017.

[92] 王振. 绿色城市街区: 基于城市微气候的街区层峡设计研究[M]. 南京: 东南大学出版社, 2010.

第1章图片来源

图1-1 源自: 联合国政府间气候变化专门委员会(IPCC)(2013年).

2 概念解析与基本原理

2.1 气候适应性设计

2.1.1 气候适应性设计原理

1）设计服务需求

心理学家亚伯拉罕·马斯洛（Abraham H. Maslow）[1]将人类需求由低到高按层次分为五类，分别为生理需求、安全需求、社会需求、尊重需求和自我实现需求。城市作为人类生活的基本物质环境，在人类需求结构中处于最基础的生理需求层次。舒适的城市环境为人们创造了健康愉悦的生活空间，在一定程度上满足了人们的生理需求，为居民追求更高层次的需求、创造物质财富与社会价值奠定了基础。舒适的城市环境还能给社会带来活力，促进社会、经济与文化的协调发展。

2）标准因地制宜

热舒适度是使人感到满意和舒适的微气候条件范围，也是良好的城市环境的重要表征因素。如何使室外微气候达到热舒适度标准是气候适应性设计的关键问题，它涉及气候、城市和人体需求的关系，其表现形式是城市形态，其设计成果体现在室外微气候状况，有效与否的标准是热舒适度标准，三者是相互作用和影响的。

室外微气候状况是气候适应性城市设计和热舒适度标准的前提和制约条件，因自然地理、地形地貌、海拔高程等因素的不同而有着较大差异，直接影响到整个城市环境。为适应不同气候条件的区域，应制定相对应的气候舒适度标准，采取因地制宜的城市设计与形态塑造方法。

3）技术适应环境

气候适应性设计指的是一种被动式的设计方法，旨在通过设计本身进行调节，以适应环境，创造良好的居住空间，也是达到室外环境舒适性的手段之一。由于城市物理环境对微气候产生了一定的干扰和影响，通过特定设计来增强或者减弱这种改变可以达到调节微气候的目的。虽然这种调节有其局限性，但是通过掌握调节作用的机理和范围对减少设备依赖、创造舒适环境大有裨益。

从整体来看，包含气候适应性设计在内的被动式设计是一个分析、设计、评价、反馈、完善的动态调整和循环过程[2]。设计师在对当地气候状况有了初步认知和分析后，依据实际情况对方案采取被动式应对措施，通过对方案性能的评价，根据反馈进一步调整，使得气候需求与设计有机结合。由于在设计过程中无法对建成后的环境进行测量，使用计算机软件模拟进行预判是当今被动式设计所采用的必要手段。在此过程中，一方面，强调性能的重要性，通过模拟对备选方案进行比对、分析与评估，结合标准择优选择；另一方面，设计师对模拟分析的结果进行反馈，不断调整策略，分阶段对方案进行逐步优化和完善（图2-1）。

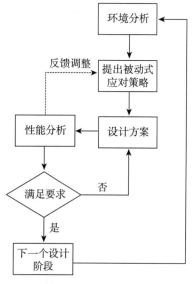

图2-1 优化设计流程

当前，在可持续设计实践中也遇到不少问题，具体如下：

（1）在实施过程中，分析与设计易产生脱节。由于分析评判多发生于方案设计的中后期，使其成为验证方案可行性的工具，而失去了对方案设计前期的导向性。大多数设计师仍凭借经验提出被动式策略，使得方案无法因地制宜地达成对环境的回应。

（2）性能分析是一个理性的、定量的过程，由于需要专业知识，设计师难以完全掌握。性能评价在与设计配合的过程中难免产生形态、功能等方面的不一致和冲突，在方案调整中协调二者关系成为一个需多次操作的循环过程，降低了设计效率。

（3）缺失可实现多性能目标的整体协同方法。城市和建筑本身属于复杂系统，各种因素相互关联与制约，权衡各目标可能存在的矛盾并进行方案调整十分必要。

2.1.2 气候适应性设计基本原则

气候适应性城市设计是一个动态循环、不断优化的过程，了解基本的设计策略在城市设计开始阶段尤为重要，在实践过程中可根据实际情况进行调整。

1）夏季降温散热

（1）日照遮蔽

太阳辐射可为城市提供一定的热能与日照，在大多数地区南向窗是每栋建筑都须具备的重要构件，但也应考虑夏季过热现象。此时，不仅需要采取如遮阳板、百叶窗等建筑遮阳措施来阻挡直接的太阳辐射，而且需要在城市层面上通过减少建筑暴露于阳光的面积来降低太阳光的反射和散射。在炎热干燥的气候中，控制反射热比较重要；而在湿润气候区散射的控制更为重要[3]。具体可采取建筑紧凑布局，利用阴影互相遮挡，或种植落叶树、藤蔓植物等来遮蔽夏日阳光。

（2）通风散热

空气由压力差驱动形成风，自然通风能通过对流的方式带走热量，降低空气湿度，同时也能加快人体排汗的蒸发速率，降低人体温度，从而提升夏季室外热舒适度。然而，过高且有湍流的风速也会降低风环境的舒适度，使人感到不适。具体设计时应考虑城市地形、城市结构、街道朝向以及建筑物阻风、导风和拔风效果等因素来综合改善城市的风、热环境。

（3）蒸发／蒸腾降温

蒸发／蒸腾降温利用水汽蒸发带走热量的原理，可以通过城市水域和植物实现。对于前者，水面可反射大部分太阳辐射，因为水的比热大，蒸发耗热多，使水面上的气温变化较为和缓，夜暖昼凉，可在一定程度上调节周边的微气候。后者主要依靠植物的蒸腾作用来达到降温目的。蒸腾作用即植物为了防止被太阳灼伤叶片，将水分以水蒸气状态释放的过程，为其周边环境提供了足量水汽，可降低气温，保持空气湿润，增加当地雨水量，从而形成良性循环。

2）冬季防寒保暖

（1）辐射增温

在冬季利用太阳辐射可以为建筑提供辅助热源，并补充日照采光。具体需要考虑建筑物的排列朝向、场址方位、坡度（向阳坡的利用），减少因组团布局所造成的阴影遮蔽。另外，也可选择合适的下垫面及立面装饰材料来吸收辐射热。

（2）背风防寒

寒冷气流会带走围护结构的大量热能，并从门窗等薄弱部位向室内渗透。建筑体形系数决定了建筑的暴露面积，体形系数越大则热散失面积越大，因此需要对建筑形态进行合理优化。紧凑的城市布局形态能防止冷风侵犯、减少热量流失。整体而言，外围建筑可对内部产生遮蔽效果，阻挡寒风。利用这一点，在夏热冬冷地区，考虑到季节性的风向转换，可在冬季迎风面安置封闭形态的建筑以阻风，实现在夏季增强风势而冬季减弱风势。

（3）水体调节

水体同陆地相比有着更大的热容量，水对环境温度的变化有着更好的调节效应，因此水体的存在有助于调节地表温度和能量循环。当空气温度降低时，水体温度变化和缓，使得水域附近的气温较其他地方高，成为局部热源，从而可以调节气温；同时，水体表面的水凝结成晶体，放出热量。这种调节作用随水体深度、面积和形态等因素的不同而存在显著差异。

2.1.3　气候适应性城市设计策略

1）地形与选址

地形起伏不仅带来了高程的差异，而且温度、湿度、风速等气候因素亦不尽相同。迎风坡会迎来自然风和水汽，产生雨露，背风面则相对较少。坡向会影响太阳辐射量、温度和蒸发量，进而影响到植物生长。同时，高低起伏的山脉地形还将对大气环流产生影响，形成局部风环境。不同的城市选址会导致截然不同的微气候环境。如在夏热冬冷地区应考虑季风气候特征，城市选址宜处于夏季主导风通道上，保持城市东南方向通畅、无地形起伏以促进城市通风，而将山坡、高地等地形置于西北方向以抵御冬季西北风的侵袭，从而能在夏冬两季都能实现良好的微气候环境。应结合主导风向选择位于大片水面或绿化的西北向的位置，最大限度地利用湖泊和林地对气温的调节作用。

2）城市形态与结构

城市整体形态的不同导致其与外围环境接触面积的差异。面对良好的自然环境，应尽可能多地创造与环境接触的面并扩大这些优势，如沿森林、湖泊展开形体；面对恶劣环境则应采取聚拢封闭的形态加以回避。

在城市结构方面，如在夏热冬冷地区高温高湿的背景下，应以增强南风、东南风和西南风为主，限制北风。为此，应设置一种由南往北建筑高度逐渐增高的梯形结构以引导南风、阻隔北风。在建筑组团布局方面，力求做到南侧开阔、北部紧凑，在南部布置体量小的建筑，在北部布置体量大而长的建筑。建筑应尽可能垂直于夏季主导风向布置，满足日照需要。这种混合型的建筑类型有利于提高总体城市密度和环境品质[4]（图2-2）。

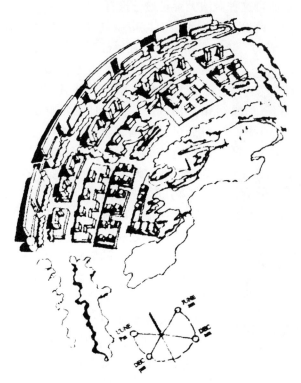

图2-2　以太阳和夏季风为导向的建筑布局
注：北侧高层建筑用于冬季防风。

鼓励高密度的土地混合利用策略，最大限度地整合资源，形成有利于步行或自行车的绿色出行方式。在高密度模式下，建筑采取混合式布局以防止日照相互遮挡，适当保持高度差有利于引导气流、促进通风。建立网络化的城市绿化系统，保护基地内的自然山水资源，使人工绿化与自然绿化有机结合，有助于建立良好的城市微气候环境，缓解城市热岛效应。针对城市结构营造平行于夏季主导风向的通风廊道，促进热量排放，加速污染物扩散，调节局地微气候。

3）街道

为了增强通风与日照，适应冬夏两季的风、热环境，应设置方向、密度合理的街道布局。街道走向直接影响到城市的通风效果。一方面，当街道垂直或接近垂直于盛行风向时，沿街布置的建筑将阻挡风的通过，屋顶和地面气流涡旋较少，这种方式具有最强的阻风效果；另一方面，若街道的走向与风向平行或成大约30°夹角时，能有效引导通风，利于夏季风向街区内部渗透[5]。此外，为了满足日照要求，应尽量将街道沿子午线布置。综合以上两点，中国夏热冬冷地区街区主干道宜按照东西走向布置，与冬季主导风向垂直，在夏季与盛行风向成30°夹角，以获取最佳的采光和通风效果；背风街道长度应尽可能缩短，减少背风街道空气滞留区的面积[6]。虽然这种布置会使街道在冬季因采光不足而使行人略感不适，但由于冬季防风和采光需求之间本身就存在一定的矛盾，综合冬夏两季而言这种做法无疑是最佳选择。

街道材料、高宽比不同也会对城市微气候产生影响。在阳光的照射下，在街道形成的"峡谷"中，太阳辐射经过建筑墙壁与地面的多次反射和吸收，改变了近地太阳辐射温度，再经由长波辐射传导给空气使其增温，进而加剧了城市热岛效应。高宽比会影响街道"峡谷"中的日照可及范围和气流速度。合理配置街道材料和高宽比能帮助改善城市微气候，必要时也可为街道增加人工遮阴的措施（图2-3）。

4）开放空间

无序扩张的城市形态是导致城市热岛效应的重要原因之一，而开放空间的存在可有效降低城市热岛效应的影响程度。开放空间包括广场、公园、绿地、水域等形式，是人们户外活动的重要空间。整体而言，开放空间内的太阳辐射、通风都要较其他城市空间稍强，因此在气候设计时应注意利用优势、规避劣势。如在夏热冬冷地区，夏季时，有着习习凉风的开放空间是人们喜爱的休息场所，应保证其夏季主导风通道通畅，同时应当注意开放空间的遮阳，

图2-3　塞维利亚（Sevilla）的街道遮阴装置

可利用建筑及其灰空间、景观装置或高大植物来塑造阴影区；冬季时，人们会聚集在阳光普照的开放空间内聊天、晒太阳，此时需要注意规避由周围高层建筑所带来的"峡谷风"，适当营造半封闭区域，通过墙壁、植被等提供防风点，减弱寒风，提升场地舒适度。

在绿化和水体的布置上应充分考虑该地区的气候特点。首先，尽量避免在夏季主导风向的上风向种植茂密灌木，以防止其对空气流动造成阻碍、增加空气湿度。其次，选用适于高湿度生长、水分吸收作用显著的落叶植物，如桉树、水杉等，以降低灌溉维护成本。亦可与常绿灌木组合形成复合绿化，丰富的绿植组合在夏季能提供浓密的树荫，在冬季灌木挡风的同时高大乔木也不影响日照。最后，在开放空间中应控制水域的数量和面积，宜采取静水形式以防止形成水雾、增加空气湿度，同时应有适当的遮阳措施以防止其产生眩光污染[7]。

开放空间中的铺装材料同样需要关注，导热系数高的材料白天吸收辐射，晚上释放大量余热，易使地面在夏天产生炙烤感。使用透水材料铺装的地面能疏导雨水渗入地下，减少降水受热蒸发，可在一定程度上缓解因高温高湿所带来的气候压力。

5）建筑设计

为降低建筑对气流的阻碍并满足其对日照的需求，应使其长边与夏季主导风向平行，建筑布局应顺应上文所述的街道走向。高层建筑在形体设计上应兼顾日照遮蔽和风环境优化，减少对地面行人的不利影响。

如在夏热冬冷地区，建筑设计应兼顾夏季通风隔热和冬季采光保温的需求，这对表皮的构造设计和材料热工性能提出了要求。除建筑墙体外，窗户、屋顶等也应具有良好的隔热性，可采用中空玻璃、加装遮阳构件等措施。外墙、屋顶绿化的形式能够降低周围空气的温度，提供蓄水和渗透能力，增强应对气候变化的能力。在平面布局方面应当开敞通透而使室内保持良好的日照通风，可以在平面布置中增加庭院以改良室内微气候环境。在形体上根据功能需求增大向阳面或形成自遮阳。在被动式设计技术方面可利用天窗或导光构件争取日照，利用拔风井来改善室内通风，另外也可使用表皮可变遮阳、雨水回收、太阳能光伏发电等其他绿色建筑技术手段。

2.2　与微气候相关的城市形态要素

2.2.1　研究尺度

不同层面的城市微气候问题，有着不同的城市空间形态要素与之对应。考虑到气候因素与城市空间形态要素相互对应的关系，可以将城市空间形态分为三个尺度：区域—城市尺度、街区—建筑组团尺度与建筑单体—构件尺度。可以将气候分为三个尺度：大气候、中气候与微气候。

根据气候现象的地方性变化范围，可以将气候从大到小细分为几个层级。许多气候学家给出了不同的标准，例如，巴里（Barry）提出将气候系统分为四个层级[8]（表2-1）：一般而言，全球性的气候被称作"全球性风带气候"，地区范围的气候被称作"地区性大气候"，中等区域范围的气候被称作"局地气候"，街区小范围的气候被称作"微气候"。不同的气候尺度对应不同的水平、垂直地域范围以及气候特征持续的时间。

表2-1　巴里的气候尺度分级

系统	气候特征的大致尺度		时间范围
	水平范围 / km	竖向范围 / km	
全球性风带气候	2 000.0	3.0—10.0	1—6 个月
地区性大气候	500.0—1 000.0	1.0—10.0	1—6 个月
局地气候	1.0—10.0	0.1—1.0	1—24 h
微气候	0.1—1.0	0.1	24 h

不同城市尺度对应不同的气候尺度。宏观性气候尺度的直径覆盖了几百千米的范围，中观性气候尺度的直径覆盖了几十千米的范围，一般对应区域—城市尺度；微观性气候尺度的直径覆盖了几百米的范围，一般对应街区—建筑组团的尺度（图2-4）。

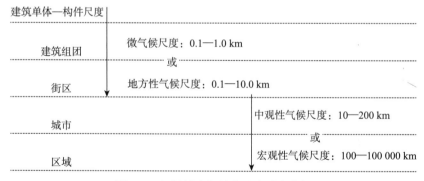

图 2-4　气候尺度与城市尺度对应分析

区域—城市尺度：关注城市的总体区位选择、街区的合理分布等。

街区—建筑组团尺度：关注如何安排建筑组团或建筑群关系以及建筑与街道层峡、开放空间、绿化水体等其他实体物质环境。

建筑单体—构件尺度：考虑如何安排使用朝向、建筑长宽比、建筑体形系数，考虑如何使用建筑构件来获得更好的通风采光、防寒隔热性能等。

本书将街区—建筑组团尺度作为研究城市形态的基本尺度，对于与建筑设计策略相关的建筑单体—构件尺度，及尺度范围更大的区域—城市尺度，未做太多的讨论和研究。

2.2.2 不同尺度的城市形态要素

结合不同气候地区的各种要素影响，本书从城市类型学和城市形态指标出发，依据城市形态要素的基本架构[9]，对相关城市形态描述方法进行梳理。根据现有研究中具有代表性的城市形态要素构建了从单体建筑到城市街区尺度的"城市形态研究框架"，如表2-2所示，并以干热地区为例，归纳出从建筑单体—建筑群—街道—街区四类与气候相关的最基本的城市形态模式及其对应的城市形态指标。

表2-2 城市形态要素基本框架

尺度	类型	指标
建筑单体	 建筑单体面宽、进深、高度基本尺寸为 L_x、L_y、H	形体系数（S/V） 立面主要朝向 建筑的长宽比（I）= L_x/L_y
建筑群	 塔式、联排式、条式、庭院联排式、塔—庭院式、庭院式	建筑基本型 容积率 建筑密度
街道	 街道层峡：H_1、H_2 为街道两侧建筑高度；W 为街道宽度；θ_1、θ_2 为两侧垂直角	街道高宽比（H/W） 街道主要朝向 天空可视系数
街区	 建筑形态基本参数：街区方位角（δ），建筑高度（H），建筑长度、宽度（L_x、L_y），建筑间距 x 轴、y 轴方向（W_x、W_y）	容积率 建筑密度 街区方位角（δ） 建筑层数（n） 方向性街道高宽比（H/W_x，H/W_y）

1）建筑单体

单体建筑尺度的形态要素主要有底面形式、面宽（L_x）、进深（L_y）、高度（H）、朝向、体形系数、开窗率等。其中影响到街区形态的要素主要为底面形式、面宽（L_x）、进深（L_y）、高度（H）和朝向。由于本书主要研究街区尺度的微气候，对建筑单体的体形系数、开窗率、维护材料等更小的尺度不做过多研究。

以干热地区为例，当地单体建筑设计主要考虑室内的隔热和降温问题。为了减弱太阳辐射的影响，通常采用布局紧凑、开窗率小、外闭内敞、建筑朝向与南北方向有较大夹角的庭院式建筑与群体形态。建筑平面大多形体方正，庭院内侧常设环形檐廊作为室内外气候缓冲区域，以减少阳光对主要房间的直射，降低室内温度。迎风面极少开窗，主要在背风面设置窗洞，可有效降低外部强烈的热辐射对室温的影响，并且增设墙面的悬突物以增加阴影。

2）建筑群

多个建筑单体组合在一起形成建筑群。建筑群体形态通过基本型来描述，所谓建筑基本型，是指在城市肌理最基本的土地单元上放置一个建筑单体或建筑组团[9]。不同类型的建筑基本型及其组合模式，形成具有不同空间形态肌理的街区，不同布局的街区有着不同的通风、遮阳效果。如是，在街区范围内太阳辐射、风等气候要素的时空分布被重新组织与调控，进而在街区尺度上表现出不同的微气候特征。

为了便于研究建筑组合模式与气候关联性的作用，通常以同样大小的土地单元为前提，通过对研究区域内常见的建筑组合模式进行提取、简化与抽象，对建筑基本型进行划分，将其几何特征表示出来。这种简化处理，可以使计算、模拟与分析更加简便，且能够使研究者在对复杂的真实城市形态进行研究之前，更好地了解不同的建筑基本型与街区微气候之间的关联。借助建筑基本型的划分并结合软件模拟分析，实现城市微气候的量化研究[10]。

对于建筑基本型的分类，不少城市气候学的相关研究均有涉及。其中具有代表性的是昆·斯蒂摩（Koen Steemers）等人[11]提出的六种典型模式（图2-5），分属三种形态原型，即塔式、条式和庭院式建筑，这是根据马丁中心（The Martin Centre）[12]有关土地利用和建筑形态的研究成果产生的。通过这些原型可以复制和形成不同的城市布局。建筑高度和宽度被调整，使所有类型在相同的基地面积上获得相同容积率和建筑面积；并利用上述基本型进行风速、太阳辐射的模拟，从中发现不同建筑基本型所构成的城市街区呈现的差异化的气候特征及规律。

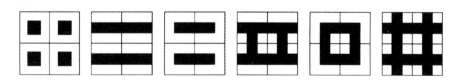

图2-5　建筑基本型的六种典型模式

注：从左到右为塔式、联排式、条式、庭院联排式、塔—庭院式、庭院式。

对于干热地区的建筑基本型，卡尔洛·拉蒂（Carlo Ratti）等人[13]在斯蒂摩等人建立的六种形态基本型的基础上，研究了干热地区马拉喀什市中心区的城市肌理，建立了三类形态基本型，即庭院式、微型塔式和塔式，并研究干热地区这些形态基本型对街区尺度热环境的影响（图2-6、图2-7）。

艾哈迈德·奥凯尔（Ahmad Okeil）[14]研究如何降低建筑全年能耗水平，他在条式、退台式、庭院式基本型的基础上，建立了住区太阳能体块（Residential Solar Block，RSB）。之后，他比较了条式、庭院式和RSB街区表面的太阳分布情况（包括屋顶、立面和地面），证实了RSB在太阳能能效方面的优越性，该基本型冬季投影正好落在周边的开放空间上，不会形成自遮阳，夏季还可以满足盛行风向穿过街区，以缓解夏季城市热岛效应。RSB基本型满足了冬季最大化接受太阳辐射与夏季街区风环境的舒适性需求，实现了全年建筑能耗水平的优化（图2-8）。

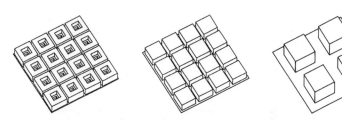

图2-6　传统阿拉伯庭院式、微型塔式与塔式

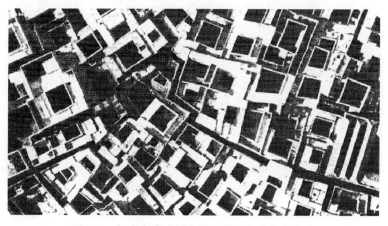

图2-7　拥有庭院式城市肌理的马拉喀什市中心

3）街道

街道基本型即街道层峡（图2-9），指城市街道两侧的建筑及其围合成的狭长街道空间[15]。街道层峡对城市微气候的形成及室外人体热舒适性有着重要影响，常用于街道尺度的城市形态和气候学研究。街道层峡内微气候要素的分布情况，主要是通过街道高宽比、街道朝向、天空可视域（SVF）等体形指标控制街道两侧的建筑形态来达成的。

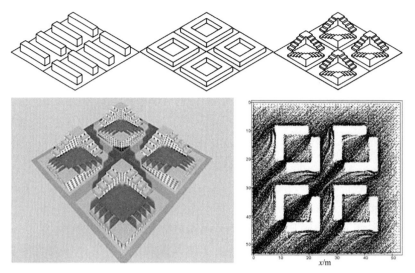

图 2-8 街区形态的三种模式、城市阴影、太阳辐射与风环境计算

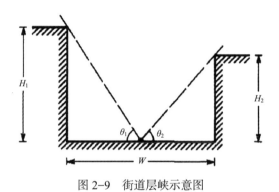

图 2-9 街道层峡示意图

　　街道高宽比（H/W）是指街道两侧建筑的平均高度与街道宽度的比值。方向性街道高宽比：H/W_x 是指纵向街道的高宽比；H/W_y 是指横向街道的高宽比。不同的街道高宽比会产生不同类型的城市肌理，进而影响城市的整体热环境。根据高宽比的大小，可把街道层峡归为三种类型：高宽比小于 0.5 的浅层峡、高宽比等于 1 的标准层峡以及高宽比大于 2 的深层峡[16]。如干热地区的街道一般采用深层峡模式（$H/W > 2$），街道两侧建筑的遮蔽效果会直接影响城市开放空间中阳光的进入，尽可能最小化太阳辐射量，在夏日为行人提供舒适的室外街道步行空间。另外，狭窄的深层峡街道可以抑制巷道上下间的空气对流，底层气流速度相对较快，形成"冷巷风"。

　　街道层峡两侧建筑物的形式多样，如退台式、长廊式、悬挑式等。阿里－图德特为干热气候的城市研究提供了三种街道模式[17]：两边是长廊的对称层峡、一边长廊一边退台的非对称层峡以及有悬挑面的非对称层峡（图 2-10）。他认为两边悬挑不对称的建筑形式最为可取，可在夏天提供更多阴影，在冬天则有更多的阳光进入室内。

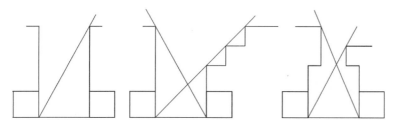

图 2-10　干热地区不同街道模式比较

街道朝向是指街道长轴的方位。街道朝向决定了太阳辐射入口及街道内部气流模式（图 2-11）。在不同气候区，街道的最佳朝向也不尽相同。如在干热地区，与东西向街道相比，南北向街道在夏季白天最热时段具有更长时间的遮阴条件；呈"对角线"的东北—西南方向或西北—东南方向要比正北正南方向更好一些，能为夏季狭窄的街道空间提供更多的阴凉而不至于受到日光曝晒[18-19]。

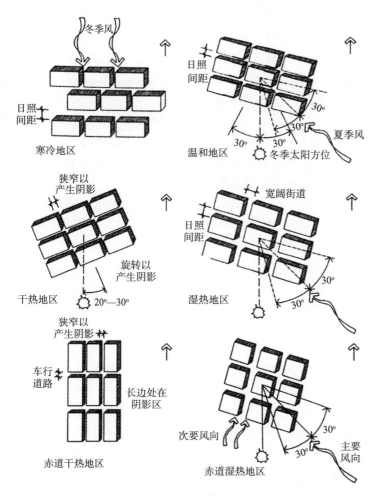

图 2-11　不同气候条件下的街区朝向

图 2-12 印度拉贾斯坦邦杰伊瑟尔梅尔（Jaisal-
mer Rajasthan，India）典型的风巷空间节点

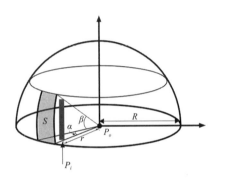

图 2-13 SVF 算法示意图

注：P_o 为计算点；P_i 为遮挡物；S 为被 P_i 遮挡的天空；r 为遮挡物距观测点半径；R 为整体模拟环境半径；$α$ 为遮挡物横向遮挡角度；$β$ 为遮挡物纵向遮挡角度。

在沙漠化地区，街道方向不宜与盛行风向平行，街道层峡尽量设计成不规则且高宽比较大的形态来阻挡风沙对街区的侵扰。例如，某些干热地区的城镇街巷采用狭窄弯曲的街道网络。这种设计不仅能使太阳辐射量最小化，而且能最大限度地降低沙尘暴的影响，营造全天都能享用的阴影区域[20]（图 2-12）。

SVF，一般指某观测点周围的天空可视区域与整个天空半球面积的比值。SVF 的值处在 0 与 1 之间[16]，由基于测量点所在位置的天空半球的立体角元、与视线遮挡相关的倾斜角（$β$）以及方位角（$α$）等参数计算得到（图 2-13）。相应地，天空可视域 $Ψs$ 可被假设为整个天空半球上可见区域所有角元信息的总和[21]。

城市空间中某点的 SVF 大小由周边建筑物、绿植等实体物质因素遮挡天空的多少来决定。通常，在建筑较为密集的街区，SVF 较小，而在建筑稀疏、层数较低的郊区，SVF 较大。因此，SVF 反映了一个街区的开敞程度，其值越大，意味着街区空间越开敞[22]。

测量 SVF，既可以使用搭载鱼眼镜头的相机进行拍照换算得到，也可以在计算机中模拟建筑物布局，通过相关的 SVF 计算软件来得到。

4）街区

街区由多个建筑群和街道层峡组成。街区尺度有几个重要的指标参数：容积率、建筑密度、开放空间布局、高层建筑布局等。

容积率，是指在一定用地范围内，±0 m 标高以上的总建筑面积与用地面积的比值。

建筑密度，是指基地所有建筑物的总基底面积与街区用地面积的比值。

以干热地区为例，经过长期气候的选择，城市街区肌理通常呈现出高密度、紧凑式的结构形态。与开敞宽阔的街道布局相比，紧凑型设计模式可加强建筑物之间的相互遮挡，产生更多的阴影，大大降低建筑物暴露在阳光下的面积和时间。阴影区的空气温度至少比日晒区低 2℃，减弱了太阳辐射所导致的升温效应。被称作"沙漠中的曼哈顿"的也门希巴姆（Shibam Town）是一个约有 7 000 名居民的小镇，约有 500 栋 4—11 层的建筑（图 2-14 左），建筑之间互相遮挡，以减弱强烈的太阳辐射；位于城中心的广场在白天部分或全部位于阴影中（图 2-14 右），有利于公共活动的展开①。

图 2-14　希巴姆城市鸟瞰及处于阴影中的城市公共空间

开放空间布局，主要研究街区内开放空间的规模及区位分布规律。如干热地区，由于淡水资源缺乏，难以维持大规模开放空间的日常植物灌溉、护养等高昂费用，大规模的开放空间效果不佳，其尺度应与用于浇灌和维护的现有设施相适应，不宜过大。城市开放空间应对外封闭、对内开敞，通过水体和遮阳降温。柯里亚认为，在炎热气候条件下，"开敞空间"所形成的有阴影的室外或半室外空间非常适合作为当地的公共空间[23]。狭窄且具有较好遮阳设施的人行道、街道和户外活动的聚集场所对于步行人流、室外活动及休闲购物而言都更具吸引力。

高层建筑布局，即高层建筑在研究范围内的平面位置分布。城市局地微气候在高层建筑集中的区域会产生一些特殊变化，从而影响高层建筑周边环境的太阳辐射量、风的流动模式等。因此，在城市设计阶段，可通过调整高层建筑的布局来改变街区的室外热舒适性。例如，位于美国旧金山（San Francisco）的中国游乐场（图 2-15 左），利用周边的高层建筑来防止 3 月 21 日至 9 月 21 日 10：00 至 16：00 之间以及夏令时 11：00 至 17：00 的太阳辐射对场地的影响，从而达到减少制冷负荷的目的。在加拿大多伦多市（Toronto）建筑体量的太阳包络体研究中，图 2-15 右表示了所允许建筑体量的太阳包络体，能确保 9 月 21 日 10：30 到 13：30 之间至少所有街道一边的人行道有 3 小时的日照时长[19]。

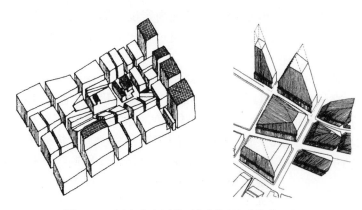

图 2-15　旧金山中国游乐场周围的建筑体量与
控制多伦多市建筑体量的太阳包络体

5）城市

在城市选址和总体布局时，应注意选取合适的海拔、坡度和方位。如在干热地区，应选择山的迎风坡和海拔较高的位置来获得良好的自然通风潜力和适宜温度。尽可能将城市布局在接近水域或灌溉区，这样可提供有益的水汽蒸发，从而能够降低该地区的温度。例如，土耳其东南部城市马尔丁（Mardin）的气候干热，冬天寒冷，坐落于一个20°—25°的斜坡上（图2-16）。城市街道根据地形来组织，城市朝向东南，可显著降低城镇的室外环境所受的太阳曝晒的强度。排列紧凑的建筑在东西向相互遮挡，同时允许充足的冬季阳光到达南立面。在夏季夜晚，由于空气密度的不同，冷空气沿着山坡向下流动，利用自然风给街区降温，从而实现比平地上相同建筑群组空间节省50%的热量消耗[19]。

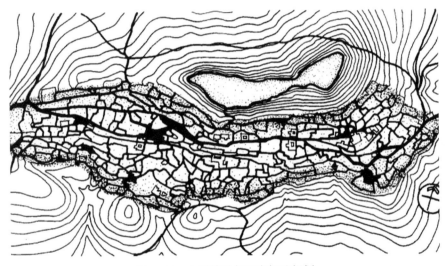

图2-16　土耳其马尔丁市场地规划

在干热地区，城市布局通常呈现高密度、紧凑式的结构形态，使居住区、工作区、配套设施区能够通过较短的交通路线联系起来。例如，突尼斯的突尼斯市（Tunis）（图2-17）的城市布局较少依靠对流降温策略，而采用建筑物彼此之间紧密排列、相互遮阳并给临近街道提供遮阳。在埃及新巴里斯（New Bariz）的城市设计（图2-18）中，哈桑·法赛（Hassan Fathy）设计了高密度、紧凑式的城市结构。南北向组织的街道结构增加了清晨及午后的阴影，减少了干热地区城市上下午东西向的太阳辐射得热。建筑物彼此间获得光影遮挡，建筑外表面的温度得以降低，可减少用于降温的能耗。建筑亦为街道和开放空间提供了日照遮挡，室外平均温度降低，环境舒适度增加，也可降低建筑物受到的太阳辐射。

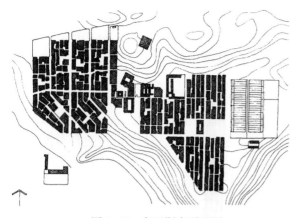

图 2-17　突尼斯市平面图

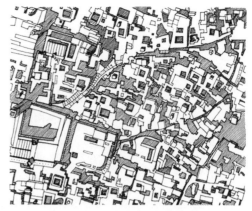

图 2-18　新巴里斯市规划图

2.3　基于性能提升的城市形态自动寻优

2.3.1　性能评价标准——人体热舒适度

在美国采暖、制冷与空调工程师协会标准（ASHRAE Standard 55-2004）[24] 中，对热舒适度的定义为"热舒适度是对热环境感觉满意的一种意识状态"，是人的一种生理和心理感受，因性别、年龄、种族、适应性等方面的差异，可能造成人在相同热环境中所产生的舒适感不同。影响人体热舒适度的主要因素有物理因素（气温、太阳辐射、相对湿度以及风速）与个人因素（服装和代谢水平），个体对热环境的感知实际是这两个部分因素的总和。

1）气温

空气的冷热程度叫作气温，通常是指距地面 1.5 m 高处的空气温度。常用的温度指标包括平均温度、最高温度、最低温度等。空气温度在一年中发生周期性变化的同时，在一天中也会发生周期性的变化，造成这种变化的决定性因素是入射到地面上太阳辐射的热量，同时也随着地理位置、地表覆盖的状况以及大气对流作用等因素的不同而产生差异。气温决定了人体与环境的对流换热量，尽管体质及温度承受能力不同的人对于温度的感知会有所差别，但气温仍是人体热舒适度最主要的影响因素。实验表明，舒适的气温应适当低于人体温度，以 24—26℃ 为最佳，不宜低于 17℃ 和高于 33℃ [25]。

2）太阳辐射

太阳以电磁波的形式向地球表面传递的能量，称之为太阳辐射。到达地面的太阳辐射主要由两个部分组成：一部分是太阳直接照射到地面的部分，称之为直接辐射；另一部分是经过大气散射后到达地面的部分，称之为散射辐射。太阳辐射是大气最主要的热源，城市的热、湿、风环境等都受太阳辐射的影响，会对人体的热舒适度造成直接影响。在炎热的夏季，强烈的太阳辐射带给人炽热感，会引发强烈的不适，尤其是在湿热地区。因而，针对不同季节和地域需求，在城市设计中既要保证充足的日照，也要采取有效措施来实现遮阳与防晒。

3）相对湿度

相对湿度是在一定的温度和大气压力下，空气中实际水蒸气含量与同温同压下的饱和水蒸气含量的百分比。湿度的大小直接影响人体的呼吸和排汗，从而影响人体舒适度。一般来说，比较适宜的相对湿度为30%—70%[25]。当相对湿度低于20%时，人会感到呼吸器官和皮肤干燥；当相对湿度高于70%时，夏季汗液不易蒸发，进而产生闷热感，冬季则产生湿冷感。如对于湿热地区来说，当空气温度超过29℃时，人体需要通过排汗来散发热量，空气湿度会对人体舒适度产生较大影响，应加以关注。

4）风速

风速是指单位时间风所行进的距离。风决定着人体表面与周围环境的热交换，影响空气的蒸发能力，从而影响排汗散热的效率，对夏季的凉爽感及冬季的寒冷感有较大影响。此外，风速还能提高神经的兴奋性。一般认为，当平均风速低于 5 m/s 时，人体感觉比较舒适，而大于 6 m/s 且有湍流时，人们普遍会感到不适[22]。

5）服装和代谢水平

服装在人体热平衡过程中主要起保温和阻碍湿气扩散的作用。因此，在考虑人体与环境的热传递时必须考虑服装的影响，服装的选择能改变2—3℃的温度值[25]。服装热阻的单位用 clo 表示，1clo 的定义为一个静坐者在空气温度为 21℃、气流速度小于 0.05 m/s、相对湿度小于 50% 的环境中，感到舒适所需的服装热阻。夏季的服装热阻一般为 0.5clo，冬季为 1.5—2.0 clo[26]。

人体进行一定的活动会促使新陈代谢发生变化，进而直接影响人与周围环境的热交换。人体的代谢当量用 met 表示，1 met 是指静坐在椅子上时单位体表面积的能量代谢。人体从事一般性事务的能量代谢是1.1—1.2 met[27]。人体的代谢受众多因素的影响，如肌肉活动强度、环境温度高低、年龄和性别、进食后时间长短、神经紧张程度等。因而人体代谢水平也对热舒适度有一定影响。

以上仅是气温、太阳辐射、相对湿度、风速等因素的基本情况及其对热舒适度的影响。在实际应用中，各要素之间互相影响、互相制约，关系错综复杂，对人体的热舒适度产生综合作用。因此在设计时，不仅要考虑各种影响因素的特征，而且要考虑这些因素与人体舒适度之间的关系，从微气候改善的角度出发，打造舒适的城市公共空间环境。

2.3.2 室外人体热舒适度评价指标

热舒适度评价指标是评价某一环境中人体热感觉、热应力的客观指标，它可以用于已建成热环境系统的评价以及热环境设计时的参考依据。热舒适度的评价标准有很多，每种指标的应用原理和设计目的也不尽相同，目前常用的热舒适度评价指标有：湿球黑球温度（Wet Bubb Globe Temperature，WBGT）指数、预计平均热感觉指数（Predicted Mean Vote，PMV）和预测不满意百分比（Predicted Percentage Dissatisfied，PPD）、标准有效温度（Standard Effective Temperature，SET）、生理等效温度（Physiological Equivalent Temperature，PET）以及通用热气候指数（Universal Thermal Climate Index，UTCI）等。

1）湿球黑球温度指数

湿球黑球温度（WBGT）指数是纯物理的热应力指标，由雅格鲁（Yaglou）和米纳德（Minard）[28]在1957年提出。该指数包括干球温度、湿球温度和黑球温度三项参数，WBGT指数的计算方法：在室内和室外无太阳辐射热时，WBGT=0.7 t_{nw} +0.3 t_g；在室外有太阳辐射热时，WBGT = 0.7 t_{nw} +0.2 t_g +0.1 t_a。其中，t_{nw} 为湿球温度（℃）；t_g 为黑球温度（℃）；t_a 为干球温度（℃）。WBGT指数被广泛用于工业工程、室外高温作业等领域。

2）预计平均热感觉指数和预测不满意百分比

预计平均热感觉指数（PMV）是丹麦学者范格尔（P. O. Fanger）[29]在人体热舒适度方程的基础上，根据受试者的试验数据提出的表征人体冷热感的评价指标，以反映同一环境中绝大多数人的热感觉。冷热感用数值"热（+3）、暖（+2）、稍暖（+1）、中性/舒适（0）、稍凉（-1）、凉（-2）、冷（-3）"表示。考虑到人与人之间存在的生理、心理及行为特点的差异，即使大多数人认为室内热环境舒适，仍有少数人感到并不满意，为此，又提出用预测不满意百分比（PPD）来表示对热环境不满意的百分比，并利用概率统计方法给出 PMV 和 PPD 之间的关系。PMV 与 PPD 结合形成了广泛使用的 PMV—PPD 评价指标，其关系曲线如图 2-19 所示。

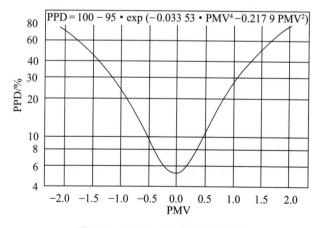

图 2-19　PMV—PPD 的关系曲线

当 PMV=0 时，PPD=5%，表示最佳热舒适状态，由于人的生理差别，此时仍有 5% 的人会感到不满意。国际标准化组织（ISO）认为比较舒适的环境 PMV 为 −0.5 至 0.5，同时 PPD < 10%，允许人群中有 10% 的人感觉不满意[②]。

3）标准有效温度

标准有效温度（SET）的理论基础是加奇（Gagge）[30]提出的人体温度调节的两节点物理模型，其定义为在等温且相对湿度保持在 50% 的稳定环境下，一个身着标准热阻服装的人与他在真实环境中具有相同的皮肤温湿度，此时环境的干球温度即为标准有效温度（SET）。由于指标计算需要准确的人体皮肤温湿度，获取难度较大，故未能得到广泛的应用。

4）生理等效温度

生理等效温度（PET）是由彼得·霍普（Peter Höppe）[31]提出的，是指在慕尼黑人体能量平衡模型（Munich Energy-balance Model for Individuals，MEMI）中，某一给定环境下人体皮肤温度和体内温度达到与典型室内环境［平均辐射温度（MRT）等于空气温度，风速为 0.1 m/s，水汽压为 12 hPa］同等的热状态时所对应的气温。PET 主要考虑了周围环境、个体因素以及服装等影响，成为评价室外热舒适度使用较多的指标之一。

5）通用热气候指数

2000 年，国际气象协会提出通用热气候指数（UTCI），即人体在参考环境下获得与真实环境一致生理反应的等效环境温度。依据人体热生理响应的程度，UTCI 被分为 10 个等级，分级标准[32]如表 2-3 所示。

表 2-3　UTCI 的热应力及舒适度等级划分

UTCI/℃	热应力等级	舒适度等级	UTCI/℃	热应力等级	舒适度等级
>46	极强热应力	极热	0—8	轻微冷应力	凉
38—46	很强热应力	很热	−13—−1	较强冷应力	较冷
32—37	强热应力	热	−27—−14	强冷应力	冷
26—31	较强热应力	较热	−40—−28	很强冷应力	很冷
9—25	无热应力	舒适	<−40	极强冷应力	极冷

UTCI 的提出融合多个学科，考虑身体不同部位的热交换情况，可模拟有效范围内任何气候、季节和尺度的差异。与 PMV、SET、PET 相比，UTCI 在微气候尺度上的模拟更加完善，真实性高，也逐渐取得了广泛应用。本书将使用 UTCI 作为公共空间热舒适度的评价指标。

6）常用热舒适度评价指标比较

常用热舒适度评价指标比较详见表 2-4。

表 2-4　常用热舒适度评价指标比较

指标	提出者（年份）	定义条件	适用范围
湿球黑球温度（WBGT）	雅格鲁和米纳德（1957 年）	WBGT $=0.7\,t_{nw}+0.2\,t_g+0.1\,t_a$ 其中，t_{nw}——湿球温度；t_g——黑球温度；t_a——干球温度	室外高温环境热安全
预计平均热感觉指数（PMV）和预测不满意百分比（PPD）	范格尔（1970 年）	在室内空调环境中，人体处于稳定状态下的热舒适状况	主要用于室内热舒适度评价，应用于室外热环境时误差较大
标准有效温度（SET）	加奇（1972 年）	在等温且相对湿度保持在 50% 的环境下，身着标准热阻服装的人与其在真实环境中具有相同的皮肤温湿度，此时环境的干球温度即 SET	稳态环境，未发生寒战的温度范围
生理等效温度（PET）	霍普（1999 年）	人体皮肤温度和体内温度达到与典型室内环境同等的热状态所对应的气温	稳态环境，季节性温差较大的热环境
通用热气候指数（UTCI）	国际气象协会（2002 年）	在 MRT 等于空气温度，相对湿度为 50% 或蒸气压小于 2 kPa，地面以上 10 m 处的风速为 0.5 m/s，人体水平步行时的热反应与其在实际环境下相同，该参考环境的空气温度即 UTCI	有效范围内任何气候、季节和尺度

2.3.3　自动寻优

1）优化算法[33]

所谓优化，是指在合理的范围内寻找一个最优的可行解的过程，使得系统的评价指标达到最小值或最大值。20 世纪前，常用的处理优化问题的方法是古典的微分法和变分法；第二次世界大战期间，为了对有限的资源进行有效的合理分配发展了运筹学；后来，随着计算机技术的不断创新，科学家通过对自身和自然界的模拟，设计出一系列智能化的优化计算方法[34]。计算机优化算法是解决优化问题的有力工具，在寻优计算中常用的寻优工具有遗传算法、退火算法、蚁群算法、粒子群算法等等，各种算法具有不同的特点与用法，本书选择遗传算法来解决优化问题。

2）遗传算法

遗传算法（Genetic Algorithms）是一种基于生物界的进化规律而模拟出来的全局搜索算法，1975 年由美国密歇根大学的约翰·霍兰德（John Holland）[35] 首次提出。它是一种基于达尔文的生物进化论的模拟程序，将杂交、繁殖、变异、选择和淘汰等概念引入算法中，通过对基础条件（基因）的控制，搜索理想的可行解范围，并通过对基因的重新组合，搜索基因组合对结果的影响趋势，最终进化出理想的最优解[36]。

由于遗传算法是模仿生物演化的一种算法，其基础用语也大多来自生物进化论的基本概念[37]，如表 2-5 所示。

表 2-5　遗传算法、生物进化概念对比表

概念	生物进化	遗传算法
基因（Gene）	影响个体特征的基本元素	函数关系中的自变量
个体（Individual）	能够独立设定对象的单个个体	某一自变量组合所形成的单一个案
种群（Population）	所有个体的组合	同一基因变化范围与组合中所形成的全部个案组合，是进化的基本单位
适应度（Fitness）	衡量某个个体对于环境的适应程度	函数关系中的因变量
选择（Selection）	根据各个个体的适应程度优胜劣汰的过程	从某代种群中选择出一些因变量符合目标的个体，作为下一代遗传计算的父代个体，而不良个体则被剔除
交叉（Crossover）	同一种群中不同个体之间以一定概率进行基因交换的过程	将种群内的各个个体进行随机搭配成对成组，并以某一概率对它们所含的自变量进行交换，以此形成新代个体的自变量组合
变异（Mutation）	个体在基因表达时，其基因取值以某一概率进行变化的过程	对种群中的各个个体，以某一概率改变其某一个或某些自变量的取值，并形成新的个体

　　遗传算法的主要运算原理如图 2-20 所示，在寻优计算初始，计算机随机生成一系列的个体形成初代种群，种群经过交叉运算以及变异运算得到下一代种群。根据种群中各个个体的基因值经过计算程序的一系列运算，求得各个个体所对应的适应度（Fitness）的值。根据适应度的大小选择运算，筛选出优质个体，剔除不良个体，然后再随即补充相应的个体数量，保持各代种群个体数量一致，再进行新一轮的遗传计算。当第 N 代种群中得到具有最优适应度的个体，且此后经过若干代遗传计算后仍没出现更优适应度的个体时，将最优适应度个体作为最终计算结果输出并结束计算[38]。

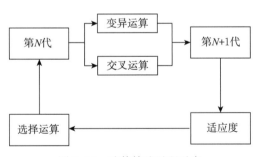

图 2-20　遗传算法过程示意

　　遗传算法的主要特点是直接针对自变量和因变量进行操作，不受求导和函数连续性的限定，能自动控制和获得优化的搜索空间并自动调整搜索方向。利用遗传算法求解不需要对自变量与因变量之间的"黑箱关系"具有深刻的理解，同时其并行计算能力对于求解复杂问题具有很好

的适应性。相较于传统"人为取值"的寻优方法，遗传算法的进化方向不受人为主观的影响，是一种利用计算机计算，迅速得到最优解的较为客观的搜索算法。因此，遗传算法发展得极为迅速，并被广泛运用于各个领域。

3）自动寻优设计

以往基于气候适应性的城市空间布局研究可以被看作一个信息不断反馈、循环的过程。设计师通过在初期提出多个可能的方案，得出各个方案的模拟结果数据，运用评价体系来进行评估，再根据评估结果对原方案进行优化修改。在这种不断反复的过程中，设计方案得到了优化，但也往往需要耗费大量的人力和物力，效率较低。

随着计算机功能的加强，参数化设计的出现实现了将城市设计的建筑布局规则转译为计算机参数，即将建筑和城市的形体信息通过定义参数程序的方式进行参数化模型的建立，从而解决模拟、评价、优化设计之间的反馈、联动，实现自动寻优设计，这为提高设计师的工作效率打下了基础[34]（图2-21）。

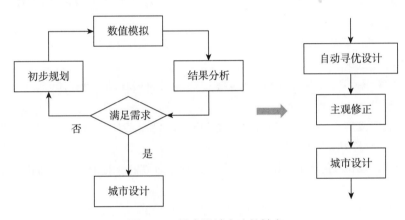

图 2-21　城市设计方法的转变

优化算法已经在建筑尺度的形体寻优方面取得了不可忽视的成绩。自动寻优设计在气候适应性城市设计的研究中也同样适用：建立参数化气候适应性城市设计的优化程序，将城市形态要素作为自变量，通过对城市形态的气候模拟得到相应自变量条件下的人体舒适度，以人体舒适度最优为优化目标，然后通过算法软件进行自动寻优。这是气候适应性城市设计自动优化布局的基本技术路线。

第 2 章注释

① 参见建日筑闻网站（ArchDaily）建筑新闻栏目文章《"沙漠中的曼哈顿"：也门希巴姆的古代摩天楼城市》。

② 参见国际标准《热环境的人类工效学：通过计算 PMV 和 PPD 指数及局部热舒适度标准对热舒适度做分析预测和解释》(ISO 7730—2005)(ISO 7730—2005: *Ergonomics of the thermal environment—Analytical determination and interpretation of thermal comfort using calculation of the PMV and PPD indices and local thermal comfort criteria*)。

第 2 章参考文献

［1］ MASLOW A H. A theory of human motivation［J］. Psychological review, 1943, 50（4）: 370-396.

［2］ 杨柳. 建筑气候分析与设计策略研究［D］. 西安: 西安建筑科技大学, 2003.

［3］ 姚润明, 昆·斯蒂摩司, 李百战. 可持续城市与建筑设计（中英文对照版）［M］. 北京: 中国建筑工业出版社, 2006.

［4］ 巴鲁克·吉沃尼. 建筑设计和城市设计中的气候因素［M］. 汪芳, 阚俊杰, 张书海, 等译. 北京: 中国建筑工业出版社, 2011.

［5］ GIVONI B. Climate considerations in building and urban design［M］. New York: John Wiley & Sons Inc., 1998.

［6］ 张涛. 城市中心区风环境与空间形态耦合研究: 以南京新街口中心区为例［D］. 南京: 东南大学, 2015.

［7］ 刘伟毅. 夏热冬冷地区城市广场气候适应性设计策略研究［D］. 武汉: 华中科技大学, 2006.

［8］ T. A. 马克斯, E. N. 莫里斯. 建筑物·气候·能量［M］. 陈士骅, 译. 北京: 中国建筑工业出版社, 1990.

［9］ 黄媛. 夏热冬冷地区基于节能的气候适应性街区城市设计方法论研究［D］. 武汉: 华中科技大学, 2010.

［10］ 柏春. 城市气候设计: 城市空间形态气候合理性实现的途径［D］. 上海: 同济大学, 2005.

［11］ 昆·斯蒂摩, 陈磊. 可持续城市设计: 议题、研究和项目［J］. 世界建筑, 2004（8）: 34-39.

［12］ STEEMERS K, BAKER N, CROWTHER D, et al. City texture and microclimate［J］. Urban design studies, 1997（3）: 25-50.

［13］ RATTI C, RAYDAN D, STEEMERS K. Building form and environmental performance: archetypes, analysis and an arid climate［J］. Energy and buildings, 2003, 35（1）: 49-59.

［14］ OKEIL A. A holistic approach to energy efficient building forms［J］. Energy and buildings, 2010, 42（9）: 1437-1444.

［15］ 王振. 夏热冬冷地区基于城市微气候的街区层峡气候适应性设计策略研究［D］. 武汉: 华中科技大学, 2008.

［16］ 邓寄豫, 郑炘. 街区层峡几何形态与微气候的关联性研究［J］. 建筑与文化, 2017（5）: 212-213.

［17］ HUANG Y, MUSY M, HÉGRON G, et al. Towards urban design guidelines from urban morphology description and climate adaptability［C］. Dublin: PLEA, 2008.

[18] KNOWLES R L. Sun rhythm form[M]. Cambridge：MIT Press，1981.

[19] G. Z. 布朗，马克·德凯. 太阳辐射·风·自然光：建筑设计策略[M]. 常志刚，刘毅军，朱宏涛，译. 北京：中国建筑工业出版社，2008.

[20] SAINI B S. Building in hot dry climates[M]. Chichester：John Wiley & Sons Inc.，1980.

[21] MATZARAKIS A，MATUSCHEK O. Sky view factor as a parameter in applied climatology-rapid estimation by the SkyHelios model[J]. Meteorologische zeitschrift，2011，20(1)：39-45.

[22] 丁沃沃，胡友培，窦平平. 城市形态与城市微气候的关联性研究[J]. 建筑学报，2012(7)：16-21.

[23] 徐小东，王建国，陈鑫. 基于生物气候条件的城市设计生态策略研究：以干热地区城市设计为例[J]. 建筑学报，2011(3)：79-83.

[24] American Society of Heating，Refrigerating and Air-Conditioning Engineers. ASHRAE standard：thermal environmental conditions for human occupancy[Z]. New York：ASHRAE，2010.

[25] 杨柳. 建筑气候学[M]. 北京：中国建筑工业出版社，2010.

[26] 朱颖心. 建筑环境学[M]. 4 版. 北京：中国建筑工业出版社，2016.

[27] 宇田川光弘，近藤靖史，秋元孝之，等. 建筑环境工程学：热环境与空气环境[M]. 陶新中，译. 北京：中国建筑工业出版社，2016.

[28] YAGLOU C P，MINARD D. Control of heat casualties at military training centers[J]. American medical association archives of industrial health，1957，16(4)：302-316.

[29] FANGER P O. Thermal comfort：analysis and applications in environmental engineering[M]. Copenhagen：Danish Technical Press，1970.

[30] GAGGE A P，FOBELETS A P，BERGLUND L G. A standard predictive index of human response to the thermal environment[J]. ASHRAE Transactions，1986，92：709-731.

[31] HÖPPE P. The physiological equivalent temperature：a universal index for the biometeorological assessment of the thermal environment[J]. International journal of biometeorology，1999，43(2)：71-75.

[32] BRÖEDE P，FIALA D，BŁAŻEJCZYK K，et al. Deriving the operational procedure for the universal thermal climate index(UTCI)[J]. International journal of biometeorology，2012，56(3)：481-494.

[33] 钟志永，姚珺. 大学计算机应用基础：非零起点[M]. 重庆：重庆大学出版社，2012.

[34] 骆耀辉. 基于优化算法的参数化建筑设计探究[D]. 成都：西南交通大学，2015.

[35] HOLLAND J. Adaptation in natural and artificial systems[J]. Quarterly review of biology，1975，6(2)：126-137.

[36] 郝思齐，池慧. 三种常见现代优化算法的比较[J]. 价值工程，2014，33(27)：301-302.

[37] 雷德明，严新平. 多目标智能优化算法及其应用[M]. 北京：科学出版社，2009.

[38] 冯锦滔. 基于城市风热环境的空间布局自动寻优方法研究 [D]. 深圳: 深圳大学, 2017.

第 2 章图表来源

图 2-1 源自: 笔者自绘.

图 2-2 源自: WATSON D, PLATTUS A, SHIBLEY R. Time-saver standards for urban design [M]. New York: McGraw-Hill Education, 2003.

图 2-3 源自: GÓMEZ F, CUEVA A P, VALCUENDE M, et al. Research on ecological design to enhance comfort in open spaces of a city (Valencia, Spain). Utility of the physiological equivalent temperature (PET) [J]. Ecological engineering, 2013, 57: 27-39.

图 2-4 源自: 笔者根据黄媛. 夏热冬冷地区基于节能的气候适应性街区城市设计方法论研究 [D]. 武汉: 华中科技大学, 2010 绘制.

图 2-5 源自: 昆·斯蒂摩, 陈磊. 可持续城市设计: 议题、研究和项目 [J]. 世界建筑, 2004(8): 34-39.

图 2-6、图 2-7 源自: RATTI C, RAYDAN D, STEEMERS K. Building form and environmental performance: archetypes, analysis and an arid climate [J]. Energy and buildings, 2003, 35 (1): 49-59.

图 2-8 源自: OKEIL A. A holistic approach to energy efficient building forms [J]. Energy and buildings, 2010, 42(9): 1437-1444.

图 2-9 源自: 笔者自绘.

图 2-10 源自: HUANG Y, MUSY M, HÉGRON G, et al. Towards urban design guidelines from urban morphology description and climate adaptability [C]. Dublin: PLEA, 2008.

图 2-11 源自: G. Z. 布朗, 马克·德凯. 太阳辐射·风·自然光: 建筑设计策略 [M]. 常志刚, 刘毅军, 朱宏涛, 译. 北京: 中国建筑工业出版社, 2008.

图 2-12 源自: SAINI B S. Building in hot dry climates [M]. Chichester: John Wiley & Sons Inc., 1980.

图 2-13 源自: 丁沃沃, 胡友培, 窦平平. 城市形态与城市微气候的关联性研究 [J]. 建筑学报, 2012(7): 16-21.

图 2-14 源自: 建日筑闻网站(ArchDaily)建筑新闻栏目文章《"沙漠中的曼哈顿": 也门希巴姆的古代摩天楼城市》.

图 2-15 至图 2-18 源自: G. Z. 布朗, 马克·德凯. 太阳辐射·风·自然光: 建筑设计策略 [M]. 常志刚, 刘毅军, 朱宏涛, 译. 北京: 中国建筑工业出版社, 2008.

图 2-19 源自: American Society of Heating, Refrigerating and Air-Conditioning Engineers. ASHRAE standard: thermal environmental conditions for human occupancy [Z]. New York: ASHRAE, 2010.

图 2-20、图 2-21 源自: 笔者绘制.

表 2-1 源自: 笔者根据 T. A. 马克斯, E. N. 莫里斯. 建筑物·气候·能量 [M]. 陈士骕, 译. 北京: 中国建筑工业出版社, 1990 绘制.

表 2-2 源自：笔者根据黄嫒 . 夏热冬冷地区基于节能的气候适应性街区城市设计方法论研究［D］. 武汉：华中科技大学，2010 绘制 .

表 2-3 源自：BRÖEDE P，FIALA D，BŁAŻEJCZYK K，et al. Deriving the operational procedure for the universal thermal climate index（UTCI）［J］. International Journal of biometeorology，2012，56（3）：481-494.

表 2-4、表 2-5 源自：笔者绘制 .

3 研究思路与平台构建

上述研究思路涉及对具体平台的选择，下面将针对"建模—分析—优化"的工具分别加以介绍。

3.1 形态生成部分

犀牛（Rhino）是一款三维建模软件，采用非均匀有理B样条（NURBS）曲线建模的方式能有效处理并推敲复杂建筑形态，特别是对于空间曲面及曲面形态的处理。而参数化设计插件Grasshopper是一个在Rhino环境下运行的采用程序建模的插件（图3-1）。与传统编程软件相比，参数化设计插件Grasshopper将编码的程序做成一个个电池块，建筑师可以通过电池块连接的方式进行建模，界面操作更加直观、简易。同时参数化设计插件Grasshopper也为用户提供了C++、VB.NET等多种语言编写模块，用户可以自由选用，满足更高使用需求。因此，参数化设计插件Grasshopper被广泛应用于建筑设计与城市规划设计领域。参数化设计插件Grasshopper具有以下特点：

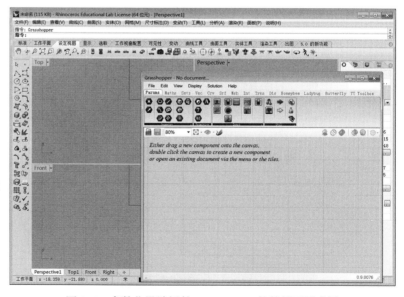

图3-1 参数化设计插件Grasshopper软件界面示意图

3.1.1 节点可视化

参数化设计插件 Grasshopper 最显著的特点是提供节点可视化的编程操作[1]，即将编程所需的基础代码转化为电池块，程序间的数值传递由电池块间的连线来表示，代替了烦琐的命令行中数据传递操作，设计者可以清楚地驾驭自己的设计思维，通过节点与连线的方式来实现模型的生成与控制。

参数化设计插件 Grasshopper 电池分为两类：一类为参数，是指数据类对象，控制生成的结果，包括点、线、面、体、数值和布尔值等数据类型，可以从 Rhino 中拾取或手动输入数据；另一类为运算器，这是参数化设计插件 Grasshopper 的核心，是对参数进行处理的工具，会生成运算结果，包括各种数学逻辑、几何分析、变换运算等，运算时需要输入参数或关联前一运算器输出的参数。

3.1.2 动态操作界面

参数化设计插件 Grasshopper 的每个运算器在识别到输入项参数发生改变后，会再次运算逻辑程序，将产生的结果实时反映到模型形态上。在这种联系中，逻辑是设计的核心，建立起从设计条件到设计结果的联系。以一个简单几何体的动态生成为例，演示参数化设计插件 Grasshopper 的操作流程，三个滑块分别控制几何体的长（X）、宽（Y）、高（Z），通过改变取值大小，实现对几何体的控制（图 3-2）。

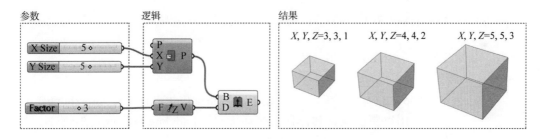

图 3-2　几何体的形体控制示意图

注：Size 表示数值；Factor 表示要素；B 表示基底；D 表示方向；E 表示挤出；F 表示数值；P 表示平面；V 表示矢量。

以上是一个简单实例，通常当形体的生成逻辑一旦建立，参数化设计插件 Grasshopper 可以实现对复杂形体的控制，只需要调整参数，就能实现模型的自动更新，不仅方便设计修改，而且易于进行方案比较。可以说，这样既提高了设计效率，又使设计具备动态性和多样性。国内最新的一些建筑设计都使用了参数化设计插件 Grasshopper 辅助设计，例如，超过 600 m 高的上海中心、非线性造型的望京 SOHO（家居办公）等。

3.1.3 强大的扩展性能

基于参数化设计插件 Grasshopper 强大的平台可以衍生出很多相关插件，下文举例加以说明：

动力学插件袋鼠（Kangaroo）可用来进行力学仿真，通过力学平衡的方法实现几何形态的规则优化，有助于完善造型并批量生产；织巢鸟（WeaveBird）专门处理网络，进行不同形式的细分；午餐盒（LunchBox）创建参数化几何形体，不仅可以提供多种曲面细分方式，而且可以导入导出电子表格 Excel 中[2]。

插件 Geco 是参数化设计插件 Grasshopper 与生态建筑大师模拟分析软件 Ecotect 的数据接口，通过该插件可以将参数化设计插件 Grasshopper 的复杂几何形态与生态建筑大师模拟分析软件 Ecotect 的分析数据相关联，通过模型导入进行计算，并将分析结果实时反馈到参数化设计插件 Grasshopper 中，最终用于建筑形态生成。这样作为单一流程或循环过程，实现环境性能的优化设计。

性能分析插件瓢虫（Ladybug）、蜜蜂（Honeybee）、蝴蝶（Butterfly）等可用于分析和探索建筑环境，使用建筑能耗模拟软件 EnergyPlus 的天气文件（.epw）进行数据分析，生成不同类型的二维（2D）和三维（3D）交互图表。

遗传算法插件 Galapagos、退火算法插件 Octopus 内置于参数化设计插件 Grasshopper，用某一评价标准展开对建筑形态的优化搜索，并反馈到参数的变化中。

3.2 性能分析部分

3.2.1 Ladybug 环境分析

Ladybug 是免费的、开源的 Rhino 和参数化设计插件 Grasshopper 的插件，用以帮助探索和评估建筑环境[3]。Ladybug 可生成太阳轨迹、太阳辐射、风玫瑰、舒适度、视野分析以及阴影等 2D 和 3D 交互图表，表达环境数据与建筑设计之间的直接关系。当建筑形体发生改变时，环境参数也会随之自动更新，结果可直观快速地展示出来，支持更集成和高效的设计流程。Ladybug 里最常用的六类模块如下（图 3-3）：

图 3-3 Ladybug 工具界面示意图

第一部分：主程序，下载和导入气象数据，是重要的输入端。

第二部分：气候分析模块，用于设置气候数据的各种参数。

第三部分：气候可视化模块，基本涵盖分析所需的所有图表，如太阳轨迹分析、太阳辐射分析、风玫瑰图、垂直风向分析和焓湿图，也包括可以展示分析周期气温、舒适度、能耗等的 2D 和 3D 图表。

第四部分：环境分析模块，包括日照时数分析、光线反射分析、视线分析、太阳能板及各种遮阳设备辅助分析等，强调对自然因素的利用，多用于精细化、优化设计。

第五部分：其他，主要是一些细节的设定和表现。

第六部分：开发者，主要是面向开发者，可以实时更新 Ladybug 至最新版本。

美国能源部的建筑能耗模拟软件 EnergyPlus 网站[①]提供免费的国内外气象数据，设计初期，Ladybug 可将标准建筑能耗模拟软件 EnergyPlus 的天气文件（.epw）导入参数化设计插件 Grasshopper 中，以保证模拟结果的准确性。

下面以最常用的温度、太阳辐射、风玫瑰、焓湿图为例，介绍可视化的图示方式。

1）温度

Ladybug 可以提供大量的温度分析功能，包含全年 8 760 小时逐时 3D 图、逐月柱状图等，可以根据需要进行时间设置（图 3-4）。

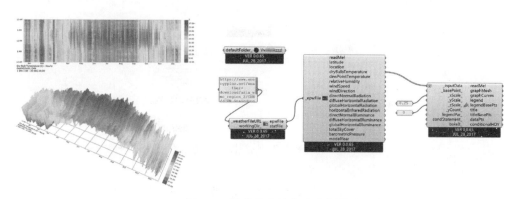

图 3-4　温度分布及电池示意图

2）太阳辐射

Ladybug 可以提供一种太阳辐射穹顶的分析，可以分析全年太阳辐射的方位及强度，分析结果非常直观。图 3-5 显示了广州地区在 6—9 月的太阳辐射情况。

3）风玫瑰

Ladybug 提供了风玫瑰模块和梯度风模块，可以进行风环境可视化分析（图 3-6）。

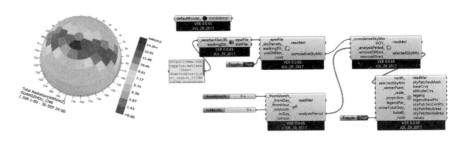

图 3-5　6—9 月广州地区太阳辐射情况及电池示意图

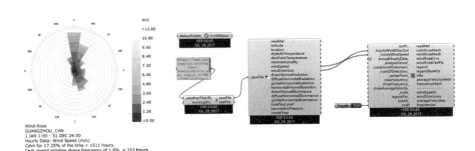

图 3-6　风玫瑰及电池示意图

4）焓湿图

Ladybug 在可视化模块中，提供了基于天气参数的热舒适度相关分析，如焓湿图（图 3-7）。

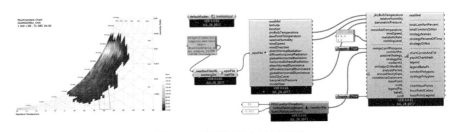

图 3-7　焓湿图及电池示意图

与传统的书面报告和电子表格的模拟结果相比，图形结果可视化对于将性能模拟应用于设计过程至关重要。对于设计师来说，在模拟分析与设计之间建立起清晰的联系，更直观也更容易理解。基于 Ladybug 强大的数据分析及可视化能力，将天气参数的分析作为建筑环境设计的第一步，进行室外热环境的评价，再利用参数化工具对设计进行优化，有助于制定有效的设计策略。

3.2.2　流体力学计算软件 OpenFOAM+Butterfly 风环境分析

流体力学计算软件 OpenFOAM 是一款免费的开源计算流体力

学（CFD）软件，早期开发始于 1980 年代末期的伦敦帝国理工学院（Imperial College London），于 2004 年由 OpenCFD 有限责任公司（OpenCFD Ltd.）以开源方式发布，在商业和学术机构的大部分工程和科学领域都有大量的用户基础。它可以解决包括化学反应、湍流、传热以及声学、固体力学和电磁学在内的各种复杂流体流动问题。

蝴蝶（Butterfly）也是 Rhino 和参数化设计插件 Grasshopper 的分析插件，使用流体力学计算软件 OpenFOAM 并运行计算流体力学（CFD）模拟，可以完成室外风环境和室内通风的模拟，可以与性能分析插件 Ladybug 配合读取气象文件的风向与风速，作为室外风环境模拟的边界条件。

Butterfly 将基本的流体力学计算软件 OpenFOAM 命令和文件封装在参数化设计插件 Grasshopper 组件中，以便用户可以很容易地设置和进行模拟[2]。建筑形体直接从参数化设计插件 Grasshopper 中提取，主要过程包括建立建筑模型、创建风洞、网格细分、运算分析及可视化显示等。整个过程可以进行参数化控制，可以被可视化和实时查询。

参数设置相对复杂，整个过程如图 3-8 所示。

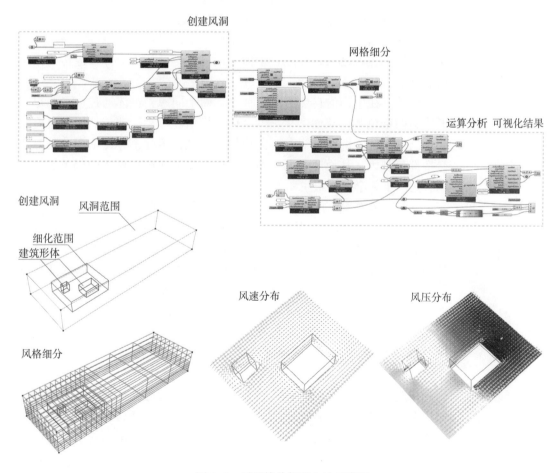

图 3-8　风环境分析及电池示意图

3.3 评价优化部分

3.3.1 遗传算法原理

遗传算法最早产生于 1960 年代，是霍兰德受生物模拟技术启发提出的一种基于生物遗传和进化过程的随机优化搜索算法，即通过对生物遗传和进化过程中选择、交叉和变异机理的模仿，完成对问题最优解的搜索过程。它克服了传统优化算法容易陷入局部最优的弊端，具有全局优化能力，简单高效，适用面广，已被广泛应用于计算机科学、经济管理、生产调度、交通运输、建筑设计及规划等领域，随着理论研究的深入和应用领域的拓宽，遗传算法将发挥其更大的潜力。

基因：控制个体性状的基本遗传单位。

个体：基因组成的单个个体。

种群：个体的集合，进化的基本单位。

选择：在生物自然进化过程中，对环境适应度较高的物种将有更多的机会被遗传到下一代，而对环境适应度较低的物种被遗传到下一代的概率就相对较小。与此类似，在遗传算法中通过选择来对个体优胜劣汰，每个个体被选中的概率与适应度成正比，个体的适应度越高，该个体被遗传的概率也就越大；反之，个体的适应度越低，该个体被遗传的概率也就越小。

交叉：在生物的自然进化过程中，两个同源染色体通过交叉而重组形成新的染色体，从而产生新的个体。模仿此过程，遗传算法通过交叉产生新的个体，即给定一种基因交换的方式，不同个体将依据这种方式交换部分基因，从而产生两个新的个体。交叉在遗传算法中起关键的作用，是产生新个体的最主要方法。

变异：在生物的遗传和自然进化过程中，虽然概率很小，但也可能产生某些复制差错，从而使基因发生变异产生新的染色体，表现新的生物性状。在遗传算法中的变异操作是指群体中的个体以某种概率替换个体中的某些基因，是产生新个体的另外一种方式，以保证种群的多样性。通过交叉和变异的相互配合，使其具备局部和全局的优化能力。

适应度：用适应度的高低来衡量群体中每个个体的优良程度，决定该个体被遗传到下一代的概率，适应度高的个体被遗传至下一代的概率大。

在进化过程中会发生选择、交叉和变异，适应度低的个体参与遗传的机会少，并逐步被淘汰；而适应度高的个体参与遗传的机会多，后代会越来越多。那么经过 n 代的选择、交叉和变异后，不断寻求出适应度高的个体，最终可得到问题的最优解或近似最优解[4]。

遗传算法的主要运算过程如图 3-9 所示。

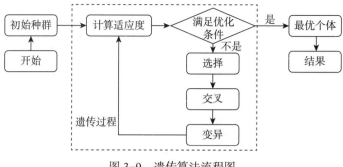

图 3-9　遗传算法流程图

3.3.2　遗传算法插件 Galapagos

遗传算法插件 Galapagos 是 Rhino + 参数化设计插件 Grasshopper 平台下的优化算法插件，包含遗传算法和退火算法两种，在优化算法的数学逻辑与建筑师的图形设计之间搭建起联系的平台。遗传算法插件 Galapagos 具有良好的兼容性、可操作性，使设计师在不精通编程技术的情况下也能利用遗传算法插件 Galapagos 工具来解决设计问题。

遗传算法插件 Galapagos 的界面如图 3-10 所示。

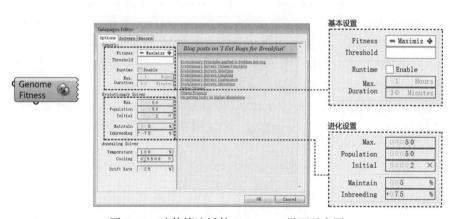

图 3-10　遗传算法插件 Galapagos 界面示意图

该插件有两个主要输入参数：基因（Genome）和适应度（Fitness）。基因连接需要控制的变量。在组件计算过程中，组件会自动控制变量的变化与组合。适应度则连接评价指标。评价指标作为算法的判断依据，决定其对应个体的去留，保证适应度高的个体有机会被遗传至下一代。

遗传算法插件 Galapagos 的基本设置如下：

适应度（Fitness）：可设置求解目标为最大值（Maximum）或最小值（Minimum），以此作为判断依据，如果符合标准则输出结果，如果不符合则修改基因以进入下一次优化。

临界值（Threshold）：定义求解的初始优化目标，可以预设数值，留空则默认求最优解。

运行时间限制（Runtime Limit）：是否设定求解限定的时间。

限定时间（Max Duration）：设定求解的限定时间，在到达预设时间后，系统将自动停止运算。

最大种群代数（Max Stagnant）：设置求解的最大种群代数，在一次求解中没有最优结果出现时，经历多少代群体后系统将自动停止运算。

种群个体数量（Population）：控制种群个体数量，即每一代种群有多少个体。

初始代迭代次数（Initial Boost）：控制初始代迭代次数，最小值为1。数值过小，则不容易出现最优解，数值越大，最优解出现的可能性越早，但运算量较大。

保留比例（Maintain）：定义子代产生时父代可以保留的比例，当该比值高时，优秀的前代基因可以被保留得更多。一般情况下，第 n 代 $X\%$ 的父代个体将会取代相同数目的子代（第 $n+1$ 代）个体。

杂交率（Inbreeding）：近亲杂交指数，控制变异的程度，取值范围为 -100 到 100。当取值大于零且增大时，个体会搜索与自己相似度高的对象；当取值小于零并且变小时，个体会搜索与自己相似度低的对象。

遗传算法插件 Galapagos 的计算界面如图 3-11 所示，最顶端是遗传算法和退火算法的按钮。"Start Solver"按钮为启动运算，"Stop Solver"按钮为结束运算。界面的上半部分显示每代种群计算结果的走势记录，出现最优解时会出现标记；界面的下半部分为种群基因分布、基因交叉情况和适应度数值显示。停止运算后，可以在右下角的显示框内挑选结果并点击"Reinstate"（复位）按钮，即可将其对应的基因取值在参数化设计插件 Grasshopper 界面内显示，以方便数据的进一步提取和分析。

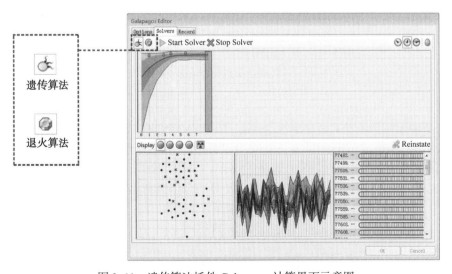

图 3-11 遗传算法插件 Galapagos 计算界面示意图

参数化设计插件 Grasshopper 的官方网站提供了有关遗传算法插件 Galapagos 求解过程的解析案例③：用遗传算法插件 Galapagos 求解未知三维曲面的最高点（图 3-12）。假定基因 A 和基因 B 是曲面上某点的 X 坐标、Y 坐标，初始代的点在曲面上随机取值，"基因"（Genemo）端连接点的位置坐标，即点的 X 坐标、Y 坐标，"适应度"（Fitness）端连接曲面点的高度坐标，即点的 Z 坐标。经过一系列的遗传、交叉和变异后，后代的种群淘汰掉了前代中的劣势个体，求解出适应度最高的个体及对应的基因。

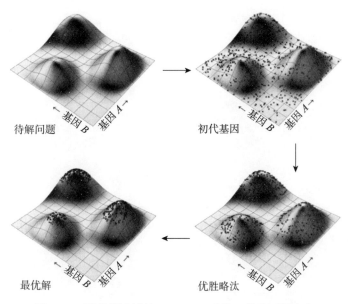

图 3-12　遗传算法插件 Galapagos 求解三维曲面最高点

第 3 章注释

① 美国能源部建筑能耗模拟软件 EnergyPlus 网站可以提供多个国家地区的气象数据。

② 蝴蝶（Butterfly）将基本的流体力学计算软件 OpenFOAM 命令和文件封装在参数化设计插件 Grasshopper 组件中，参见 MACKEY C. Getting started with butterfly［EB/OL］.（2019-12-11）［2023-04-17］. https://github.com/ladybug-tools/butterfly/wiki/.

③ 参见 RUTTEN D. Evolutionary principles applied to problem solving using Galapagos［EB/OL］.（2010-12-15）［2023-04-17］. http://www.grasshopper3d.com/profiles/blogs/evolutionary-principles.

第 3 章参考文献

［1］《数字化建筑设计概论》编写组. 数字化建筑设计概论［M］. 2 版. 北京：中国建筑工业出版社，2012.

［2］崔丽. 基于 Grasshopper 的参数化表皮的生成研究［D］.天津：天津大学，2014.

［3］ROUDSARI M S，PAK M. Ladybug：a parametric environmental plugin for grasshopper to help designers create an environmentally-conscious design［C］. Lyon：The 13th International IBPSA Conference，2013.

［4］周明，孙树栋. 遗传算法原理及应用［M］.北京：国防工业出版社，1999.

第3章图片来源

图 3-1 至图 3-8 源自：软件截图.

图 3-9 源自：笔者绘制.

图 3-10、图 3-11 源自：软件截图.

图 3-12 源自：参数化设计插件 Grasshopper 网站.

第二部分

4 夏热冬冷地区城市开放空间布局与自动寻优

4.1 研究概述

4.1.1 实验原理与操作

1）实验原理与目标

开放空间与城市建筑互为图底，其中一方的变化将引发另一方的变化。诸如微气候变化是因城市建筑形态变化引起的还是由于城市开放空间形态变化引起的，应以城市建筑形态限定出开放空间形态还是应在开放空间基础上完成城市建筑布局等，成了一个个类似于"先有鸡还是先有蛋"的命题。

当把作为城市微气候环境影响因素的城市形态作为研究主体时，不少学者以同样建筑密度和容积率、均匀布置的城市基本建筑类型为对象，研究了不同类型形成的微气候变化，从而通过横向对比探寻不同城市形态对城市微气候及人体舒适度的影响规律。

当把缓解微气候问题的开放空间作为研究主体时，若开放空间对改善城市微气候存在系统性的规律，那么随着不同气候条件、不同城市形态造成的不同干扰，开放空间将呈现出不同的布局模式。除了平面布局，这种不同也将体现在开放空间的垂直方向，即城市界面上。研究这种布局变化的原因将有助于了解开放空间对城市微气候的生成机理和影响机制。

因此，模拟实验将建立在特定气候环境条件下，以构成开放空间的城市界面作为可变参数，在开放空间面积、建筑容积率一定的前提下，以获得微气候环境最佳的开放空间方案为目标，通过优化过程、演变趋势和最优解探寻等来研究开放空间对城市微气候的生成机理和影响机制。

2）实验样本选择

样本选择以南京为基地。南京地处中国东部的长江下游，属亚热带季风气候，是夏热冬冷气候的典型城市。作为江苏省省会，南京人口密集，经济发达，城市建设度高，城市中心区建筑密集，城市热岛效应显著。

南京四季分明，年平均气温为15.4℃，雨水充沛。夏季酷暑，冬季严寒，极端气温最高达40℃，最低为-13℃，全年制冷、采暖需求较大，夏季全城用电负荷逐年攀升。因此，气候适应性城市设计不仅能提高室外舒适度，提升城市活力，对节约能源亦同样具有重要意义。

3）街区与界面尺度提取

街区是由城市干道围合形成的城市基本单元，由内部地块和建筑共同组成。街区尺度由干道网络的尺度决定，合理的街区尺度有助于形成便利的交通，增进内部可达性及街区活力。街区理想尺度边长通常为80—250 m，本章以南京为例，结合前人经验、实际路网尺度和模拟需要，选取 250 m×250 m 的正方形街区为实验单元。

由于研究对象为开放空间，为了便于后续观察其变化，街区内部开放空间界面在最开始被设定为完全一致，即开放空间的几何形状、高宽比等保持一致。因此，本次实验将基于方格网状的标准布局来分别研究开放空间的垂直变化和水平变化。在实验初始，选取塔式建筑的基本型，基底尺寸为 30 m×30 m。街区内部设置了四块较大的开放空间作为广场节点空间，安排在街区的四角。街区初始容积率被设定为 2.0，21 栋高度一致的正方形建筑均匀分布于各个街区中，建筑高 38 m，约 9 层，建筑之间的间距为 20 m，建筑密度为 30%，符合南京市区的一般规划指标。

4）因子选择

由本书第一部分可知，开放空间有诸多评价因子，其中天空可视域（SVF）、高宽比、绿化等相关因子与气候舒适度关联性较大。由于目前平台软件的局限性，无法将绿化、下垫面材料等要素带入实验中模拟；另外，建筑密度等因子在实验中已被设为不变量，因此最终选择了开放空间分布、几何属性、平均天空可视因子、街道高宽比、开放空间垂直错落度、开放空间体积、容积率作为分析对象，研究其与气候舒适度的相关性。

4.1.2 研究思路与框架

性能模拟自动优化是包括模型生成、性能分析、评价优化三个流程步骤的循环设计过程。计算机利用优化算法，通过不断生成性能更优的模型方案逐步细化和深入，逐步趋近最优结果。在这里，优化结果和优化过程分别服务了需实际运用的设计师和探寻关联性的研究者。对于优化结果而言，城市微气候成为城市设计方案生成的要素之一，这改变了以往单纯依靠经验的设计流程，以更严谨的逻辑为城市提供适应气候的城市设计方案。对于优化过程而言，每一代的计算结果将以直观的方式展现出模型变化及相对应的微气候变化趋势，通过研究录入大量代数形成的数据库，可以从定性和定量两个方面揭示微气候与开放空间的耦合关系，并将之转化为系统性的规划策略和设计导则。

本章以开放空间为研究对象，以围合开放空间的实体建筑可变因素作为参数，构建起中观尺度城市街区的参数化模型。将当地气候作为基础条件，输入性能评价模块对参数化模型进行舒适度计算，在寻求最优解的目标下，计算机将通过算法，在一定约束条件下调整初始参数，并重复这一步骤，从而实现模型的自动优化（图 4-1）。

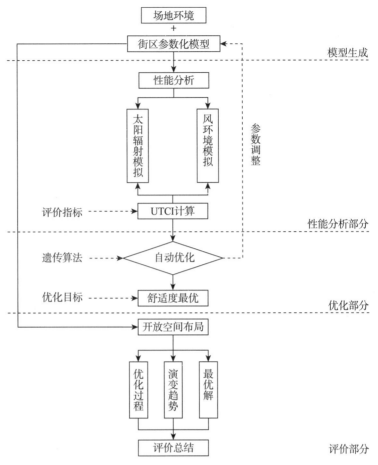

图 4-1　性能模拟自动优化研究框架

注：UTCI 即通用热气候指数。

1）模型生成

结合上文分析得到的街区和建筑尺度，用参数化设计插件 Grasshopper 建立街区模型，街区中建筑的长宽高均可通过参数化设计插件 Grasshopper 中的参数来进行控制，并以此作为遗传算法优化的基因皿，作为后续实验开展的基础。

2）分析优化

这一环节包括风环境模拟、太阳辐射模拟、室外热环境模拟评价和自动优化四个部分。

风环境模拟利用参数化设计插件 Grasshopper 蝴蝶（Butterfly）模块调用流体力学计算软件 OpenFOAM 平台进行模拟，在读取气象数据中的基础风速、风向参数后，经过多次迭代计算，将输出受建筑影响的城市风环境矢量数据。

太阳辐射模拟利用参数化设计插件 Grasshopper 瓢虫（Ladybug）模块进行模拟，读取气象文件中的太阳高度、入射角等参数后，将输出模型的太阳辐射分布情况。

室外热环境模拟评价可利用参数化设计插件 Grasshopper Ladybug 模块中的 UTCI 模块进行计算，输入基础气温、湿度、由模拟生成的风速、太阳辐射四个参数后，将输出模型各点的 UTCI 值，并统计其平均值。

自动优化将室外热环境评价的输出值作为因变量，连接到遗传算法插件 Galapagos 的适应度（Fitness）端，利用遗传算法来改变街区中的建筑可变参数，使目标优化为室外热环境最优，即夏季室外 UTCI 平均值最小，冬季室外 UTCI 平均值最大。由于受到计算机性能和遗传算法条件的约束，优化将分两步进行，分别改变建筑高度和建筑长宽。这种依靠计算机自动生成和优化的方法可以同时测试大量的样本，保证了各种可能性的高水平全覆盖，便于发现最佳城市街区形态。

3）评价总结

在优化过程中搜集相关数据，通过分析开放空间变化趋势和 UTCI 优化的相关性得到开放空间因子与室外热环境舒适度的相关性。可利用具体实验来论证该方法的可行性，并总结出目前方案的优势与不足。

4.2　优化实验与步骤

4.2.1　模型生成部分

1）模型生成部分

本书将研究范围简化为一个 350 m × 350 m 的地块，其中虚线部分是实验街区地块，尺寸为 250 m × 250 m，其余为城市周边环境（图 4-2）。

首先在参数化设计插件 Grasshopper 中用"plane surface"（平面）建立 300 m × 300 m 的平面，利用"sdivide"（切分）命令将其等分为 36 格，横纵 6 条轴，提取其交点作为建筑布局的参考点。

运用"rectangle"（矩形）命令生成 X 方向区间为（–15，15），Y 方向区间为（–15，15）的初始矩形，参考点端口 p 连接至"sdivide"（切分）的"points"（交点）输出口，即可得到

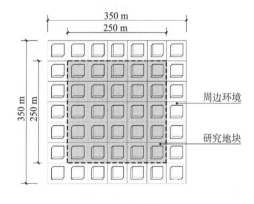

图 4-2　实验模型

均匀分布于场地上的 25 个 30 m × 30 m 的矩形。再在场地周边布置上高 25 m 的背景环境建筑即可（图 4-3）。

2）参数设置

由于实验区域较大，实验对象众多，每个对象又有数种参数，这导致了无限种可能性，而遗传算法插件 Galapagos 的最佳工作条件是 7—8 个变量，变量过多将会干扰算法的工作，致使优化过程陷入不断波动而

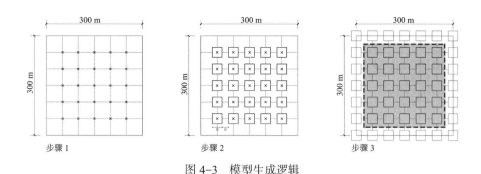

图 4-3　模型生成逻辑

难以得到最佳解的状况，这是实验所面临的重要挑战。考虑到计算机性能局限和遗传算法的工作条件，本次实验将分两步进行优化：首先对建筑高度和节点型开放空间分布进行优化，其次在此基础上对建筑的长宽进行优化。因此，可变参数的设置也将从这两个方面进行。

（1）开放空间垂直变化

在上文生成的矩形基础上，加上设定的高度即可利用"box rectangle"（盒子矩形）命令生成盒子。建筑高度由层数和层高的乘积得来，由于层高被设定为固定值 4 m，只需输入 25 个层数即可。在这里，实验设定了场地中含有 4 个节点型开放空间，即该点上的建筑高度为 0 m，因此运用"gene pool"（基因库）命令生成 21 个自然数作为层数变量，再利用"insert item"（插入项目）命令在这个序列中依次插入 4 个数字 0，其中插入的序号"indice"（标记）端口被设置为可变量以方便调整节点型开放空间位置，得到的最终数列即为建筑层数（图 4-4）。由于容积率一定，因此在该数列的基础上，将得到的建筑面积与容积率设定的数值进行对比，用得到的比值对建筑高度进行乘算，即可得到容积率固定的建筑分布。

经过多次试验发现，由于本次优化的变量达到 25 个，故层数的自然数变化区间不宜过大，否则优化过程将陷入不断波动而难以得到最优解的状况，因此最终实验中的层数变化最小单位为 3，即值域为 3，6，9，…，27，30，区间长度为 10。

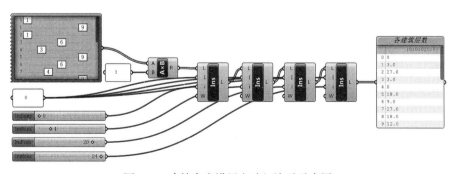

图 4-4　建筑高度设置电池组演示示意图

（2）开放空间水平变化

在上一步的基础上，将"rectangle"（矩形）命令中的 X、Y 方向分别用 "gene pool"（基因库）设置为 (-n, n) 的可变区间，考虑到变量改变的时候需考虑建筑的实际大小，因此将 n 的值域设置为 3—21，精度为 3，区间长度为 7。在这一步的操作中，为了使建筑密度保持一致，在上述操作的基础上对建筑密度进行计算，并与设定值的 30% 进行比对，该值的平方根即为校正系数。将 X、Y 乘以校正系数即可获得最终建筑的长度与宽度。

3）因子计算

为了揭示开放空间因子与室外舒适度的关联性，在遗传算法进行的每一代都需求得室外平均 UTCI 及各因子数值，因此需要利用参数化设计插件 Grasshopper 对每一代模型的开放空间因子进行计算输出，随 UTCI 的变化共同记录。

（1）平均天空可视因子

SVF 的计算利用了 Ladybug 中的 "shadingMask"（遮罩）模块。其中，在 "_testPt"（测试点）端口输入观测点；在 "_context"（内容）端口输入物理模型；"_skyDensity_"（天空密度）端口用来控制天空模型的精度（一般使用默认值即可）；"_exposureOrView_"（可视或覆盖）端口用来选择输出 SVF 还是建筑覆盖域；"scale_"（规模）用来控制生成的遮罩模型大小。利用该模块，首先用 "points"（交点）命令在模型中生成 36 个观测点，输入 "_testPt"（测试点）端口，将模型 "Brep" 连接至 "_context"（内容）端口后，即可在 "skyExposure"（天空可视域）输出端口获得 36 个点位的天空可视因子，再利用 "average"（平均）模块进行计算即可获得该方案中开放空间的平均天空可视因子（图 4-5、图 4-6）。

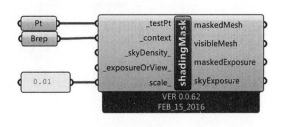

图 4-5　SVF 计算模块示意图

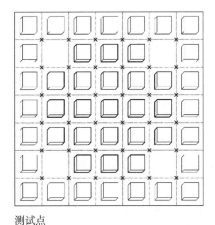

测试点

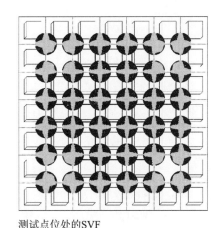

测试点位处的SVF

图 4-6　平均 SVF 计算演示

（2）平均高宽比

平均高宽比的计算既涉及开放空间宽度的变化，又与围合开放空间的建筑高度相关。在这之前，需要对场地中的开放空间进行划分。由于街道交叉口的归属较难定义，且在 SVF 的计算中已作为测量对象，故不再计算其高宽比。因此，高宽比的测量对象是建筑与其相邻建筑所围合成的空间，在该模型中共有 52 个。

高宽比的计算采用剖面法，即截取模型纵横各 5 个剖面，计算剖面上各街道的高宽比后求其平均值。以某一剖面为例，用"box"（盒子）命令生成 X 轴方向为 1、Y 轴方向为 300、Z 轴方向为 100 的盒子作为剖切面，利用布尔运算获取与模型相交部分，即厚度为 1 的模型剖面。提取这个剖面盒子同一面的纵向线段，去掉首尾后两两分组，再利用"loft"（房间）命令封面，形成剖面之间的数个梯形。梯形的上下底即为纵向线段，其平均值即为开放空间高度。利用梯形面积公式 $S=$（上底 + 下底）× 高 /2 可求得开放空间的宽度，二者相除即可求得高宽比（图 4-7）。

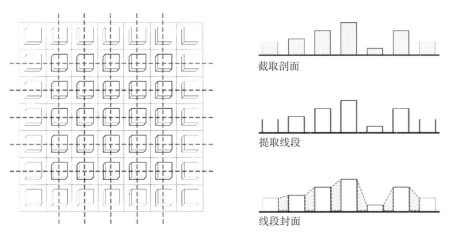

图 4-7　开放空间平均高宽比计算演示

（3）开放空间总体积

体积的计算亦采用剖面法，即截取模型纵横各 5 个剖面，计算剖面上各街道的开放空间体积后求其总和，具体方法与高宽比一致。在得到剖面间数个梯形之后，将梯形面积乘以街道长度即可求得开放空间体积。

4.2.2　模拟分析

1）风环境分析

风环境分析利用的是蝴蝶（Butterfly）的插件组，流程在 Ladybug 开发者发布于 Git 代码库（Github）的室外风环境测量案例基础上进行改写。风环境的计算主要分为四步：生成几何模型、建立风洞、细分网格和结果计算。

（1）生成几何模型

生成 Butterfly 几何模型主要使用的是其中的 "_create"（创造）蝴蝶形状（ButterflyGeometry）模块，其作用是将模型转化为 Butterfly 可以识别的对象后输出至下一模块（图 4-8）。

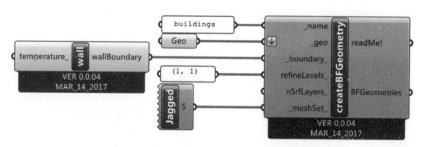

图 4-8　生成蝴蝶（Butterfly）几何模型电池组示意图

其中，在 "_Geo" 端口输入实验模型；"_boundary_"（边界）端口连接 Butterfly 中的 "_wallBoundary"（墙体边界）用来确定判定边界；"refineLevels_"（细化级别）用来确定模型细分尺度范围，数字越大划分越细，计算速度也越慢，由于实验模型均为简单的长方体块，因此在这里选择最低值 1；"nSrfLayers_"（图层）端口用来划分图层；"_meshSet_"（网格设置）用来选择模型建立的模式，这里选择了速度优先。

（2）建立风洞

风洞的建立主要围绕 Butterfly 中的 "_CreateCaseFromTunnel"（风洞模型建立）模块进行。该模块的每个输入端口都有对应的模块来控制风洞的参数，并将参数传递给 OpenFOAM 软件进行计算，最终将计算获得的风洞数据从 "case"（状况）口输出进行下一步计算（图 4-9）。

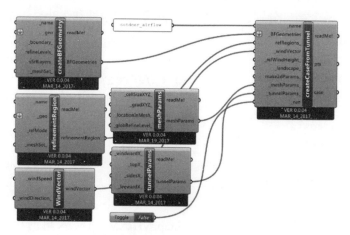

图 4-9　建立风洞电池组示意图

"_BFGeometries"（物理环境）端口接入上一步生成的 Butterfly 几何模型，在"refRegions_"（参考区域）端口确定模型中需要精细计算的区域。在这里细化区域因模型大小确立，除了确定细化范围外，还有对模型进一步识别的步骤。图 4-10 分别展示了低精度、中精度和高精度细化的区别，可以发现风洞对建筑的贴合程度各异。在低精度的细化中，相邻两栋建筑被视为连接在一起，故原本建筑间的开放空间被视为实体建筑，这一部分的风速会计算为无穷大，以致在最后的 UTCI 图中呈现为突兀的深蓝色。由于实验需要计算几百代数据，综合计算速度和计算精度，本章最终选择中精度细化进行后续实验。

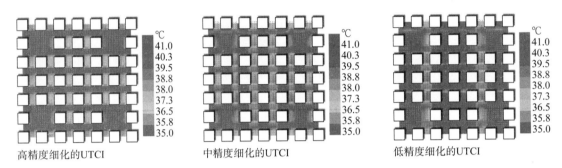

高精度细化的UTCI　　　　中精度细化的UTCI　　　　低精度细化的UTCI

图 4-10　不同精度风洞造成的 UTCI 结果区别（彩图见书末）

"_windVector"（风的矢量值）端口输入基础风速和风向，在这里可以选择从 Ladybug 的 "_Average Data"（平均数据）模块中输出某一段时间的平均风速，也可以手动输入数值。通过 "_refWindHeight_"（参考气流高度）来控制输入气流的参考高度，模块会以此为基准生成整个风洞的风速风向分布。"_landscape_"（地理环境）可以选择风洞壁的粗糙程度，从光滑到粗糙一共七个等级。"make2dParams_"（建立二维风洞）用来建立二维风洞。"_meshParams_"（网格参数）和 "_tunnelParams_"（风洞参数）两个端口分别被用来控制风洞模型的精度和大小，一般选择默认值即可。

（3）细分网格

细分网格主要依靠 "blockMesh"（方块网格）和 "snappyHexMesh"（六角网格）两个模块，其作用是将生成的风洞利用 OpenFOAM 划分出三维网格，以计算每一格中的气流情况。

"blockMesh"（方块网格）模块从上一步接收风洞数据 "case"（状况），其作用与上一步的 "_meshParams_"（网格参数）类似，即控制风洞模型的细分精度，依据实验模型大小需设置不同的数值大小，经过多次试验最终将大小定为（100，100，60）。

将细分完毕的风洞输入进 "snappyHexMesh"（六角网格）模块，该模块是仿真模拟软件 CFD 运行中的网格生成技术。程序将调用

OpenFOAM 的三维网格生成器，将风洞切分为六面体网格，生成数万个网格节点和网格单元以进行下一步计算（图 4-11）。

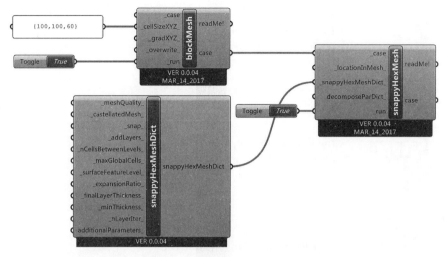

图 4-11　风洞细分电池组示意图

（4）结果计算

计算主要围绕"solution"（解决方案）模块进行。"solution"（解决方案）接收了"snappyHexMesh"（六角网格）输出的"case"（状况）后，根据参数设定将输出气流矢量数据（图 4-12）。

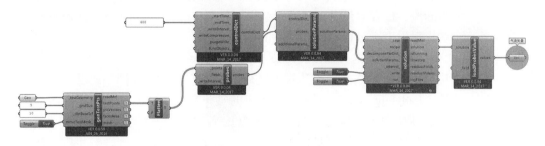

图 4-12　风矢量输出结果电池组

"solutionParams"（解决方案参数）模块即是被用来修改不同参数的。"controlDict_"（控制器）被用来控制模拟选项，其中"_endtime_"（计算次数）控制了运算的迭代次数，数字越大计算次数越多，得到的结果越精确。在风洞细分参数设置合理的前提下，迭代并不会消耗过多时间。"probes_"（探测点）被用来控制测量点位，需要在"_testGeometry"（测试图形）处设置测量平面。"_gridSize"（网格大小）被用来对平面进行细分以确定测量点，划分越细则结果越细腻。图 4-13 是"_gridSize"（网格大小）分别为 5、8、10 时的 UTCI 结果。

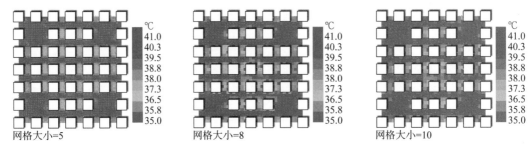

网格大小=5　　　　　　　网格大小=8　　　　　　　网格大小=10

图 4-13　不同格网精度造成的 UTCI 结果区别

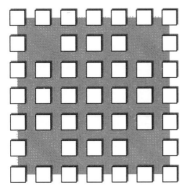

图 4-14　风速计算结果

"_distBaseSrf"（分布基面）被用来设定点位高度，由于天气文件（.epw）中的气象数据均在地面高度 10 m 位置采集，因此这里也将其设置为 10。

参数设置完之后，将"solution"（解决方案）的两个开关打开即可调用 OpenFOAM 进行气流模拟。结果将以矢量数据输出，可连至 Ladybug 相关模块进行 UTCI 计算，亦可利用参数化设计插件 Grasshopper 的可视化模块得到风速分布图。图 4-14 模拟的是南京夏天晴朗天气下的气流情况，其中初始风速为 2.5 m/s，风向为正东南。

2）太阳辐射温度分析

辐射热的计算利用了 Ladybug 中的"_Outdoor Solar Temperature Adjustor"（室外太阳能温度调节器）模块。模块需要输入地理位置、温度、空气漫反射指数、红外辐射指数等基础条件，以及测量时间段、位置等信息，最后将结果转化为"mean rediant temperature"（平均辐射温度）进行输出（图 4-15）。

前者的数据可由 Ladybug 中的"_Import epw"（导入 .epw 格式）模块提供。在此之前需在建筑能耗模拟软件 EnergyPlus 网站或瓢虫工具网站（Ladybug Tools）下载所需城市的气象数据文件（.epw 格式和 .stat 格式），后即可通过该模块输出详细的气候参数。

为使实验结果更具代表性、结果更为突出，需要选择一年内最热或最冷的极端情况进行模拟。时间段的判定利用 Ladybug 中的"_Import stat"（导入 .stat 格式）模块，在读取 .stat 格式文件后程序将 8 月 5 日 1 时至 8 月 11 日 24 时认定为一年内的极热周。由于该段时间包含完整的 7 天，共计 168 小时，而日间与夜间气候舒适度的分析应当分开处理，故最终使用 Ladybug 中的"_Analysis Period"（分析时段）将分析时间确定在 8 月 5 日 6：00 至 18：00。

"bodyLocation_"（位置）端口是用来确定测量点位的，连接的是蜜蜂（Honeybee）中的"_Generate TestPoints"（生成测试点），该模块与 Butterfly 中"_probes"（探测点）模块的工作原理类似，需在"_testGeometry"（测试图形）处设置测量平面，"_gridSize"（网格大小）被用来对平面进行细分，"_distBaseSrf"（分布基面）选择在 10 m。在这里 "gridSize"（网格大小）的数值应与 Butterfly 中一致，使点位一一对应，方能结合二者计算 UTCI 的数值。

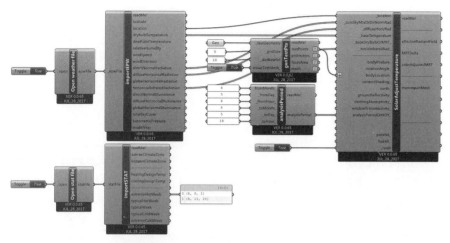

图 4-15　太阳辐射计算电池组示意图

4.2.3　评价及目标优化

1）室外平均通用热气候指数计算

通用热气候指数（UTCI）的计算使用了 Ladybug 中的 "_Outdoor-ComfortCalculator"（室外舒适度计算）模块，需要输入 UTCI 计算的四项必要参数：干球温度、湿度、辐射温度和风速（图 4-16）。

其中风速和辐射温度已在上文求得，而干球温度和湿度可利用 Ladybug 中的 "_Average Data"（平均数据）模块求得分析时间段温度、湿度的平均值，最后从 "universalThermalClimateIndex"（全球热气候指数）端口输出整个分析区域各测点的 UTCI 值，既可输出具体数据，亦可运用可视化模块制作 UTCI 图（图 4-17）。

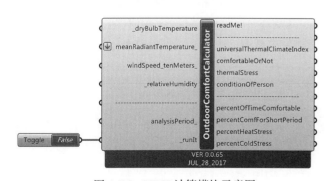

图 4-16　UTCI 计算模块示意图

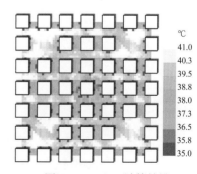

图 4-17　UTCI 计算结果

2）遗传算法优化

在上一步之后，本节将各测点 UTCI 值的均值作为室外气候舒适度的评判标准。因此，将优化目标确定为夏季室外平均 UTCI 值最小和冬季室外平均 UTCI 值最大。为观察冬夏两季气候条件变化所带来的开放空间布局策略变化，优化将按夏季和冬季分开进行。

因此，单目标选择了参数化设计插件 Grasshopper 自带的遗传算法插件 Galapagos 模块进行。模块"Genome"（基因）端口连接了调整建筑高度的"gene pool"（基因库）模块和控制节点型开放空间位置的 4 个"Number Slider"（数字滑块），共计 25 个变量；"Fitness"（适应度）端口连接了 Ladybug 中的"OutdoorComfortCalculator"（室外舒适度计算）模块输出的室外 UTCI 数值总和。

遗传算法插件 Galapagos 参数设置如下，适应度（Fitness）目标被设置为夏季（Minimize）（图 4-18）。其中各参数含义在《基于 Grasshopper 的绿色建筑技术分析方法应用研究》[1] 中有详细介绍，此处不再赘述。

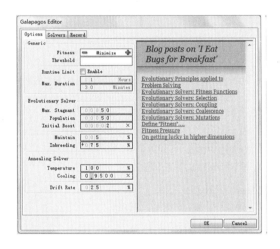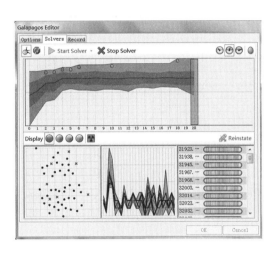

图 4-18　遗传算法插件 Galapagos 参数设置面板（左）及工作面板（右）示意图

点击"Start Solver"（启动运算）后遗传算法插件 Galapagos 就会开始工作并自动调整变量，工作进程会以折线图的形式显示在界面上。由于遗传算法插件 Galapagos 无法对计算过程进行本地保存，且因为占用计算机内存大，工作界面时常卡顿，故使用了"Grasshopper TT Toolbox"（参数化设计插件 Grasshopper TT 工具箱）中的"Galapagos listener"（遗传算法插件 Galapagos 接收器）模块记录过程并写入电子表格 Excel 中进行保存。

综合风速和辐射温度计算，进行一代计算的时间为 3—4 分钟，而获得有显著趋势的结果需经过 300 代以上的计算。经过权衡，本章选择600 代作为每个案例的算法优化次数，耗时约 40 小时，后手动停止遗传算法。

4.2.4 优化实验

由上文分析可知，本次实验将分冬夏两季进行，每次实验将分两步进行。由 Ladybug 读取的气候文件中将夏季 8 月 5 日至 11 日，冬季 1 月 15 日至 21 日列为一年中的极热周和极冷周。其中极热的 8 月 5 日，日间平均温度为 33.4℃，湿度为 63%；极冷的 1 月 15 日，日间平均温度为 0.8℃，湿度为 89%。

风向、风速选择了包含极热周和极冷周的夏冬各一个月作为分析时间进行采样，利用 Ladybug 得出风玫瑰图。

从图 4-19 可知，南京夏季的主导风向是正东南风和北风。由于风玫瑰图也统计夜间情况，综合气象资料和历史规律，将夏季主导风向定为正东南向，风速从 0.8 m/s 至 7.0 m/s 不等；将冬季主导风向定为正北向，风速从 0.9m/s 到 9.0 m/s 不等。

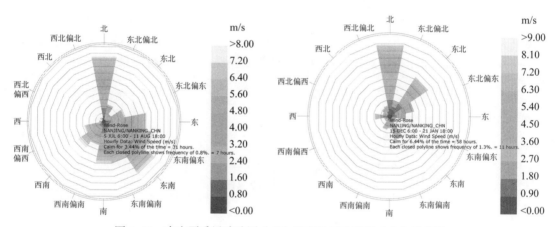

图 4-19 南京夏季风玫瑰图（左）和冬季风玫瑰图（右）示意图

考虑到风在夏季对降温除湿影响较大，能有效增加气候舒适度，在冬季又使人感到非常寒冷而产生不适，说明其对室外舒适度有着显著影响，因此无法将风速简单确定为一定范围的平均值。本章选择不同风力等级的风速条件，分别对冬夏两季进行优化。综合考虑风速大小和风频后，确定了夏季轻风条件下的风速为 2.5 m/s，和风条件下的风速为 7.0 m/s；冬季轻风条件下的风速为 2.5 m/s，和风条件下的风速为 8.0 m/s。

整个实验优化分为冬夏两季 2 个优化目标、4 个初始气候条件、2 个优化步骤，共 6 次，具体安排如表 4-1 所示。

表 4-1　实验安排及参数设置

实验编号		垂直布局优化 1		水平布局优化 2	优化目标
夏季（S）	SL1	温度为 33℃，湿度为 68%，风速为 2.5 m/s	SL2	温度为 33℃，湿度为 68%，风速为 2.5 m/s	平均 UTCI 最小
	SH1	温度为 33℃，湿度为 68%，风速为 7 m/s	—		平均 UTCI 最小
冬季（W）	WL1	温度为 1℃，湿度为 89%，风速为 2.5 m/s	WL2	温度为 1℃，湿度为 89%，风速为 2.5 m/s	平均 UTCI 最大
	WH1	温度为 1℃，湿度为 89%，风速为 8 m/s	—		平均 UTCI 最大

4.2.5　以夏季室外平均通用热气候指数最小为目标的开放空间布局

1）开放空间布局实验 SL1

本次实验依据前文给出的方法和夏季气候参数设置，以建筑高度和节点型开放空间位置为变量，利用遗传算法进行优化。优化共计 602 代，耗时约 40 小时，实验记录如下：

从图 4-20 的 UTCI 优化趋势可以看到，虽然折线变化波动较大，但整体呈下降趋势，优化过程较为顺利。考虑到因可变量过多造成算法无法得出最优解的收敛值，因此折线段最后未能获得平稳趋势。

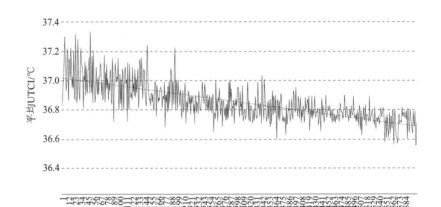

图 4-20　SL1 中 UTCI 优化趋势

在整个优化过程中，室外平均 UTCI 最高达 37.3℃，最低值为 36.5℃，分别在第 42 代和第 600 代达到，相差 0.8℃，差异较大，可见开放空间布局对营造夏季舒适室外环境具有重要影响。

选择优化过程中 UTCI 变化从高到低，包含最大值与最小值的 20 个过程案例，以图表的形式呈现开放空间的布局变化，模拟分析记录如图 4-21 所示。

第49代		第54代		第73代		第77代		第84代	

平均UTCI	37.34℃	平均UTCI	37.21℃	平均UTCI	37.18℃	平均UTCI	37.12℃	平均UTCI	37.08℃
平均SVF	42.64%	平均SVF	43.22%	平均SVF	43.23%	平均SVF	42.81%	平均SVF	42.19%
平均H/W	1.63	平均H/W	1.62	平均H/W	1.61	平均H/W	1.64	平均H/W	1.58
总体积	1 432 100 m³	总体积	1 446 300 m³	总体积	1 533 400 m³	总体积	1 438 800 m³	总体积	1 543 900 m³

第100代		第111代		第243代		第307代		第345代	

平均UTCI	37.04℃	平均UTCI	37.01℃	平均UTCI	36.98℃	平均UTCI	36.96℃	平均UTCI	36.93℃
平均SVF	42.37%	平均SVF	41.42%	平均SVF	41.76%	平均SVF	39.90%	平均SVF	41.39%
平均H/W	1.61	平均H/W	1.61	平均H/W	1.65	平均H/W	1.59	平均H/W	1.64
总体积	1 532 400 m³	总体积	1 551 000 m³	总体积	1 454 700 m³	总体积	1 526 300 m³	总体积	1 567 500 m³

（a）

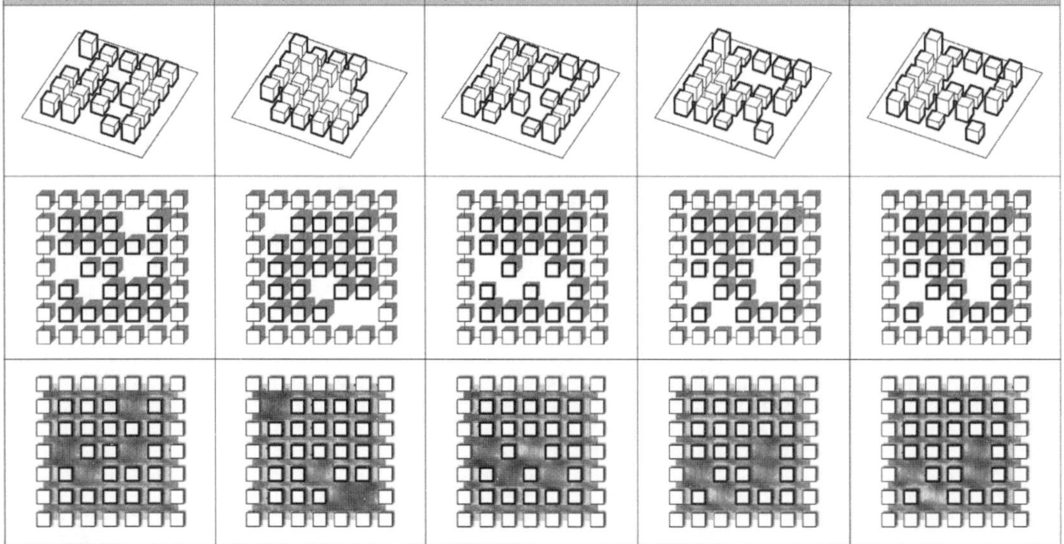

第373代		第416代		第428代		第460代		第486代	
平均UTCI	36.88℃	平均UTCI	36.84℃	平均UTCI	36.82℃	平均UTCI	36.81℃	平均UTCI	36.76℃
平均SVF	39.75%	平均SVF	40.08%	平均SVF	40.03%	平均SVF	40.21%	平均SVF	39.94%
平均*H*/*W*	1.59	平均*H*/*W*	1.61	平均*H*/*W*	1.59	平均*H*/*W*	1.61	平均*H*/*W*	1.60
总体积	1 515 000 m³	总体积	1 514 800 m³	总体积	1 512 800 m³	总体积	1 512 700 m³	总体积	1 555 500 m³

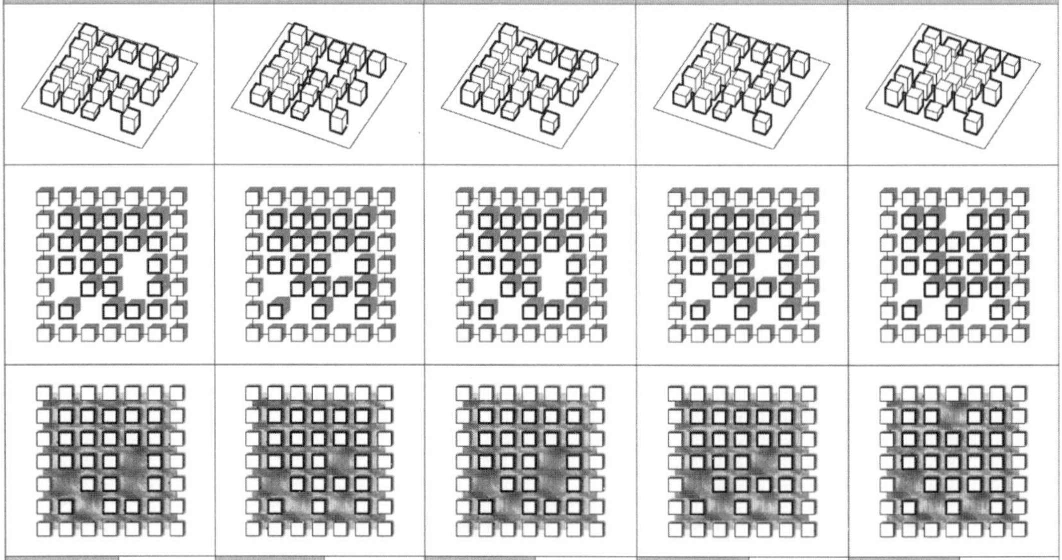

第521代		第549代		第557代		第570代		第600代	
平均UTCI	36.74℃	平均UTCI	36.69℃	平均UTCI	36.64℃	平均UTCI	36.61℃	平均UTCI	36.56℃
平均SVF	39.83%	平均SVF	39.84%	平均SVF	40.02%	平均SVF	39.97%	平均SVF	40.04%
平均*H*/*W*	1.60	平均*H*/*W*	1.60	平均*H*/*W*	1.61	平均*H*/*W*	1.60	平均*H*/*W*	1.58
总体积	1 544 800 m³	总体积	1 543 300 m³	总体积	1 536 200 m³	总体积	1 531 500 m³	总体积	1 537 900 m³

（b）

图 4-21 SL1 优化过程案例

注：SVF 即天空可视域；*H*/*W* 即高宽比。

从图 4-21 中可以发现，场地内建筑高度从最开始错落有致的分布逐渐演变为均匀平缓；节点型开放空间的位置从无序排布逐渐向南部靠近，由并排集中逐渐交叉相错，散布在模型中。就几个形态因子的数值来看，开放空间平均 SVF 波动变化；平均高宽比无明显趋势，在 1.6 附近波动；开放空间总体积逐渐增大。开放空间总体布局演变趋势明显，其中最优解平均 UTCI 虽然在估量表中被评判为强烈热不适，但考虑到该地区本身恶劣的气候条件，尚在可接受范围。另外，在最优解的布局方案中，各栋建筑的采光、通风安排均较为合理，对实际应用有一定参考价值，说明本方法在夏季单目标优化问题上具有明显效果。

2）开放空间布局实验 SH1

本次实验依据前文给出的方法和气候参数设置，以建筑高度和节点型开放空间位置为变量，利用遗传算法进行优化。优化共计 762 代，耗时约 50 小时，实验记录如图 4-22 所示。

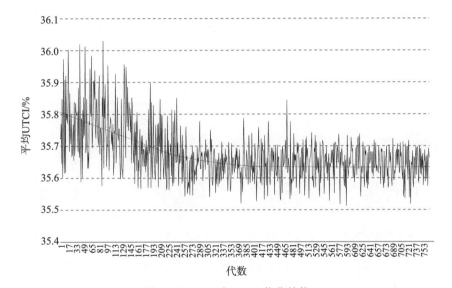

图 4-22　SH1 中 UTCI 优化趋势

从图 4-22 的 UTCI 的趋势可以看到，300 代以前整体折线与 SL1 类似，呈现为波动下降趋势，之后趋于平稳，不断波动。整体优化过程较为顺利。

在整个优化过程中，室外平均 UTCI 最高超过 36.0℃，最低值为 35.5℃，分别在第 90 代和第 591 代达到，相差 0.5℃。整体室外 UTCI 相较 SL1 低约 1℃，可见风速对夏季室外降温效果明显。

选择优化过程中 UTCI 变化从高到低，包含最大值与最小值的 20 个过程案例，以图表的形式展现开放空间的布局变化，实验记录如图 4-23 所示。

第89代		第113代		第122代		第134代		第138代	

平均UTCI	36.03℃	平均UTCI	36.01℃	平均UTCI	35.96℃	平均UTCI	35.92℃	平均UTCI	35.88℃
平均SVF	43.02%	平均SVF	42.81%	平均SVF	42.10%	平均SVF	42.14%	平均SVF	42.97%
平均H/W	1.58	平均H/W	1.52	平均H/W	1.60	平均H/W	1.60	平均H/W	1.67
总体积	1 538 300 m³	总体积	1 674 800 m³	总体积	1 531 600 m³	总体积	1 497 500 m³	总体积	1 386 700 m³

（a）

第143代		第194代		第232代		第247代		第290代	

平均UTCI	35.84℃	平均UTCI	35.83℃	平均UTCI	35.81℃	平均UTCI	35.78℃	平均UTCI	35.76℃
平均SVF	41.35%	平均SVF	41.79%	平均SVF	41.90%	平均SVF	41.36%	平均SVF	40.41%
平均H/W	1.58	平均H/W	1.63	平均H/W	1.64	平均H/W	1.59	平均H/W	1.64
总体积	1 536 400 m³	总体积	1 475 900 m³	总体积	1 516 800 m³	总体积	1 518 900 m³	总体积	1 527 500 m³

（b）

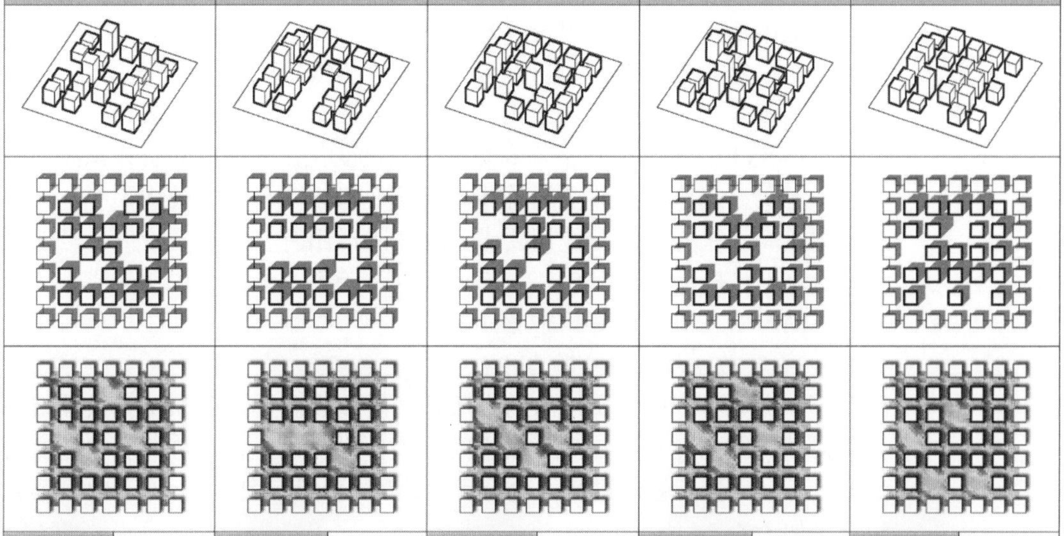

第411代	第423代	第449代	第491代	第515代

平均UTCI	35.73℃	平均UTCI	35.70℃	平均UTCI	35.68℃	平均UTCI	35.68℃	平均UTCI	35.64℃
平均SVF	41.11%	平均SVF	40.06%	平均SVF	41.18%	平均SVF	40.41%	平均SVF	40.31%
平均H/W	1.58	平均H/W	1.65	平均H/W	1.59	平均H/W	1.58	平均H/W	1.62
总体积	1 457 900 m³	总体积	1 552 800 m³	总体积	1 478 300 m³	总体积	1 531 500 m³	总体积	1 535 500 m³

（c）

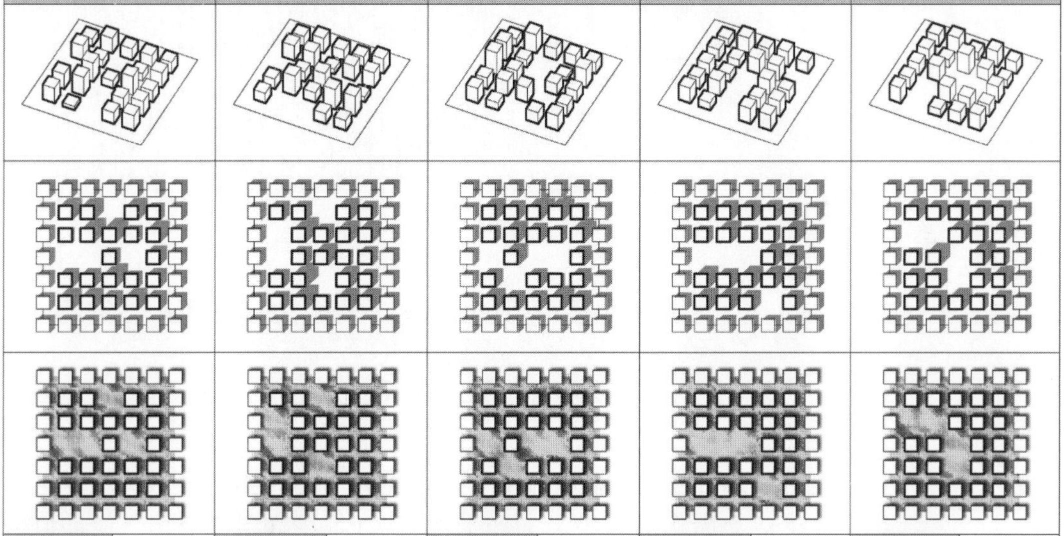

第522代	第538代	第566代	第578代	第591代

平均UTCI	35.61℃	平均UTCI	35.58℃	平均UTCI	35.55℃	平均UTCI	35.52℃	平均UTCI	35.51℃
平均SVF	40.57%	平均SVF	40.35%	平均SVF	40.73%	平均SVF	40.34%	平均SVF	40.10%
平均H/W	1.62	平均H/W	1.60	平均H/W	1.62	平均H/W	1.62	平均H/W	1.60
总体积	1 492 000 m³	总体积	1 528 500 m³	总体积	1 509 000 m³	总体积	1 541 500 m³	总体积	1 606 300 m³

（d）

图 4-23　SH1 优化过程案例

从图 4-23 可以观察到，场地内建筑高度差逐渐缩小，虽然与 SL1 一样整体趋于平缓，但相较于 SL1 的几乎一致，SH1 最优解中的建筑仍保留有一定高差；节点型开放空间的位置从无序排布逐渐向中心集中，并渐渐多合一扩展成更大面积的广场。从形态因子的数值来看，开放空间平均 SVF 逐渐降低；平均高宽比呈波动变化；开放空间总体积波动剧烈，无明显趋势。开放空间总体布局演变趋势明显，在最优解中，大部分建筑满足采光通风等使用要求，对实际运用有一定参考价值。虽然同为夏季单目标优化，但 SH1 与 SL1 的结果有明显差异，说明生成方法面对不同的输入条件做出了有效的应对。

3）开放空间布局实验 SL2

本次实验依据前文给出的方法和气候参数设置，以 SL1 中最佳结果所得的建筑高度和节点型开放空间位置作为初始值，建筑长度和宽度为变量，利用遗传算法进行优化。优化共计 340 代，耗时约 30 小时，实验记录如图 4-24 所示。

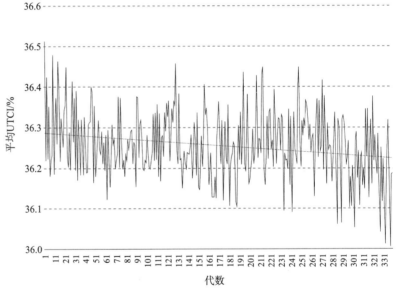

图 4-24 SL2 中 UTCI 优化趋势

图 4-24 的 UTCI 显示为波动下降趋势，整体优化过程较为顺利。

在整个优化过程中，室外平均 UTCI 最高超过 36.5℃，最低值为 36.0℃，分别为第 1 代和第 338 代的结果，相差 0.6℃。整体室外 UTCI 在 SL1 最佳结果基础上又有所改善，证明开放空间布局对改善夏季室外舒适度有影响。

选择优化过程中 UTCI 变化从低到高，包含最大值与最小值的 10 个过程案例，以图表的形式展现开放空间的布局变化，实验记录如图 4-25 所示。

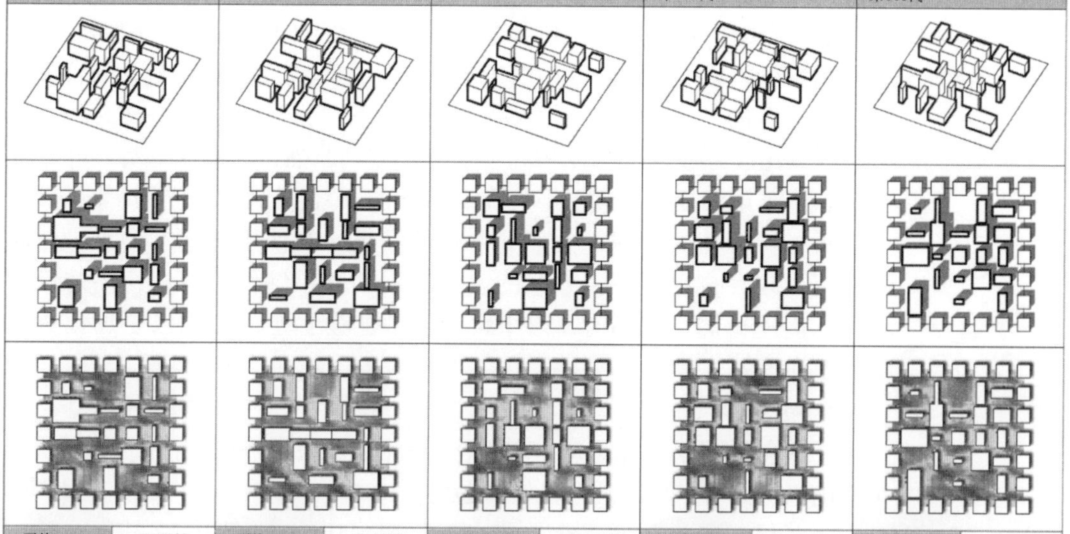

第123代		第139代		第149代		第161代		第166代	
平均UTCI	36.22℃	平均UTCI	36.20℃	平均UTCI	36.18℃	平均UTCI	36.16℃	平均UTCI	36.13℃
平均SVF	34.48%	平均SVF	34.64%	平均SVF	36.98%	平均SVF	38.16%	平均SVF	37.28%
平均H/W	3.41	平均H/W	2.57	平均H/W	2.52	平均H/W	2.12	平均H/W	2.09
总体积	1 507 400 m³	总体积	1 420 300 m³	总体积	1 509 200 m³	总体积	1 539 500 m³	总体积	1 542 000 m³
容积率	2.02	容积率	1.94	容积率	2.02	容积率	1.93	容积率	1.85

（a）

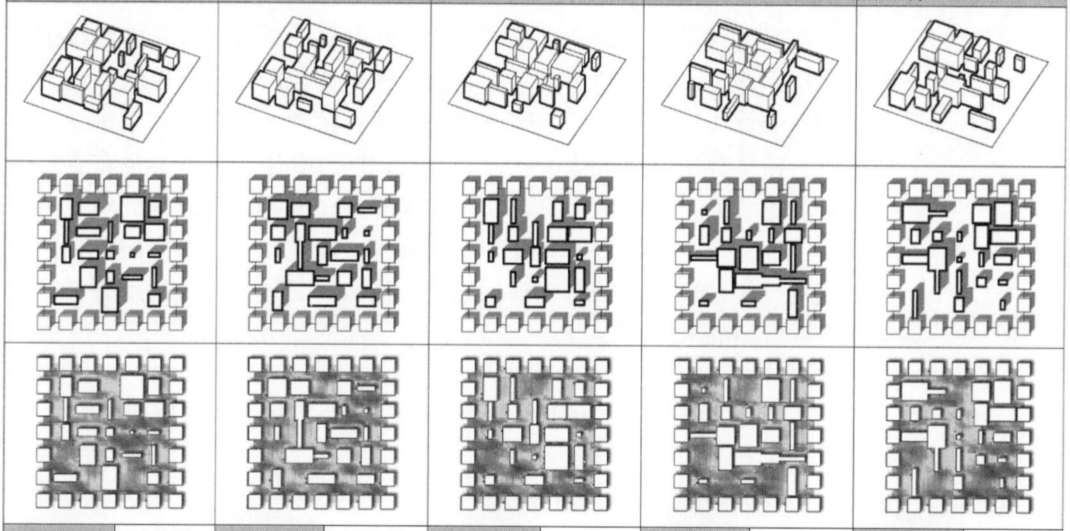

第187代		第234代		第290代		第328代		第338代	
平均UTCI	36.12℃	平均UTCI	36.09℃	平均UTCI	36.07℃	平均UTCI	36.04℃	平均UTCI	36.01℃
平均SVF	34.18%	平均SVF	36.57%	平均SVF	34.96%	平均SVF	31.78%	平均SVF	37.63%
平均H/W	2.58	平均H/W	2.14	平均H/W	2.67	平均H/W	2.46	平均H/W	2.32
总体积	1 496 500 m³	总体积	1 456 400 m³	总体积	1 548 000 m³	总体积	1 496 800 m³	总体积	1 544 600 m³
容积率	2.06	容积率	2.04	容积率	1.94	容积率	1.89	容积率	2.01

（b）

图 4-25　SL2 优化过程案例

由于设置了较大的自由度，方案间差异较大。从图 4-25 可以发现，场地内底面积较大的建筑位置从不确定渐渐向北移动，同时南部的建筑面积缩小；建筑形态最开始自由不定，后大部分逐渐发展为纵向延展而横向较短的长条形。从形态因子的数值来看，开放空间平均 SVF、平均高宽比、开放空间总体积和容积率均波动剧烈，无明显趋势。开放空间总体布局演变趋势明显，可用以探究开放空间对微气候的影响机制，但从可行性角度考虑，大部分方案不满足建筑使用的基本要求。因此说明在较大自由度下，方案的实际运用不能单纯依赖算法，还需设计师择优进行调整。同时，对于可变参数的设置也应当加以更加慎重地考虑和策划。

4）小结

综合夏季以室外平均 UTCI 最小为目标的三种模拟情况，可以发现其优化趋势中存在的共性与不同之处。

在 SL1 和 SH1 的优化趋势中，模型中建筑高度均由高低不一趋向于高度一致，而 SL1 的结果中高度差异较小，SH1 仍保留一定的差值；SL1 中节点型开放空间的位置由随机逐渐转移至场地南部，各节点型开放空间所处位置分散，而 SH1 中则更加集中于场地中部。

从开放空间布局结果来看，SL1 中开放空间垂直高度为由北至南逐渐降低，SH1 的开放空间垂直高度由北至南先升后降；SL1、SH1 和 SL2 中开放空间水平面积均为由北至南逐渐增大。它们的具体布局演变规律将在下文详细分析。

在参数数量合理的前提下，遗传算法在夏季单目标优化中发挥了良好作用。计算机强大的逻辑运算能力，使得性能成为设计中的驱动因素得到充分体现，为设计师后续调整提供了有益参考。在参数数量设置过多时，遗传算法寻找最优解的能力受到削弱，其生成的方案也有着日照间距不足、面宽和进深不符合实际要求等诸多问题，因此在面对复杂现状时，优化生成系统暴露其存在的局限性。但是该方法和思路还是值得肯定的，相信在未来的研究中，随着算法的不断进步，最优解将更趋近于实际应用的水准。

4.2.6 以冬季室外平均通用热气候指数最大为目标的开放空间布局

1）开放空间布局实验 WL1

本次实验依据前文给出的方法和冬季气候参数设置，以建筑高度和节点型开放空间位置为变量，利用遗传算法进行优化。优化共计 780 代，耗时约 50 小时，实验记录如图 4-26 所示。

从图 4-26 UTCI 的趋势可以看到遗传算法在波动中不断优化自己，第 330 代至第 660 代之间的波动尤为剧烈，在这之间不断寻找优化方向，第 660 代之后优化趋势逐渐平稳。整体优化过程较为顺利。

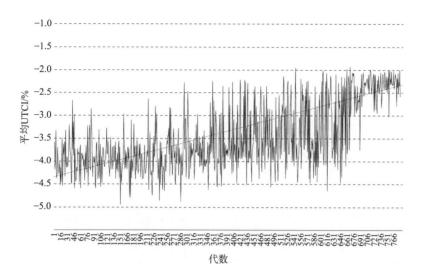

图 4-26　WL1 中 UTCI 优化趋势

在整个优化过程中，室外平均 UTCI 最高达 −1.9 ℃，最低值为 −4.9℃，分别在第 667 代和第 151 代达到，相差 3℃，可见开放空间布局对改善冬季室外舒适度的影响较夏季更加明显。

选择优化过程中 UTCI 变化从低到高，包含最大值与最小值的 20 个过程案例，以图表的形式展现开放空间的布局变化，实验记录如图 4-27 所示。

第151代		第172代		第215代		第236代		第249代	
平均UTCI	−4.94℃	平均UTCI	−4.78℃	平均UTCI	−4.62℃	平均UTCI	−4.39℃	平均UTCI	−4.18℃
平均SVF	40.96%	平均SVF	40.97%	平均SVF	41.55%	平均SVF	40.65%	平均SVF	42.23%
平均H/W	1.62	平均H/W	1.60	平均H/W	1.61	平均H/W	1.60	平均H/W	1.60
总体积	1 492 800 m³	总体积	1 540 800 m³	总体积	1 533 600 m³	总体积	1 501 700 m³	总体积	1 566 300 m³

（a）

第265代	第286代	第315代	第347代	第401代

平均UTCI	−4.05℃	平均UTCI	−3.85℃	平均UTCI	−3.72℃	平均UTCI	−3.58℃	平均UTCI	−3.48℃
平均SVF	41.65%	平均SVF	40.54%	平均SVF	41.08%	平均SVF	41.22%	平均SVF	41.13%
平均H/W	1.64	平均H/W	1.59	平均H/W	1.59	平均H/W	1.63	平均H/W	1.64
总体积	1 521 500 m³	总体积	1 581 600 m³	总体积	1 530 100 m³	总体积	1 513 600 m³	总体积	1 511 500 m³

（b）

第434代	第460代	第477代	第491代	第533代

平均UTCI	−3.25℃	平均UTCI	−3.11℃	平均UTCI	−3.01℃	平均UTCI	−2.87℃	平均UTCI	−2.61℃
平均SVF	41.13%	平均SVF	41.56%	平均SVF	42.55%	平均SVF	42.77%	平均SVF	41.70%
平均H/W	1.63	平均H/W	1.63	平均H/W	1.59	平均H/W	1.64	平均H/W	1.62
总体积	1 516 300 m³	总体积	1 479 900 m³	总体积	1 517 500 m³	总体积	1 503 800 m³	总体积	1 500 800 m³

（c）

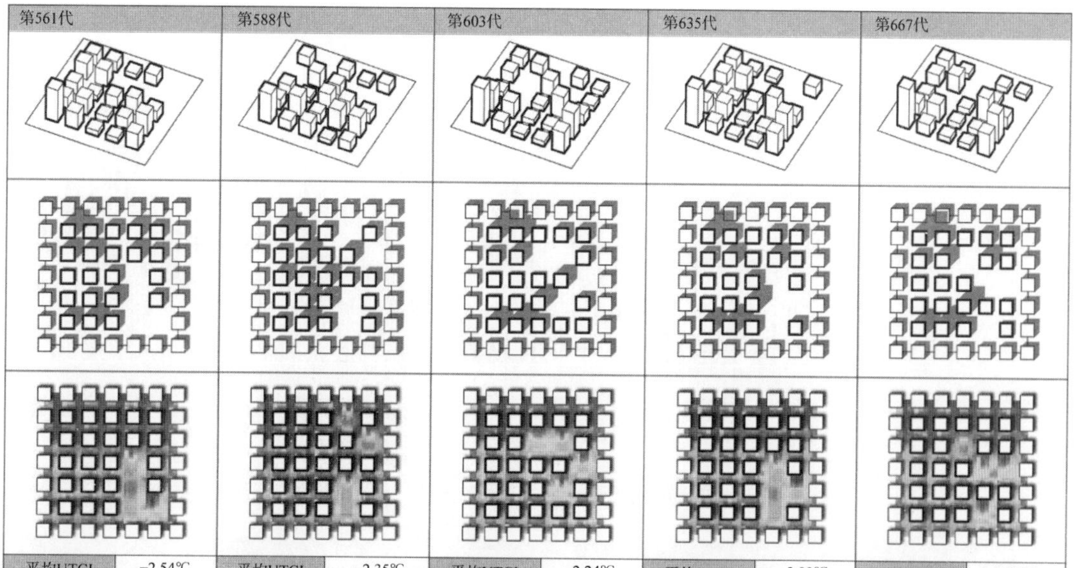

第561代		第588代		第603代		第635代		第667代	
平均UTCI	−2.54℃	平均UTCI	−2.35℃	平均UTCI	−2.24℃	平均UTCI	−2.09℃	平均UTCI	−1.93℃
平均SVF	42.14%	平均SVF	41.37%	平均SVF	42.68%	平均SVF	42.86%	平均SVF	43.23%
平均H/W	1.66	平均H/W	1.63	平均H/W	1.58	平均H/W	1.62	平均H/W	1.60
总体积	1 504 100 m³	总体积	1 479 300 m³	总体积	1 522 400 m³	总体积	1 521 300 m³	总体积	1 401 000 m³

（d）

图 4-27　WL1 优化过程案例

从图 4-27 可以发现，场地内建筑高度从均匀平缓分布开始，逐渐拉开高度差，整体排布错落有致；节点型开放空间的位置从无序排布逐渐向南部靠近，且所居位置较为集中。从形态因子的数值来看，开放空间平均 SVF 呈波动变化；平均高宽比无明显趋势，在 1.6 附近波动；开放空间总体积呈波动变化。开放空间总体布局演变趋势明显，其中最优解平均 UTCI 在估量表中被评判为中度冷不适，尚在可接受范围。在最优解的布局方案中，大部分建筑的采光、通风能够满足要求，对实际运用有参考价值。从整体来看，WL1 和 SL1 由于设定的目标相反，呈现出几乎完全相反的优化趋势，在一定程度上说明本方法的可靠性。

2）开放空间布局实验 WH1

本次实验依据前文给出的方法和冬季气候参数设置，以建筑高度和节点型开放空间位置为变量，利用遗传算法进行优化。优化共计 660 代，耗时约 42 小时，实验记录如图 4-28 所示。

从图 4-28 UTCI 的趋势可以看到遗传算法的优化趋势明显，400 代之后波动剧烈。整体优化过程较为顺利。

在整个优化过程中，室外平均 UTCI 最高达 −12.2℃，最低值为 −18.2℃，分别在第 655 代和第 45 代达到，相差 6℃。整体室外 UTCI 相较 WL1 低约 10℃，证明了冬季寒风对微气候舒适度的危害。与此同时，开放空间布局对改善冬季强风条件下的室外舒适度的影响较微风条件下更加明显。

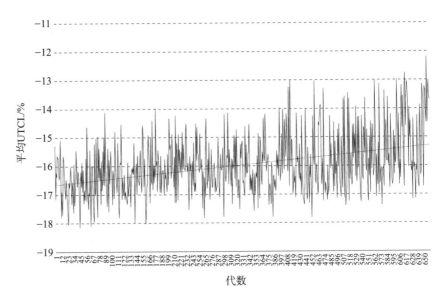

图 4-28　WH1 中 UTCI 优化趋势

　　选择优化过程中 UTCI 变化从低到高，包含最大值与最小值的 20 个过程案例，以图表的形式展现开放空间的布局变化，实验记录如图 4-29 所示。

第45代		第70代		第76代		第93代		第111代	
平均UTCI	−18.16℃	平均UTCI	−17.96℃	平均UTCI	−17.79℃	平均UTCI	−17.42℃	平均UTCI	−16.94℃
平均SVF	42.79%	平均SVF	42.07%	平均SVF	42.70%	平均SVF	40.73%	平均SVF	41.46%
平均H/W	1.64	平均H/W	1.58	平均H/W	1.61	平均H/W	1.60	平均H/W	1.57
总体积	1 435 400 m³	总体积	1 584 300 m³	总体积	1 584 300 m³	总体积	1 551 000 m³	总体积	1 626 200 m³

（a）

第136代		第153代		第180代		第212代		第224代	
平均UTCI	−16.62℃	平均UTCI	−16.40℃	平均UTCI	−16.01℃	平均UTCI	−15.68℃	平均UTCI	−15.50℃
平均SVF	40.65%	平均SVF	40.03%	平均SVF	40.66%	平均SVF	40.17%	平均SVF	40.17%
平均H/W	1.60	平均H/W	1.59	平均H/W	1.58	平均H/W	1.62	平均H/W	1.58
总体积	1 543 800 m³	总体积	1 585 000 m³	总体积	1 554 200 m³	总体积	1 528 100 m³	总体积	1 588 600 m³

（b）

第246代		第267代		第336代		第371代		第396代	
平均UTCI	−15.19℃	平均UTCI	−14.94℃	平均UTCI	−14.62℃	平均UTCI	−14.19℃	平均UTCI	−13.97℃
平均SVF	41.67%	平均SVF	41.34%	平均SVF	41.05%	平均SVF	42.33%	平均SVF	43.13%
平均H/W	1.61	平均H/W	1.62	平均H/W	1.61	平均H/W	1.62	平均H/W	1.57
总体积	1 506 500 m³	总体积	1 565 200 m³	总体积	1 558 900 m³	总体积	1 677 600 m³	总体积	1 568 800 m³

（c）

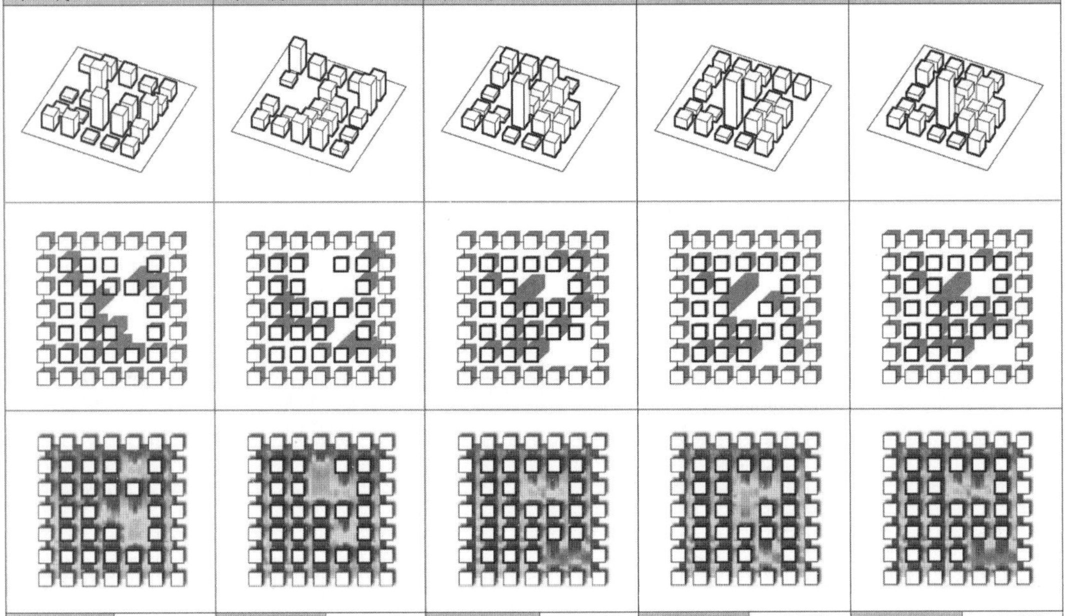

第469代	第474代	第564代	第617代	第655代

平均UTCI	−13.89℃	平均UTCI	−13.30℃	平均UTCI	−13.03℃	平均UTCI	−12.76℃	平均UTCI	−12.20℃
平均SVF	42.36%	平均SVF	42.23%	平均SVF	42.66%	平均SVF	42.10%	平均SVF	42.29%
平均H/W	1.58	平均H/W	1.64	平均H/W	1.57	平均H/W	1.53	平均H/W	1.55
总体积	1 688 800 m³	总体积	1 475 800 m³	总体积	1 439 500 m³	总体积	1 495 200 m³	总体积	1 435 900 m³

（d）

图 4-29　WH1 优化过程案例

从图 4-29 可以发现，与 WL1 类似，场地内建筑高度差由和缓逐渐拉大，与之不同的是 WL1 高层位于模型边缘，而 WH1 的最优解则位于近中心处，且高度更高；节点型开放空间的位置从无序排布逐渐向南靠近，并渐渐由分散变为集中。开放空间总体布局演变趋势明显，最优解中大部分建筑满足采光通风等使用要求，对实际运用有一定参考价值。虽然同为冬季单目标优化，但 WH1 与 WL1 的结果有一定差异，说明生成方法面对不同的输入条件做出了有效回应。

3）开放空间布局实验 WL2

本次实验依据前文给出的方法和气候参数设置，以 WL1 中最佳结果所得的建筑高度和节点型开放空间位置作为初始值，建筑长度和宽度为变量，利用遗传算法进行优化。优化共计 340 代，耗时约 30 小时，实验记录如图 4-30 所示。

图 4-30 的 UTCI 显示为波动上升趋势，整体优化过程较为顺利。

在整个优化过程中，室外平均 UTCI 最高达 −0.1℃，最低值为 −2.2℃，分别在第 309 代和第 11 代达到，相差 2.1℃。整体室外UTCI 在 WL1 最佳结果上又有所改善，证明了开放空间布局对改善冬季室外舒适度的影响。

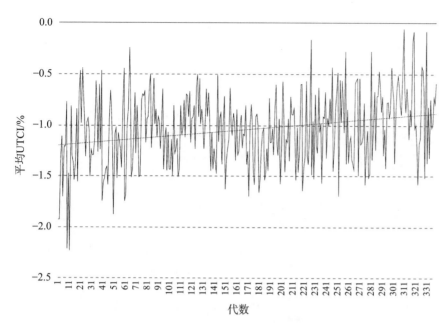

图 4-30　WL2 中 UTCI 优化趋势

　　选择优化过程中 UTCI 变化从低到高，包含最大值与最小值的 20 个过程案例，以图表的形式呈现开放空间的布局变化，实验记录如图 4-31 所示。

第11代		第1代		第50代		第60代		第61代	
平均UTCI	−2.24℃	平均UTCI	−1.93℃	平均UTCI	−1.88℃	平均UTCI	−1.75℃	平均UTCI	−1.69℃
平均SVF	40.47%	平均SVF	43.23%	平均SVF	40.35%	平均SVF	36.99%	平均SVF	34.86%
平均H/W	2.33	平均H/W	1.60	平均H/W	2.07	平均H/W	2.03	平均H/W	2.26
总体积	1 292 200 m³	总体积	1 401 000 m³	总体积	1 373 600 m³	总体积	1 419 500 m²	总体积	1 382 400 m³
容积率	2.58	容积率	2.00	容积率	1.87	容积率	1.73	容积率	1.96

（a）

第73代		第95代		第141代		第162代		第190代	
平均UTCI	−1.51℃	平均UTCI	−1.44℃	平均UTCI	−1.35℃	平均UTCI	−1.26℃	平均UTCI	−1.17℃
平均SVF	43.00%	平均SVF	32.52%	平均SVF	40.31%	平均SVF	36.58%	平均SVF	43.18%
平均H/W	1.65	平均H/W	1.88	平均H/W	2.25	平均H/W	1.89	平均H/W	1.67
总体积	1 479 400 m³	总体积	1 372 700 m³	总体积	1 336 800 m³	总体积	1 343 700 m³	总体积	1 411 200 m³
容积率	1.93	容积率	2.14	容积率	1.92	容积率	1.90	容积率	1.91

（b）

第214代		第237代		第259代		第274代		第288代	
平均UTCI	−1.02℃	平均UTCI	−0.92℃	平均UTCI	−0.85℃	平均UTCI	−0.79℃	平均UTCI	−0.65℃
平均SVF	41.61%	平均SVF	42.80%	平均SVF	41.24%	平均SVF	42.45%	平均SVF	41.93%
平均H/W	3.18	平均H/W	4.22	平均H/W	2.13	平均H/W	1.77	平均H/W	2.08
总体积	1 355 500 m³	总体积	1 399 500 m³	总体积	1 314 800 m³	总体积	1 376 700 m³	总体积	1 400 500 m³
容积率	2.30	容积率	1.94	容积率	2.16	容积率	2.04	容积率	2.05

（c）

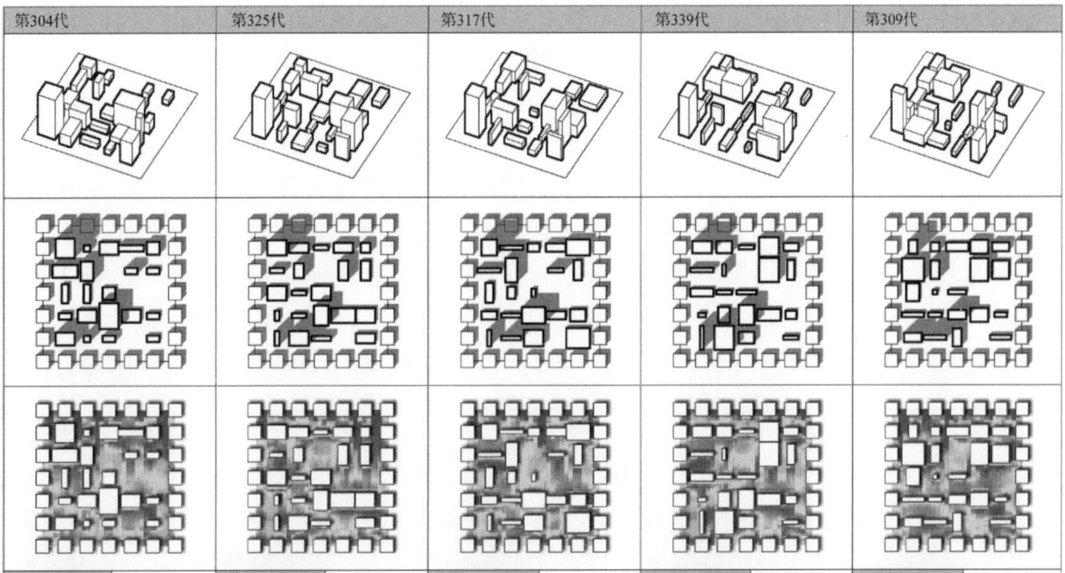

第304代		第325代		第317代		第339代		第309代	

平均UTCI	−0.52℃	平均UTCI	−0.43℃	平均UTCI	−0.19℃	平均UTCI	−0.09℃	平均UTCI	−0.06℃
平均SVF	40.94%	平均SVF	41.46%	平均SVF	38.79%	平均SVF	40.12%	平均SVF	37.64%
平均H/W	2.15	平均H/W	2.40	平均H/W	4.86	平均H/W	2.67	平均H/W	2.29
总体积	1 376 900 m³	总体积	1 373 200 m³	总体积	1 334 700 m³	总体积	1 315 400 m³	总体积	1 358 300 m³
容积率	2.39	容积率	2.18	容积率	2.12	容积率	2.47	容积率	1.97

（d）

图 4-31　WH2 优化过程案例

由于设置了较大的自由度，不同方案间的差异较大。从图 4-31 中可以发现场地内底面积较大的建筑位置从不确定渐渐向北移动，同时南部的建筑面积缩小；建筑形态最开始自由不定，后大部分逐渐发展为横向延展而纵向较短的板形，这与 SL2 的结论正相反。从形态因子的数值来看，开放空间平均 SVF、平均高宽比、开放空间总体积和容积率均波动剧烈，无明显趋势。开放空间总体布局演变趋势明显，可用以揭示开放空间对微气候的影响机制，但大部分方案不满足建筑使用的基本要求，可行性较低。因此说明在较大自由度下，性能驱动优化所得方案距离实际运用还有一定差距。

4）小结

综合冬季以室外平均 UTCI 最大为目标的三个模拟实验情况，可以发现其在优化趋势中的异同点。

在 WL1 和 WH1 的优化趋势中，模型中的建筑高度均由高低一致趋向于高度不一，其中 WH1 差距较 WL1 更大；WL1 和 WH1 中节点型开放空间的位置均由随机逐渐转移至场地南部，且各节点型开放空间所处位置相对集中；两者各自的形态因子变化趋势完全一致，且与夏季结果正好相反。

从开放空间布局结果来看，WL1 中垂直高度较高的开放空间位于场地边缘，WH1 则位于场地中间；WL1、WH1 和 WL2 中开放空间水平面积均为由北至南逐渐增大。它们的具体布局演变规律将在下文详细分析。

在参数数量合理的前提下，遗传算法在冬季单目标优化中发挥了良好作用，证实了其可靠性。在参数数量设置过多时，遗传算法寻优能力减弱，易陷入波动而无法收敛。与夏季相似，生成的方案同样距离实际应用有一定差距，这就要求设计师在优化时要充分考虑参数设置和优化规则的完备性。但通过与夏季优化目标相反的结果相对照，证实了该方法可以快速应对气候条件、优化目标更换等设计因素的变化，为设计师带来了便利，也说明其未来的发展潜力。

4.3 结果分析与讨论

本节将对上文中的实验结果进行多视角研析，不仅会分析单次模拟的结果，而且会比对不同模拟阶段、不同气候参数和不同季节的结果，并从中概括凝练出夏热冬冷地区城市开放空间的设计策略。

4.3.1 夏季城市开放空间形态优化结论

夏季城市开放空间形态优化结论将从 SL1、SH1 和 SL2 的模拟结果出发，即以南京夏季 8 月 5 日 6：00 至 18：00，平均温度 33.4℃、湿度 63%、风速 2.5 m/s 和 8 m/s 作为基础条件，模拟开放空间在水平和垂直布局上的演变规律，同时探讨在此背景下开放空间形态因子与微气候舒适度之间的相关性。

1）城市开放空间的垂直布局演变规律

在垂直方向，开放空间的高度属性既使其拥有低矮或高敞等不同观感，也带来了风速、太阳辐射的变化，进而形成了不同的室外微气候。垂直属性由围合开放空间的建筑界面所决定，可用上文所提及的开放空间高度进行量化，其布局可由建筑高度的分布推导出来。本节将以 SL1 和 SH1 的实验结果为例，解析开放空间垂直布局在优化时的演变规律及其对微气候的影响机制。

（1）SL1 开放空间垂直布局演变规律

图 4-32 显示了模拟进行过程中建筑高度的分布演变。在实验中为每栋建筑设定了 10 种可以选择的高度。图中的每一个横坐标上所对应的多个纵坐标圆圈代表了某代中的建筑高度分布，圆圈颜色越深即高度出现频率越高。

可以看到在优化开始阶段，不同建筑高度出现的频次相当，且高度离散值较大，最高高度与最低高度最大相差可达约 80 m。随着优化的进行，高度间的差异逐渐缩小，频次也由平均分布变为集中在 30—60 m 的区间。到优化的最后阶段，模型中逐渐出现四种建筑高度，分别分布于 20—25 m、30—40 m、40—50 m 及 50—60 m 区间。

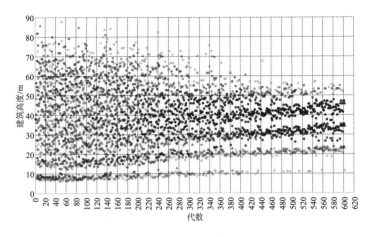

图 4-32　SL1 建筑高度分布演变

　　以上文摘取的 SL1 实验中 20 代数据进行直观演示，为方便起见，将这 20 代数据标记为 SL1-1 至 SL1-20。从图 4-33 中可以直观地看出建筑在前八代时高度差异较大，高度频次分布较为均质。从第 8 代开始高度差逐渐缩小，30—50 m 的区间成为最常出现的高度。至第 9 代建筑

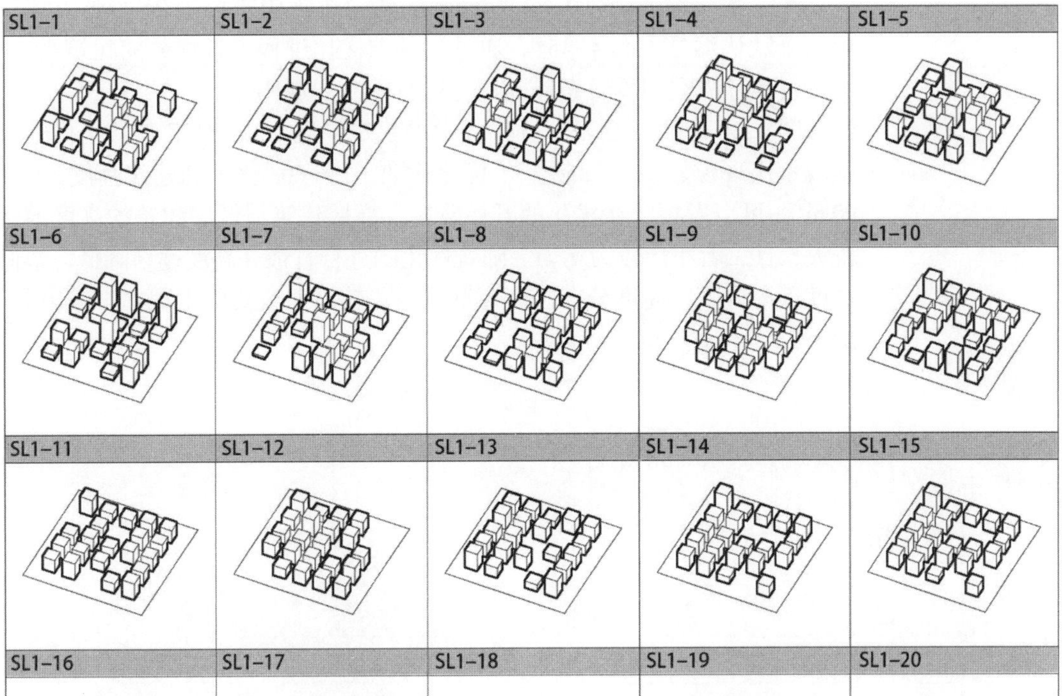

SL1-1	SL1-2	SL1-3	SL1-4	SL1-5
SL1-6	SL1-7	SL1-8	SL1-9	SL1-10
SL1-11	SL1-12	SL1-13	SL1-14	SL1-15
SL1-16	SL1-17	SL1-18	SL1-19	SL1-20

图 4-33　SL1 建筑形态优化过程案例

高度几乎为完全一致的 40 m，而这种极为均质的分布似乎未能成为优化方向，从第 10 代开始又逐步拉开高度差，至第 20 代的最优结果下，建筑共拥有三种高度，每种高度出现的频次均等（图 4-34）。

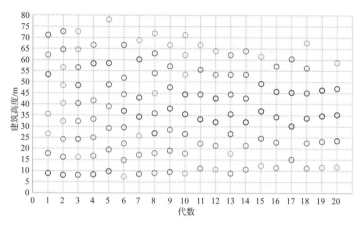

图 4-34　SL1 优化过程案例建筑高度分布演变

在参数化设计插件 Grasshopper 的建模逻辑中，对于 25 个长方体序列给予默认编号（图 4-35）。通过记录下优化过程中各编号的建筑高度，便可得到开放空间垂直布局随优化进行的演变规律。

图 4-36 中的各点表示各代数中的建筑高度，X、Y、Z 三条坐标轴分别表示出现位置（1—25 号）、优化代数（1—602 代）和建筑高度（0—90 m）。可以发现，在优化的开始阶段，高层建筑与低层建筑的高度差距较大，且二者布局较为均匀。随着优化的进行，最高高度逐渐降低，最低高度逐渐升高，高度分布区间逐渐收敛，较高建筑集中出现在 1—10 号、20—25 号位置区间。

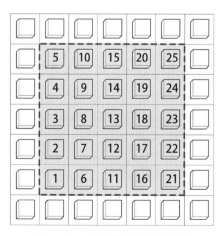

图 4-35　SL1 模型各点位编号

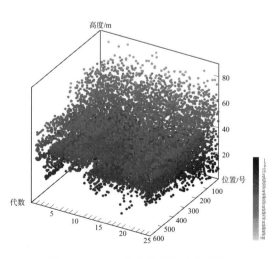

图 4-36　SL1 各点位建筑高度演变

图 4-37 中的颜色深浅代表建筑在 0—90 m 区间的高低变化，可以直观地从平面上观察建筑的高度分布。在前 10 代的优化结果中，高层建筑的布局较为均匀，呈散点状穿插于整个模型中；从第 13 代开始，模型中已经没有极端高层建筑，而较高的建筑开始趋于向模型的左上角，即西北角布局；在第 20 代的最优结果中，模型呈现出从西北至东南，建筑由高到低的整体分布。

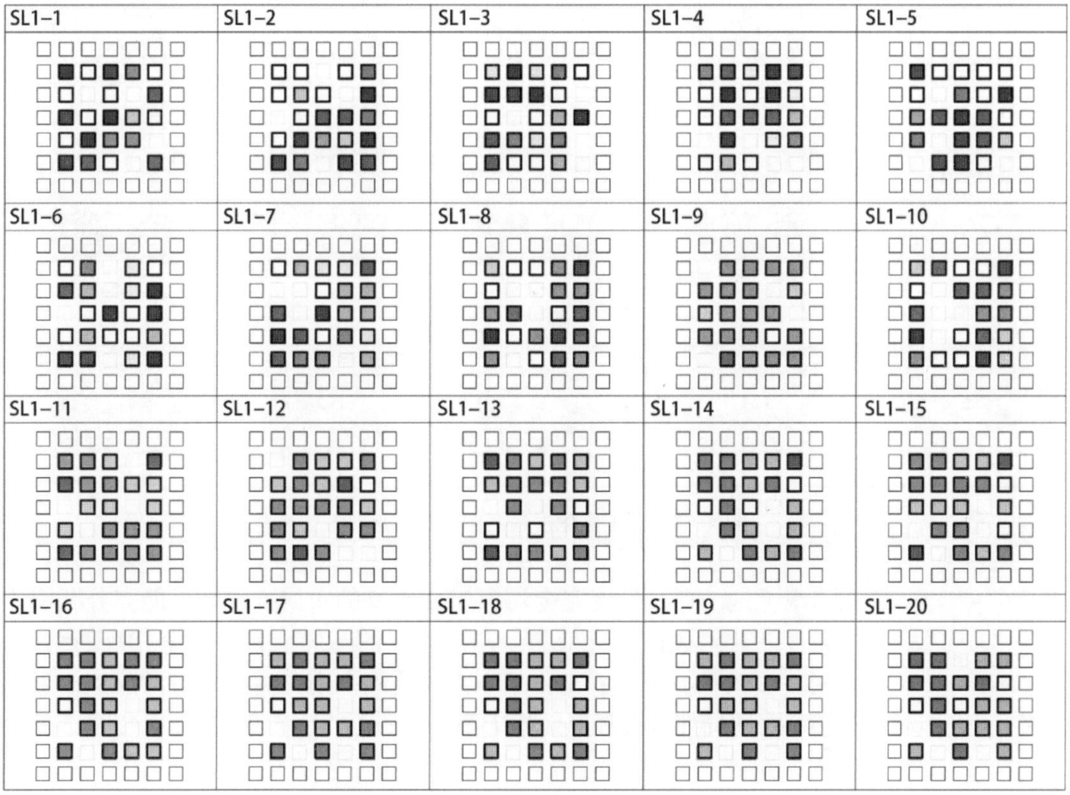

图 4-37　SL1 优化过程案例建筑高度布局

这种开放空间的垂直布局演变与日照及风环境的变化息息相关。从图 4-38 可以看出建筑高度对周边 UTCI 的影响。

在前 8 代的优化中，在容积率不变的前提下，较大差异的建筑高度使模型呈现出少量高层建筑和大量低矮建筑的局面，这使得模型中的大量空间无法被建筑阴影遮蔽而暴露于炽热的阳光下，大大降低了室外舒适度。第 8 代之后，建筑高度分配均匀，为场地内各点提供了可观的阴影而免于被太阳曝晒，提升了夏季室外微气候舒适度。

对夏季东南风的引导也是影响舒适度的重要因素。从西北至东南，建筑由高到低的总体布局利于风从东南角被引入，而在西北角被建筑阻挡而折返，使其尽可能多地穿越场地，为整个环境带来习习凉风，降低室外温湿度，从而达到改善室外舒适度的效果，SL1-20 的建筑排布方式

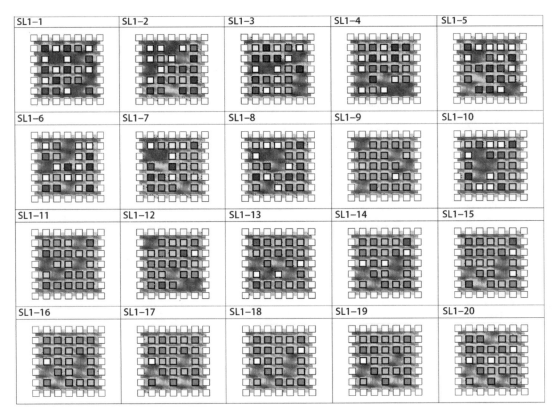

SL1-1	SL1-2	SL1-3	SL1-4	SL1-5
SL1-6	SL1-7	SL1-8	SL1-9	SL1-10
SL1-11	SL1-12	SL1-13	SL1-14	SL1-15
SL1-16	SL1-17	SL1-18	SL1-19	SL1-20

图 4-38　SL1 优化过程案例 UTCI 分布图

正体现了这一点。高度完全均等如 SL1-9 的布局方式则没能充分利用建筑高度变化对风的引导效果。与之相反的布局会带来完全相反的结果，以 SL1-2 为例，可以看出由于东南风受到东南角高层建筑的阻挡，未能为基地西北局部带去降温效果（图 4-39）。

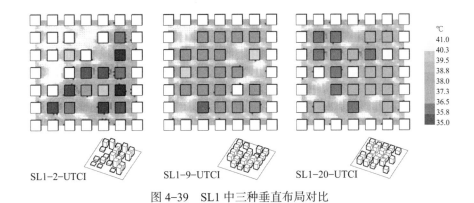

SL1-2-UTCI　　　　SL1-9-UTCI　　　　SL1-20-UTCI

图 4-39　SL1 中三种垂直布局对比

（2）SH1 开放空间垂直布局演变规律

图 4-40 显示了 SH1 实验进行过程中建筑高度的分布趋势。

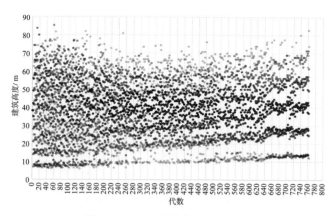

图 4-40　SH1 建筑高度分布演变

可以看到在优化开始的 0—100 代阶段，不同建筑高度出现的频次相当，且高度离散值较大。随着优化的进行，从第 200 代开始高度间的差异逐渐缩小，频次依然保持大致均等。至第 300 代起，建筑高度开始集中在 30—60 m 区间内。到第 660 代后，模型高度差又慢慢拉开，逐渐只出现 5—6 种建筑高度，分别分布于 10—15 m、25—30 m、35—40 m、45—50 m、50—60 m、60—70 m 区间。

以上文所摘取的 SH1 实验中的 20 代数据为例，将其标记为 SH1-1 至 SH1-20。从图 4-41 可以直观地看出，从第 11 代起建筑高度开始从原来的 7—9 种缩减并稳定至 5—6 种，大量建筑开始稳定在 20—50 m 的区间，至第 20 代的最佳结果时，模型总共拥有 5 种建筑高度，其中大部分分布于中等高度区间，最高与最低的差距不足 50 m（图 4-42）。

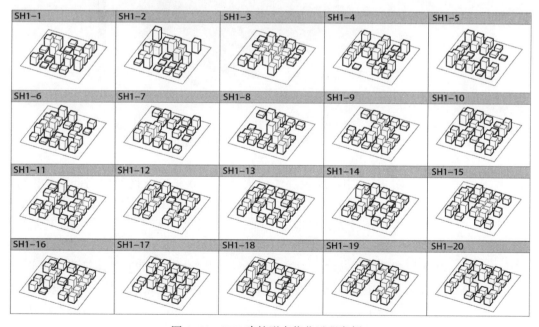

图 4-41　SH1 建筑形态优化过程案例

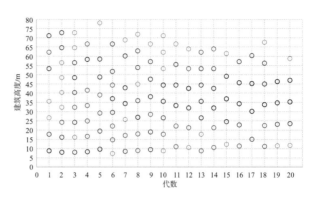

图 4-42　SH1 优化过程案例建筑高度分布演变

图 4-43 中的各点表示各代数中的建筑高度，X、Y、Z 三条坐标轴分别表示出现位置（1—25 号）、优化代数（1—762 代）和建筑高度（0—90 m）。可以发现在优化开始阶段高层建筑与低层建筑高度相差较大，且布局较为均匀，随着优化的进行，最高高度逐渐降低，最低高度逐渐升高，高度分布区间逐渐收敛，高层建筑开始逐渐出现在固定几个点位，其中最高建筑分布在 13 号位附近。

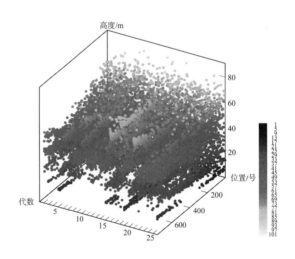

图 4-43　SH1 各点位建筑高度演变

图 4-44 中的颜色深浅代表建筑在 0—80 m 区间的高低变化，可以直观地从平面上观察建筑的高度分布。在前 10 代的优化结果中，建筑间的高度差距较大，场地中大部分建筑的高度较低，而少量高层建筑呈散点状穿插于整个模型中；从第 11 代开始，模型中建筑高度差逐渐缩小，高层建筑数量减少，中等高度的建筑开始增加；较高的建筑开始趋于布局在模型的中部，剩下的部分则由中低高度的建筑混合排布。至第 20 代的最优结果中，建筑间的高度差较小，不同高度的建筑以混合的方式分布在场地中，模型呈现出从中部至四周，建筑由高到低的总体布局。

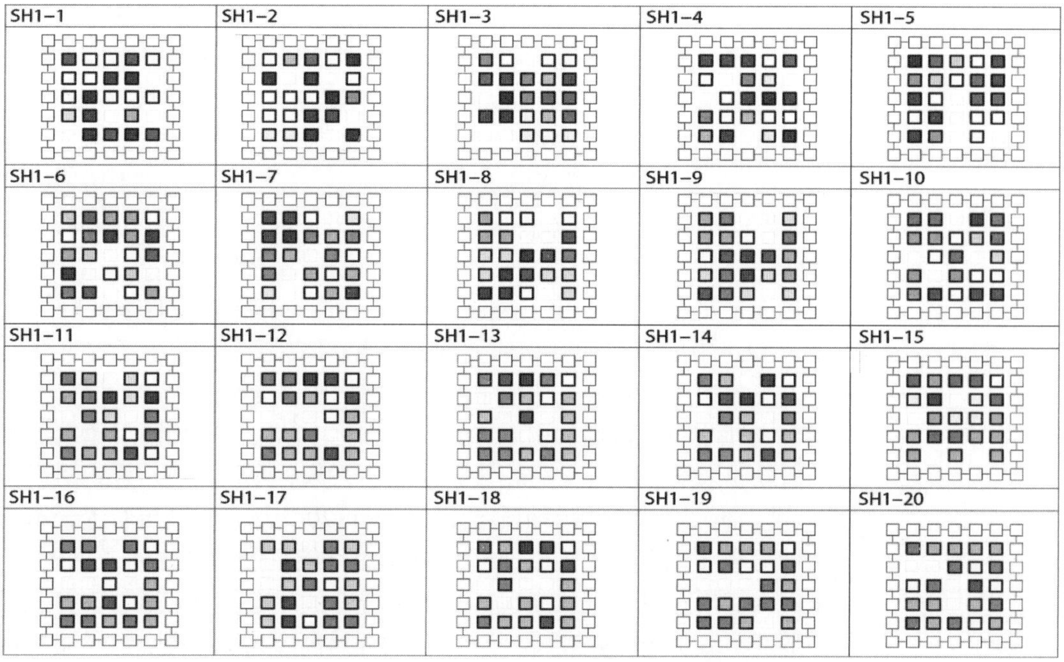

图 4-44　SH1 优化过程案例建筑高度布局

这种开放空间的垂直布局演变与日照及风环境的变化息息相关。从图 4-45 可以看出建筑高度对周边 UTCI 的影响。

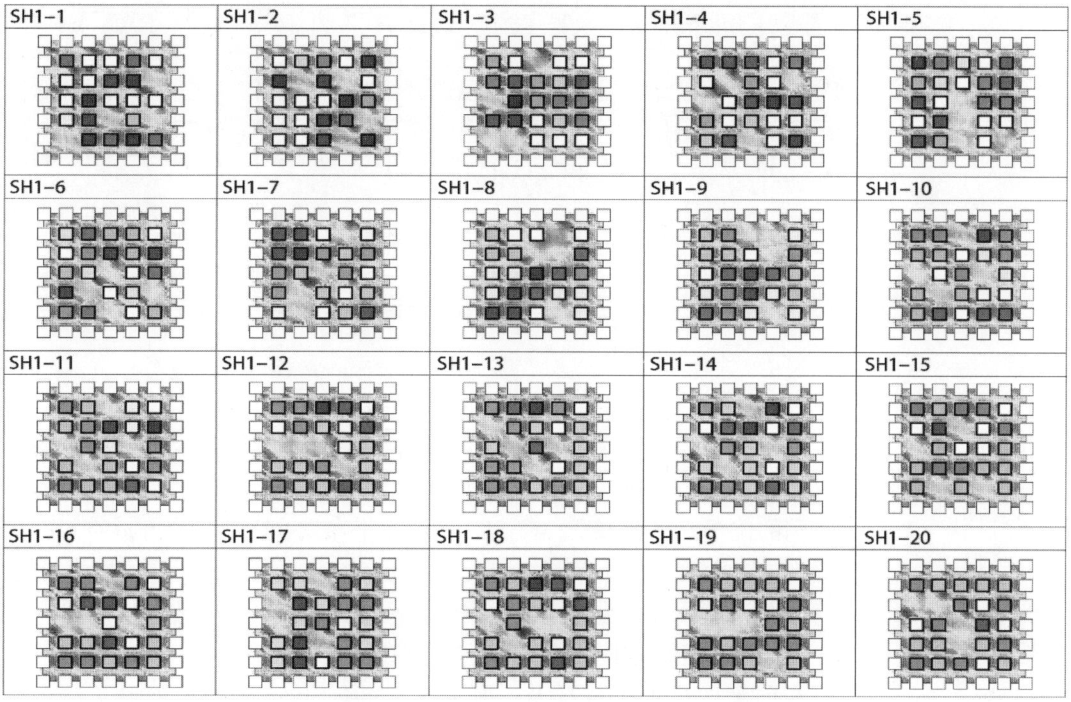

图 4-45　SH1 优化过程案例 UTCI 分布图

在前10代的优化中，在容积率不变的前提下，较大差异的建筑高度使模型呈现出少量极高建筑和大量低矮建筑的局面，这使得模型中的大量空间无法被建筑阴影遮蔽而暴露于炽热的阳光下，大大降低了室外舒适度。第10代之后，建筑高度分配趋于均匀，为场地内的各点提供了可观的阴影而免于被太阳直接曝晒。在第20代中，高层建筑布置于场地最中间，为周边建筑带来了可观的阴影覆盖，提升了周边区域夏季室外微气候舒适度。

在SH1的实验设置中，风速被定为8 m/s，其在夏季带来的降温效果将比SL1中的风更明显，因此对风的组织成为影响舒适度的重要因素。由于初始风速较大，场地中的各区域均能享受其带来的益处，因而不同于SL1中对东南风的引入方式，该优化更倾向于利用高层建筑形成的拔风效应来增强风速。观察图4-46可以发现，场地中高层建筑附近的UTCI普遍低于其他区域。很显然，以SH1-20为例，将高层布置于场地最中间可以带动气流，有利于场地各角落都能享受到良好的通风效果，由中间至四周建筑高度从高到低的排布增进了环境风的流通，改善了室外舒适度；SH1-19的结果表明了均匀的建筑高度无法实现加快风速的效果；而如SH1-7将高层建筑布置于场地角落的方式，虽然场地左上角因通风降温效果增加而相对凉爽，但其他区域却未能得到改善。

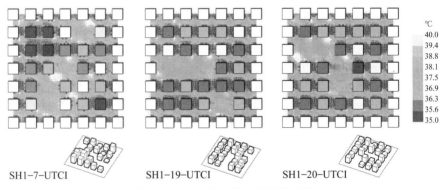

SH1-7-UTCI　　　　SH1-19-UTCI　　　　SH1-20-UTCI

图4-46　SH1中三种垂直布局对比

2）城市开放空间的水平布局演变规律

在水平方向，开放空间的几何属性及布局导致风速、太阳辐射的变化，造成室外微气候的差异。在实验SL1、SH1中，水平布局因节点型开放空间的位置变化而改变；在SL2中，水平布局会因为围合开放空间的建筑界面进退而改变。本节将以SL1、SH1和SL2的模拟结果为例，解析夏季开放空间水平布局在优化中的演变规律及其对微气候的改善机制。

（1）SL1开放空间水平布局演变规律

在前面的模型生成环节，利用了"insert item"（插入项目）命令在序列中插入了4个0作为节点型开放空间，依据插入编号的不同，节点空间会出现在不同的位置。在参数化设计插件 Grasshopper 的建模逻辑中，对于 25 个长方体序列给予默认编号（参见图 4-35）。通过记录优化过程中节点空间的编号，便可得到节点空间随优化进行的演变规律（图 4-47、图 4-48）。

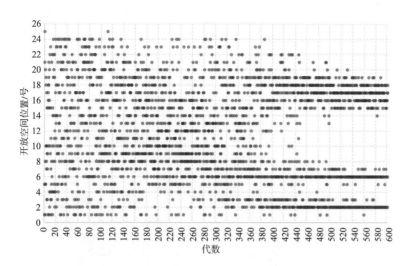

图 4-47　SL1 节点空间点位分布演变

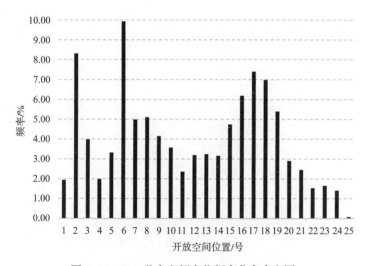

图 4-48　SL1 节点空间点位频率分布直方图

根据优化进程记录的节点位置分布图可以发现，在遗传算法的引导下，节点位置由无规律排布逐渐收敛至 2—10 号、14—20 号区间。统计了所有节点出现位置的频次分布图亦可佐证这一点。

图 4-49 以更加直观的方式展现了节点空间的分布。左图显示了节点空间在各位置出现的总频次，最高频次出现在 6 号位置，为 239 次；最低频次出现在 25 号位置，为 2 次。右图以颜色标示了节点空间

出现在各位置的频率，最高为6号位置的9.93%，最低为25号位置的0.08%。从该图可以直观地发现节点空间高频出现在模型的第二列和第四列，即6—10号、16—20号位区间。图4-50中位于底面深蓝色的点表示了优化过程中各节点空间出现的位置，通过对比其与其他建筑分布的关系可以发现，随着优化的进行，节点空间与最高建筑的布局区域自300代之后开始收敛至相近区间，至500代以后二者均出现在15—20号位置区间。

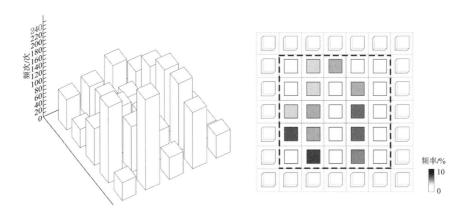

图4-49　SL1节点空间点位频次分布图（左）、频率分布图（右）

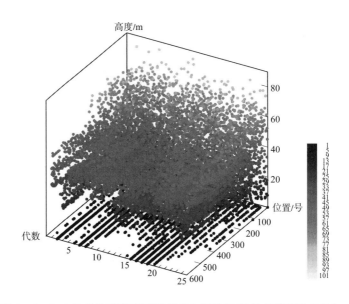

图4-50　SL1各点位建筑高度及节点空间选址演变（彩图见书末）

这一结论与广场类开放空间对风环境和太阳辐射的影响有关。由于广场开阔、障碍少，相比楼宇间的狭小空间，风在此处畅通无阻，速度增大，还能带走水汽和热量，使室外微气候变得更加凉爽，但也会因为缺乏阴影遮蔽而遭受日光曝晒。由于节点空间的数量一定，因此平衡这两点配置，其位置是夏季和风条件下获取最佳舒适度的关键。

以 SL1-20 为例，顺应风向并在模型中均匀布局的节点空间有助于将风的影响惠及模型的各个角落，而贴近高层建筑的均匀布局方式又使得开放空间能够均好地享受到周围高层所带来的建筑阴影，促使整体环境舒适度提升；相反，SL1-1 中逆风向布置的节点空间则无法享受到通风降温所带来的益处，且因节点空间被低层建筑环绕而暴露在阳光中备受煎烤，UTCI 明显高于其他空间；另外在 SL1-10 中可以发现，将节点空间集中布局的方式虽然增强了通风作用，但使得最中间的开放空间完全暴露于阳光中，虽然周围有较高建筑环绕，但在和风条件下通风的增益无法抵消太阳辐射的影响，整体环境的舒适度低于将节点空间均匀布局的做法（图 4-51）。

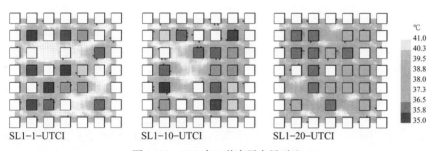

图 4-51　SL1 中三种水平布局对比

（2）SH1 开放空间水平布局演变规律

通过记录优化过程中节点空间的编号，便可得到节点空间随优化进行的演变规律（图 4-52、图 4-53）。

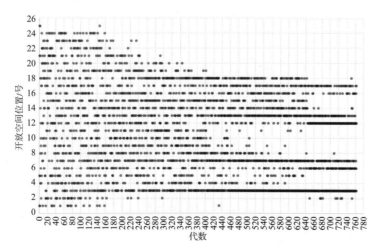

图 4-52　SH1 节点空间点位分布演变

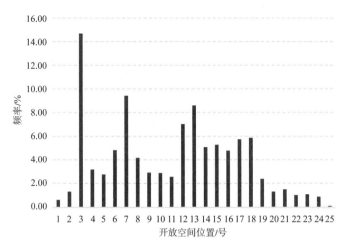

图 4-53　SH1 节点空间点位频率分布直方图

　　根据优化进程记录的节点位置散布图可以发现，在遗传算法的引导下，节点位置由无序排布逐渐收敛，趋于分布在 2—8 号、12—18 号区间。在统计了所有节点出现位置的频次分布图后亦可得出这一点。

　　图 4-54 以更加直观的方式展现了节点空间的分布。左图显示了节点空间在各个位置出现的总频次，最高频次出现在 3 号位置，为 447 次；最低频次出现在 25 号位置，为 3 次。右图以颜色标示了节点空间出现在各位置的频率，最高为 3 号位置的 14.67%，最低为 25 号位置的 0.10%。从该图可以直观地发现节点空间高频集中在模型的中心偏南区域。图 4-55 中位于底面蓝色的点表示优化过程中各节点空间出现的位置，可以发现，随着优化的进行，节点空间与最高建筑的布局区域自 200 代左右之后开始各自收敛，400 代至 600 代分别位于 3—10 号、12—22 号区间和 3—7 号、10—20 号区间，600 代以后二者进一步收敛至 3 号、7 号、13 号等点位附近徘徊，且二者区间接近。

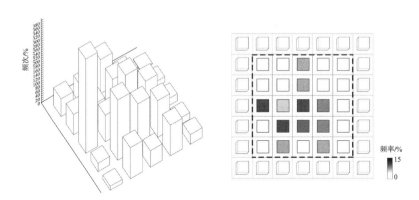

图 4-54　SH1 节点空间点位频次分布图（左）、
频率分布图（右）

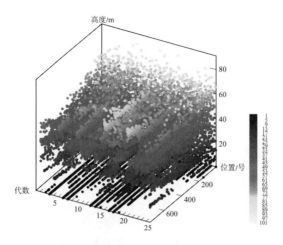

图 4-55　SH1 各点位建筑高度及节点空间选址演变（彩图见书末）

这一结论与广场类开放空间对风环境及太阳辐射的影响相关。由于 SH1 的初始风速较大，对微气候改善明显，虽然节点型开放空间由于缺乏阴影遮蔽导致太阳辐射增强而使 UTCI 升高，但经过多轮计算后发现，因日晒提升的太阳辐射温度无法抵消风速增强所带来的积极影响，这使得在此条件下最大化风速成为提升室外舒适度的首要选择。

以 SL1-20 为例，顺应风向、集中在模型中间的节点空间有助于提升通风降温的效用，围绕开放空间布置的高层建筑一方面为其提供了尽可能多的阴影遮蔽，另一方面也充分利用了高层建筑所带来的高速气流涡旋来带动其周边区域的气流，增强了整体的通风效应；相反，SL1-2 中分散且逆风向布置的节点空间则没能最大化利用风的优势，集中在东南角的高层建筑进一步阻挡了气流向模型内部扩散的可能；另外，从节点空间位置的频次分布及 SL1-14 与 SL1-20 的对比中可以得出，集中的节点型开放空间相较于均匀布局的节点型开放空间在夏季微风条件下更利于充分利用风的影响，以创造良好舒适度的室外环境（图 4-56）。

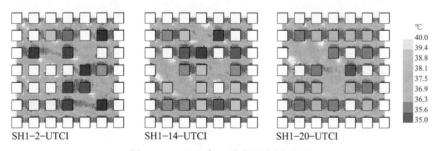

图 4-56　SH1 中三种水平布局对比

（3）SL2 开放空间水平布局演变规律

SL2 是建立在 SL1 最佳方案（图 4-57）的建筑高度与节点型开放空

间分布结果的基础上，对建筑长宽进行调整以改变开放空间形态，来获取室外最佳舒适度的实验。通过记录优化过程中各建筑长宽的变化，可得到开放空间随优化进行的演变规律。

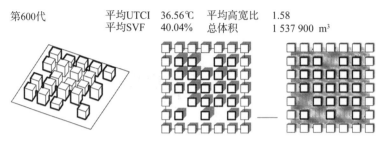

图 4-57　SL1 最优解

图 4-58 中左右两张图分别表示各代不同点位上建筑长（X 方向）和宽（Y 方向）的变化规律，每栋建筑的长宽各设定了 7 种可以选择的数值。X、Y、Z 三条坐标轴分别表示出现位置（1—25 号）、优化代数（1—340 代）和长度（0—80 m）。显然对于长、宽各 25 个总计 50 个变量的优化过程来说，340 代的数量不足以形成明显优化趋势，这也说明了遗传算法在应对多变量问题上的局限性。

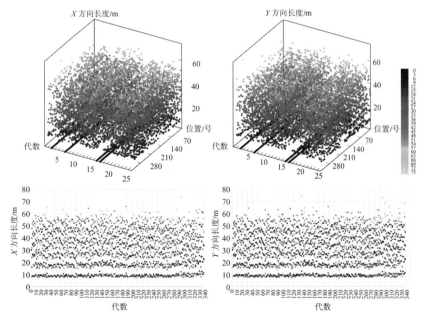

图 4-58　SL2 各点位建筑 X 方向的长度（左）及 Y 方向的长度（右）演变

图 4-59 记录了优化进行过程中每一代中建筑面积的变化。图中每一个横坐标上所对应的多个纵坐标圆圈代表某代中的建筑高度分布，圆

圈颜色越深即高度出现频率越高。由于每代 21 个建筑长宽分别有 7 个可选值，导致建筑面积有 28 个可选值，因此在图上无法观测到清晰的收敛趋势。通过数据对比可以发现，在设定开始前，将各点位建筑面积统一为 900 m²；在优化开始阶段，多数建筑面积变小，而少数建筑面积变大；随着优化的进行，建筑最大面积慢慢减小，而高频次面积区间由开始的 0—500 m² 慢慢升高至 500—1 000 m²。建筑间的面积差距逐渐减少。各点位上建筑面积的变化可以从三维散点图上得到，在优化开始的 140 代左右，面积较大的建筑分布无明显规律；140 代后可以明显观测到峰值面积开始集中在 1—10 号、20—25 号点位区间（图 4-60）。

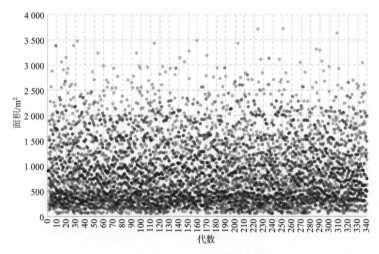

图 4-59　SL2 建筑面积分布演变

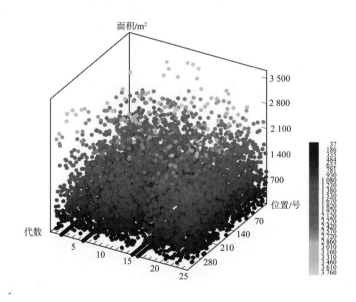

图 4-60　SL2 各点位建筑面积演变

以上文摘取的 SL2 实验中的 20 代数据进行直观演示，为方便起见，将这 20 代数据标记为 SL2-1 至 SL2-20（图 4-61）。从图 4-62 可以看出建筑最大面积随优化而逐渐减小。在前 8 代中，建筑面积差异较大，体现为少量大面积建筑和大量小面积建筑的格局。从第 8 代开始面积频次分布逐渐均质化。在第 20 代的最优结果中，面积频次分布相当，最大面积约为 2 478 m²，最小面积约为 103 m²，差距约为 2 375 m²，相较 SL2-2 的差（3 341 m²）小了近 1 000 m²。

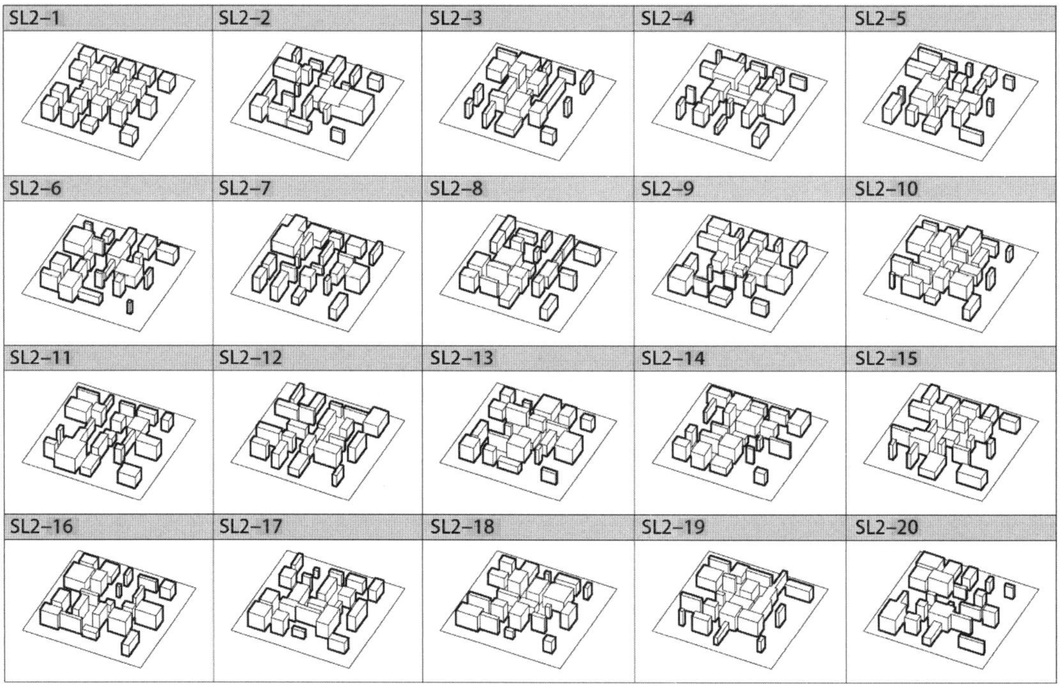

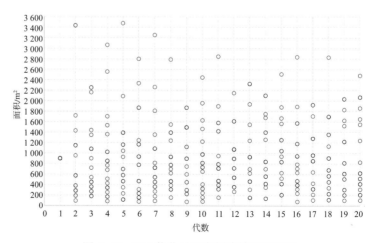

图 4-61　SL2 建筑形态优化过程案例

图 4-62　SL2 优化过程案例建筑面积演变

对这 20 代数据中各栋建筑的高宽比进行统计。从图 4-63 中可以发现，在第 2—8 代中各个不同高宽比的建筑数量没有明显差异，高频次数值在 0—4 不等。从第 8 代开始，长宽比小于 1 的建筑数量逐渐增多，且大部分建筑的长宽比维持在 1 左右。SL2-13 至 SL2-16 的绝大部分建筑都呈现为长宽比小于 1 的长条状，仅少量为大于 1 的扁状。然而该方向并没有在遗传算法中得到延续，从 SL2-17 开始长宽比大于 1 的建筑数量又有所增长，至第 20 代的最优结果时，模型呈现为大部分长宽比小于 1，少量长宽比大于 1，各数值频次均衡的状态。

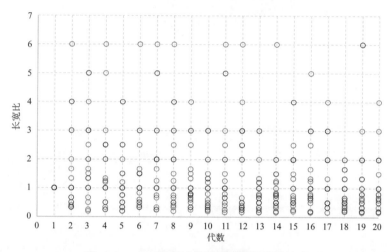

图 4-63　SL2 优化过程案例建筑长宽比演变

对每一代各点位的建筑高宽比进行统计（图 4-64），X、Y、Z 三条坐标轴分别表示出现位置（1—25 号）、优化代数（1—340 代）和建筑长宽比（0—6）。可以发现，随着优化的进行，长宽比大于 1 的建筑分布位置由无规则分布趋于逐渐收敛。观察其中高宽比为 6（黄色）、5（橙色）、4（红色）、3（灰色）的点发现，这些扁长的建筑从 200 代以后集中出现在 5—10 号、15—20 号位置区间（图 4-65）。

这种面积与长宽比的变化趋势与开放空间对太阳辐射和风环境的影响相关。在建筑密度不变的前提下，较大差异的建筑面积使模型呈现出少量大面积建筑和大量小面积建筑共存的局面，这使得模型中大量空间缺乏阴影遮蔽，室外舒适度趋于降低。因此，随着优化的进行，面积分配由开始的差异较大趋于均衡。而大面积的建筑分布的点位区间与 SL1 最优结果中的高层建筑分布区间吻合，这意味着提高高层建筑的面积可获取更多的阴影遮蔽。

建筑长宽比引起的开放空间变化对微气候舒适度的改变也有一定影响。虽然建筑面宽的增加有助于提供阴影，但也挤压了同方向开放空间的宽度，使得气流无法通畅流通。以 SL2-3 为例，相较于 SL2-1，其中

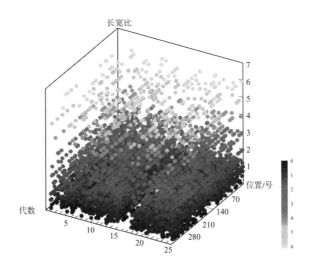

图 4-64　SL2 各点位建筑长宽比演变（彩图见书末）

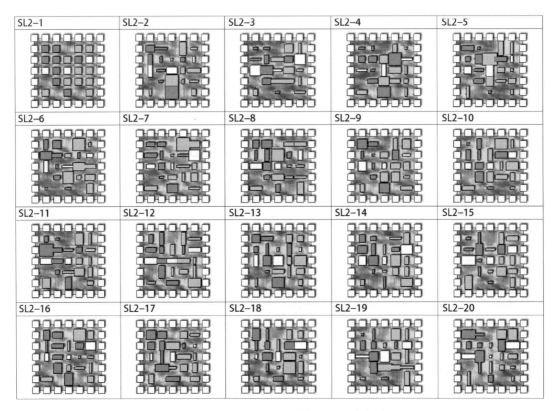

图 4-65　SL2 优化过程案例 UTCI 分布图

部空间受到建筑遮挡，减少了太阳辐射量，使得整体热舒适性有所提升。然而，该做法难以受益于风，以 15 号位的开放空间为例，虽然增加了阴影面积，但此处东南风受到阻挡，风速远小于 SL2-1 的同一位置，使得此处的 UTCI 值较高。相反，以 SL2-14 为例，长宽比均小于 1 的长条形建筑因在水平向增加了开放空间宽度而提高了通风量，建筑之间峡管的 UTCI 值显著降低；位于东南角的几栋大面积建筑削减了风入口处的开放空间面积，使得气流在此通行不畅，致使建筑内部受通风降温的影响较小。相较而言，SL2-20 中由西北角至东南角因建筑较小，易于形成较为通畅的风廊；同时，位于北侧的建筑呈现为大面积扁长状，有助于阻止风的流出，使其折返而对场地进行二次降温，使得整体 UTCI 值低于 SL2-14。从高宽比大于 1 的扁长形建筑分布规律中亦可得出这一规律（图 4-66）。

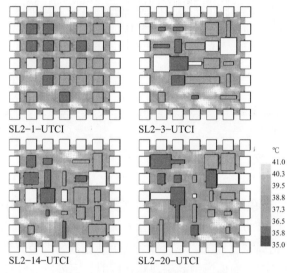

图 4-66　SL2 中四种水平布局对比

3）开放空间各形态因子与微气候舒适度的相关性

通过上述分析，初步掌握了夏季开放空间形态在垂直和水平方向的演变规律。开放空间形态演变将导致开放空间形态各因子数值的变化，本节将着眼于探讨在优化过程中形态因子数值变化与微气候舒适度数值变化的关联度。该讨论将基于本次组织的实验 SL1、SH1 和部分 SL2 的实验结果进行，解析夏季开放空间形态因子在优化过程中的演变规律及其与微气候的相关性。

（1）开放空间平均高宽比

实验中开放空间平均高宽比是由各街道高宽比的平均值计算而来，在 SL1 和 SH1 中，整体容积率一定，也就意味着建筑高度的总和一定，再加上各街道的宽度一致，所以平均高宽比的变化由节点型开放空间的位置及其周边建筑的高度变化决定。当节点型开放空间趋于由低层建筑包围，而街道由高层建筑包围时，平均开放空间的高宽比将会上升；当节点型开放空间趋于由高层建筑包围，而街道由低层建筑包围时，平均开放空间的高宽比将会下降。

在 SL1 的优化过程中，前 400 代中开放空间平均高宽比呈现为极端波动，400 代后波动幅度变小，趋向稳定在 1.58—1.62 区间，整体呈现为小幅下降趋势（图 4-67）。

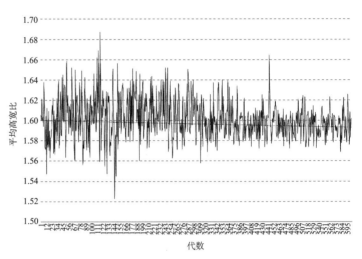

图 4-67　SL1 中开放空间平均高宽比变化趋势

图 4-68 显示 SL1 中开放空间平均高宽比与室外平均 UTCI 的非标准系数为 1.562 9，R 方[①]为 0.06，表明二者无明显线性关系，呈正相关性。当开放空间平均高宽比越大，室外平均 UTCI 越高，即节点型开放空间趋于由低层建筑包围，而街道由高层建筑包围时，室外舒适性趋于降低。

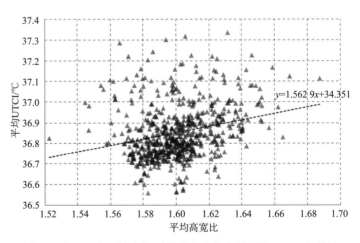

图 4-68　SL1 中开放空间平均高宽比与室外平均 UTCI 相关性

在 SH1 的优化过程中，开放空间平均高宽比与 SL1 结果类似，呈现为极端波动，同时整体呈小幅上扬趋势。600 代后波动幅度变小，趋向稳定在 1.58—1.62 区间（图 4-69）。

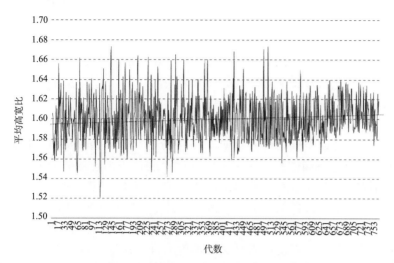

图 4-69　SH1 中开放空间平均高宽比变化趋势

图 4-70 显示 SH1 中开放空间平均高宽比与室外平均 UTCI 的非标准系数为 0.060 1，R 方为 0.00，表明二者无明显线性关系，呈正相关性。这说明在 SH1 的环境设定中开放空间平均高宽比与室外平均 UTCI 的关联性不高，但平均高宽比的增大仍会引起室外平均 UTCI 升高，使舒适度降低。

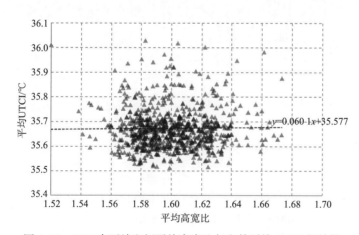

图 4-70　SH1 中开放空间平均高宽比与室外平均 UTCI 相关性

以上模拟数据表明，在 SL1、SH1 设定下的开放空间平均高宽比与室外平均 UTCI 呈正相关，与室外舒适度呈负相关，这与开放空间对日照和风环境的影响直接相关。

在 SL1 中，开放空间平均高宽比的提升意味着节点型开放空间多由低矮建筑包围。虽然高宽比提升了的街道空间因高层建筑对气流的增幅作用而增强了通风，但节点型开放空间却因面积较大而缺乏阴影遮蔽，使得整体舒适度降低，因此随着优化的进行平均高宽比逐渐降低。在SH1 中，虽然开放空间高度配比引起了相同的问题，但在初始风速较大的情况下，狭管通风带来的降温效应更加明显，因此相关性较弱，随着优化的进行平均高宽比会逐渐增大。这也在一定程度上说明了当环境设置不同时，在提升夏季室外舒适度的策略选择上，遮阳与通风的优先性是不同的，应因时因地制宜。

（2）开放空间总体积

实验中开放空间总体积计算的是各街道及节点型开放空间的总和，在方格网规整布局的街区中在一定程度上表达了街道层峡截面的尺寸，与其通风能力直接相关。在 SL1 与 SH1 中，整体容积率一定，导致建筑高度总和一定，且各街道宽度一致，故开放空间总体积的变化由节点型开放空间的位置及其周围建筑的高度变化决定。当节点型开放空间趋于由低层建筑包围，而街道由高层建筑包围时，开放空间总体积下降；当节点型开放空间趋于由高层建筑包围，而街道由低层建筑包围时，开放空间总体积上升（图 4-71）。

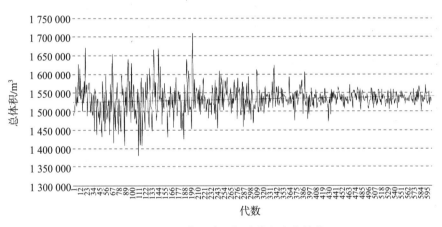

图 4-71　SL1 中开放空间总体积变化趋势

在 SL1 的优化过程中，开放空间总体积和开放空间平均高宽比的变化趋势类似，在 400 代以前呈现为极端波动，之后波动幅度减小且有小幅上扬趋势，维持在 1 500 000—1 550 000 m³ 区间。

图 4-72 显示 SL1 中开放空间总体积与室外平均 UTCI 的非标准系数为 -5E-7，R 方为 0.02，表明二者无明显线性关系，呈负相关。这说明当开放空间总体积越大时，室外平均 UTCI 越低，即节点型开放空间趋于由高层建筑包围时，室外舒适度趋于升高。

在 SH1 的优化过程中，开放空间总体积的变化趋势由极端波动趋向小幅波动，同时整体呈小幅上扬趋势（图 4-73）。

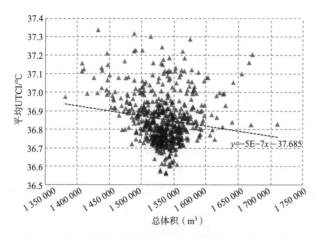

图 4-72　SL1 中开放空间总体积与室外平均 UTCI 的相关性

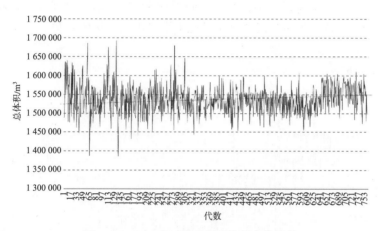

图 4-73　SH1 中开放空间总体积变化趋势

　　图 4-74 显示 SH1 中开放空间总体积与室外平均 UTCI 的非标准系数为 −2E−7，R 方为 0.01，表明二者无明显线性关系，呈负相关。

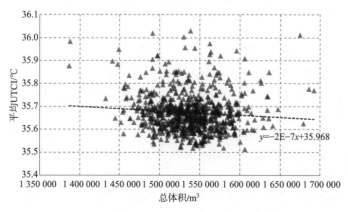

图 4-74　SH1 中开放空间总体积与室外平均 UTCI 相关性

以上模拟数据表明在 SL1、SH1 设定下的开放空间总体积与室外平均 UTCI 呈负相关，与室外舒适度呈正相关。开放空间总体积的提升增大了开放空间的通风能力，同时与平均开放空间高宽比增加相反，意味着节点型开放空间多由高大建筑包围，所得到的相关性结论也因上文所述原因与开放空间平均高宽比相反，故随着优化的进行，SL1 和 SH1 的开放空间总体积均有小幅上升。与开放空间平均高宽比类似的是 SH1 的非标准系数低于 SL1，这是由于初始风速不同所带来的不同影响权重造成的。

（3）开放空间平均天空可视域

模拟中开放空间平均天空可视域（SVF）计算的是各街道交叉口 SVF 的平均值，其变化由测点周边建筑高度、测点开放空间面积决定。平均 SVF 越高，开放空间天空开敞度越大，被建筑遮蔽得越少，反之亦然。

在 SL1 的优化过程中，开放空间平均 SVF 在优化开始阶段呈现出明显的下降趋势，在 500 代之后又呈现出平稳小幅上扬的趋势（图 4-75）。

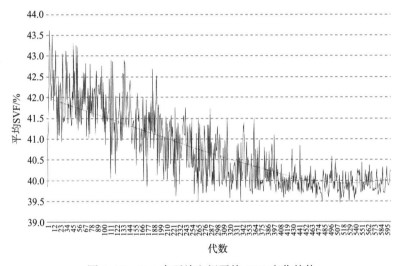

图 4-75　SL1 中开放空间平均 SVF 变化趋势

图 4-76 显示 SL1 中开放空间平均 SVF 与室外平均 UTCI 的非标准系数为 0.120 9，R 方为 0.71，这说明二者呈线性正相关。当平均 SVF 越大，即开放空间的天空开敞度越高时，室外平均 UTCI 越高，室外微气候舒适度越低。

在 SH1 的优化过程中，开放空间平均 SVF 在优化开始阶段呈现出明显的下降趋势，在 400 代左右之后又呈现出逐步上扬的趋势（图 4-77）。

图 4-78 显示 SH1 中开放空间平均 SVF 与室外平均 UTCI 的非标准系数为 0.079 3，R 方为 0.43，说明二者呈线性正相关。

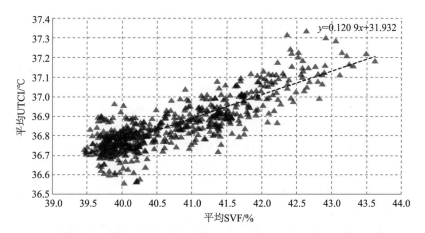

图 4-76　SL1 中开放空间平均 SVF 与室外平均 UTCI 相关性

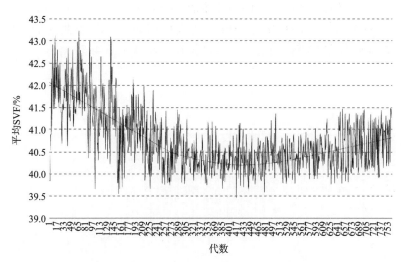

图 4-77　SH1 中开放空间平均 SVF 变化趋势

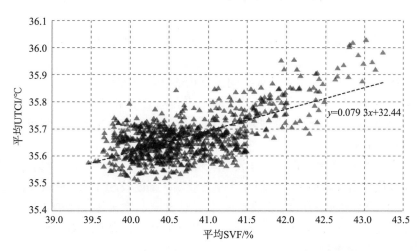

图 4-78　SH1 中开放空间平均 SVF 与室外平均 UTCI 相关性

以上两个实验的数据表明，在 SL1、SH1 设定下的开放空间平均 SVF 与室外平均 UTCI 呈正相关，与室外舒适度呈负相关。

在 SL1 中，开放空间平均 SVF 的提升意味着开放空间天空开敞度越高，因此建筑为开放空间提供的阴影遮蔽就越少，使得整体舒适度降低。随着优化的进行，平均 SVF 逐渐降低，当达到某一数值时，开放空间又将因过于狭小而使得通风效果减弱，因此后续平均 SVF 又逐渐升高。在 SH1 中，优化过程经历了与 SL1 类似的阶段，且因通风的降温效果较 SL1 要强，因此平均 SVF 优化曲线拐点的到来要更加提前，与 UTCI 的非标准系数也较 SL1 的值低。

（4）开放空间垂直错落度

实验中开放空间垂直错落度计算的是各开放空间界面高度最大值与最小值的比率，其变化由整体建筑高度分配决定。由于整体容积率一定，开放空间垂直错落度越高，模型整体形态越是参差不齐，反之则越均匀。

在 SL1 的优化过程中，开放空间垂直错落度呈现出明显的下降趋势，在 400 代左右维持稳定，数值徘徊在 2 左右（图 4-79）。

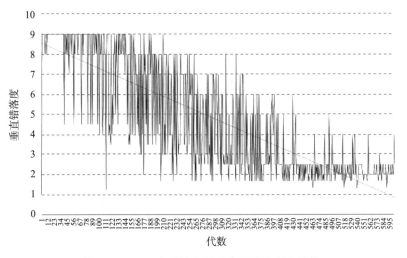

图 4-79　SL1 中开放空间垂直错落度变化趋势

图 4-80 显示 SL1 中开放空间垂直错落度与室外平均 UTCI 的非标准系数为 0.032 72，R 方为 0.61，说明二者呈线性正相关。当开放空间垂直错落度越大，即整体模型越参差时，室外平均 UTCI 越高，室外微气候舒适度越低。

在 SH1 的优化过程中，开放空间垂直错落度呈现出明显的下降趋势，在 400 代左右开始稳定，数值在 4 左右波动，幅度较 SL1 大（图 4-81）。

图 4-82 显示 SH1 中开放空间垂直错落度与室外平均 UTCI 的非标准系数为 0.020 4，低于 SL1 的数值，R 方为 0.32，表明二者线性关系不明显，呈简单正相关。

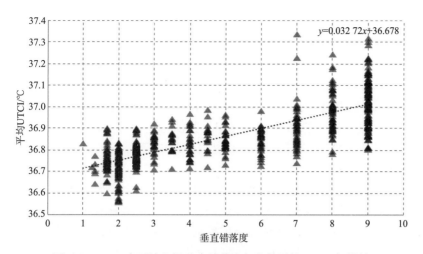

图 4-80　SL1 中开放空间垂直错落度与室外平均 UTCI 相关性

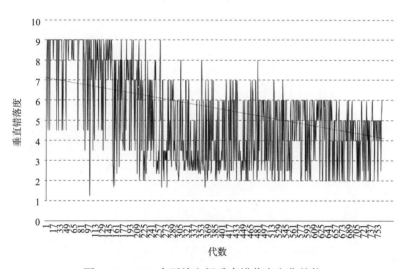

图 4-81　SH1 中开放空间垂直错落度变化趋势

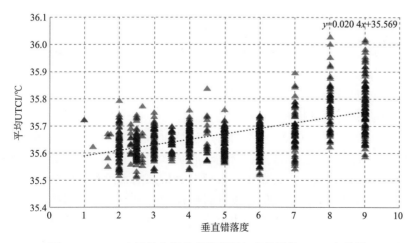

图 4-82　SH1 中开放空间垂直错落度与室外平均 UTCI 相关性

以上两个实验的数据表明在 SL1、SH1 设定下的开放空间垂直错落度与室外平均 UTCI 呈正相关，与室外舒适度呈负相关。

在 SL1 中，开放空间垂直错落度的提升意味着建筑高度差的增大，形成少部分高层、大部分低层的格局，使建筑为开放空间提供的阴影遮蔽减少，导致整体舒适度降低。在 SH1 中，优化过程经历了与 SL1 类似的阶段，但因通风的降温效果较 SL1 要强，使得辐射增温的权重减弱，因此错落度与 UTCI 的非标准系数也较 SL1 的值低。

（5）容积率

在实验 SL2 中，建筑密度和建筑高度分布固定，而各建筑底面积为变量，因此不同的面积分配将导致最终整体容积率有变化。当高层建筑的底面积趋于变大，而低矮建筑的底面积趋于变小时，容积率上升，反之将下降。观测容积率变化将有助于分析底面积的分配趋势。

在 SL2 的优化过程中，建筑高度相差较小，整体容积率呈现出稳定波动、小幅下降的趋势（图 4-83）。

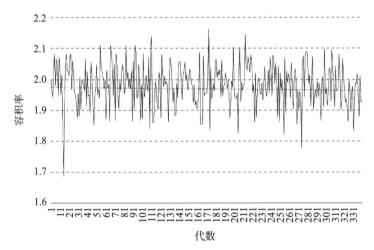

图 4-83　SL2 中容积率变化趋势

图 4-84 显示 SL2 中整体容积率与室外平均 UTCI 呈负相关，非标准系数为 −0.094 7，R 方为 0.01，说明二者线性关系不明显，呈负相关。当高层建筑底面积趋于增大，而低矮建筑底面积趋于变小时，室外平均 UTCI 下降，舒适度提升。

以上数据表明在 SL2 设定下的容积率与室外平均 UTCI 呈负相关，即与舒适度呈正相关，这一点与夏季庇荫遮阳带来降温效果的重要性相关。在 SL2 的轻风状态设定下，日照及其带来的太阳辐射成为夏季微气候不适的主要因素，也是优化设计时应极力规避的。因此当高层建筑被分配到较大底面积时，能为周边提供更多的阴影遮蔽，创造更舒适的室外环境。

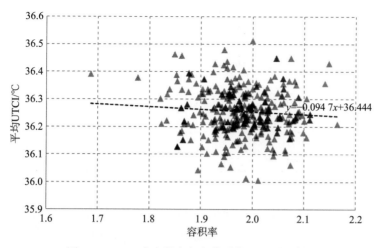

图 4-84　SL2 中容积率与室外平均 UTCI 相关性

4）开放空间形态因子与通用热气候指数线性回归分析

为进一步明确各形态因子对微气候的影响作用大小，本节引入了多元线性回归的方法，用以分析多个自变量对城市开放空间微气候的影响。下文将使用数据分析软件 SPSS[2] 对 SL1 和 SH1 实验中的形态因子进行多元线性回归分析。

在分析前首先设置自变量和因变量（图 4-85）。根据上文可知，微气候舒适度与开放空间平均高宽比、开放空间体积、开放空间平均 SVF 和开放空间垂直错落度均相关，因此将这四项因子设置为自变量，将室外平均 UTCI 作为因变量，分别对 SL1 和 SH1 的结果进行线性回归分析。

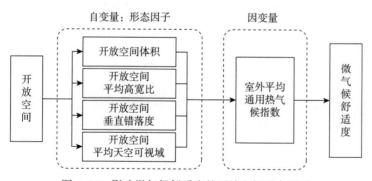

图 4-85　影响微气候舒适度的开放空间形态因子

（1）SL1 多元线性回归分析

对 SL1 各因子与室外平均 UTCI 做回归分析，如表 4-2 所示。其中，*B* 是回归系数，*Beta* 是标准化的回归系数，而显著性是 *t* 检验的结果，VIF 是方差膨胀因子。

表 4-2　SL1 多元线性回归指标

类别	非标准化系数		标准系数	t	显著性	共线性统计量	
	B	标准错误	Beta			容差	VIF
1（常量）	33.829	0.420	—	80.538	0.000	—	—
开放空间体积	−2.385E-7	0.000	−0.067	−2.545	0.011	0.668	1.497
开放空间平均高宽比	−0.338	0.176	−0.054	−1.926	0.055	0.598	1.672
开放空间平均 SVF	0.095	0.007	0.664	14.071	0.000	0.209	4.781
开放空间垂直错落度	0.010	0.002	0.212	4.671	0.000	0.227	4.412

在多元回归模型中各个回归系数对应的方差膨胀因子（VIF）均小于 5，应认为模型不存在共线性问题。从标准系数绝对值大小来看，依次是开放空间平均 SVF（0.664），开放空间垂直错落度（0.212），开放空间体积（0.067），开放空间平均高宽比（0.054），代表了对室外平均 UTCI 影响程度高低的排序。

假设开放空间体积为 X_1，开放空间平均高宽比为 X_2，开放空间平均 SVF 为 X_3，开放空间垂直错落度为 X_4，室外平均 UTCI 为 Y，所得方程为

$$Y=（-2.385E-7）X_1-0.338X_2+0.095X_3+0.010X_4+33.829 \qquad （式 4-1）$$

其中多重判定系数 R 方为 0.72，证明各因子与因变量线性关系显著。经过多组数据检验，计算值与实际值相差在 0.1 左右，较为可靠（表 4-3）。

表 4-3　SL1 公式检验

开放空间体积 /m³	开放空间平均高宽比	开放空间平均 SVF/%	开放空间垂直错落度	室外平均 UTCI 实际值 /℃	室外平均 UTCI 计算值 /℃
1 488 600	1.61	39.85	1	36.83	36.73
1 500 700	1.60	41.05	7	36.90	36.90
1 503 800	1.62	41.46	9	36.99	36.95
1 542 000	1.60	42.38	9	37.07	37.04
1 566 800	1.60	43.62	9	37.18	37.15

（2）SH1 多元线性回归分析

对 SH1 各因子与室外平均 UTCI 做回归分析，如表 4-4 所示。除开放空间垂直错落度外，其他各项的显著性均为 0.000，影响极为显著；开放空间垂直错落度的显著性为 0.834，说明其对室外平均 UTCI 的影响并不密切。

表 4-4　SH1 多元线性回归指标

类别	非标准化系数		标准系数	t	显著性	共线性统计量	
	B	标准错误	Beta			容差	VIF
1（常量）	34.041	0.328	—	103.897	0.000	—	—
开放空间体积	−2.643E-7	0.000	−0.122	−3.508	0.000	0.577	1.733
开放空间平均高宽比	−0.906	0.134	−0.251	−6.750	0.000	0.508	1.970
开放空间平均 SVF	0.086	0.006	0.711	14.323	0.000	0.284	3.517
开放空间垂直错落度	0.000	0.002	−0.010	−0.209	0.834	0.305	3.283

在多元回归模型中各个回归系数对应的方差膨胀因子（VIF）均小于5，应认为模型不存在共线性问题。从标准系数绝对值大小来看，四个因子依次是开放空间平均 SVF（0.711）、开放空间平均高宽比（0.251）、开放空间体积（0.122）及开放空间垂直错落度（0.010），代表了对室外平均 UTCI 影响程度高低的排序。

假设开放空间体积为 X_1，开放空间平均高宽比为 X_2，开放空间平均 SVF 为 X_3，开放空间垂直错落度为 X_4，室外平均 UTCI 为 Y，所得方程为

$$Y=（-2.643\text{E}-7）X_1-0.906X_2+0.086X_3+0.000X_4+34.041 \qquad （式4\text{-}2）$$

其中多重判定系数 R 方为 0.47，证明各因子与因变量有一定的线性关系。经过多组数据检验，计算值与实际值相差在 0.1 左右，较为可靠（表4-5）。

表4-5　SH1 公式检验

开放空间体积 /m³	开放空间平均高宽比	开放空间平均 SVF/%	开放空间垂直错落度	室外平均 UTCI 实际值 /℃	室外平均 UTCI 计算值 /℃
1 488 600	1.61	39.85	1	35.72	35.62
1 513 000	1.59	40.89	8	35.77	35.72
1 635 800	1.56	40.90	9	35.65	35.71
1 636 200	1.57	42.16	9	35.85	35.81
1 562 500	1.60	42.92	9	35.97	35.88

5）小结

上述三节分别从城市开放空间的垂直布局、城市开放空间的水平布局和开放空间各形态因子三个方面与微气候舒适度的相关性，揭示了在夏热冬冷地区夏季环境下开放空间对微气候的影响机理。从分析结果可以发现，开放空间对微气候舒适度的作用主要体现在其对日照及风环境的影响上。就夏季而言，降温效果可以通过日照遮蔽和通风散热来实现。

对于日照遮蔽而言，在恒定容积率和建筑密度的条件下，首先，应当均匀安排建筑体量和节点型开放空间，以防止局部过密或过疏，从而达到整体平衡，使场地被建筑阴影均匀覆盖；其次，应将较大体量的建筑置于场地中部，且将节点型开放空间置于大体量建筑附近，使其阴影能更多地惠及周边环境；最后，在一定的建筑密度和高度下，增加整体容积率以扩大建筑总体量的做法亦有助于增加阴影。

对于通风散热而言，在恒定容积率和建筑密度的条件下，其一，适当拉开建筑高度差距，并将高层建筑置于场地中间，以充分利用高层建筑所带来的气流涡旋和热压通风效应；其二，最大化利用节点型开放空间所带来的通风效果，扩大开放空间面积或与高层建筑相结合布置；其三，在盛行风入口处创造开阔敞朗的开放空间，并使开放空间的排布顺应盛行风向，使气流能顺利抵达场地内部。

对于夏热冬冷地区的夏季来说，兼顾以上两点的开放空间布局方式

将能最有效地在现有环境下提升室外舒适度；与此同时，由于两种降温所需的布局方式略有不同，甚至有冲突点，因此也应关注气候条件来确定各自效果对降温的影响权重，最终因地制宜地制定开放空间设计策略。

4.3.2　冬季城市开放空间形态优化结果分析

冬季的城市开放空间形态优化结果分析将从 WL1、WH1 和 WL2 的实验结果出发，即以南京冬季 1 月 15 日 6：00 至 18：00，平均温度为 1℃，湿度为 89%，风速为 2.5 m/s 和 7 m/s 作为基础条件，研究开放空间在水平和垂直布局上的演变规律，同时探讨在此背景下开放空间形态各因子与微气候舒适度的相关性。

1）城市开放空间垂直布局演变规律

本节将以 WL1 和 WH1 的实验结果为例，解析开放空间垂直布局在优化中的演变规律及其对微气候的优化机制。

（1）WL1 开放空间垂直布局演变规律

图 4-86 显示了实验进行过程中建筑高度的分布趋势。在实验中为每栋建筑设定了 10 种可以选择的高度。图中横坐标上每一个数值所对应的多个纵坐标圆圈代表了某代中的建筑高度分布，圆圈颜色越深即高度出现频率越高。

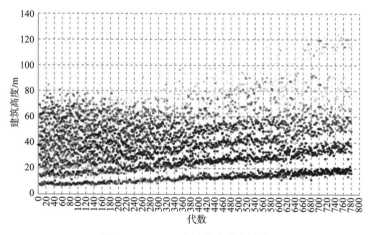

图 4-86　WL1 建筑高度分布演变

从图 4-86 中可以看到，在优化开始阶段，不同建筑高度出现的频次相当，且集中在 10—80 m 区间。随着优化的进行，高度间的差异逐渐拉大，建筑最高高度和最低高度都在不断提升，同时低层建筑数量增加，逐渐形成以低层为主、少量超高层为辅的格局。到优化的最后阶段，模型中建筑最高高度逼近 140 m，而其他建筑则集中分布在 15—20 m、30—40 m、40—60 m 三个区间。

以上文摘取的 WL1 实验中的 20 代数据进行直观演示，为方便起见，将这 20 代数据标记为 WL1-1 至 WL1-20（图 4-87）。从图 4-88 可以直观发现建筑在前 11 代时高度差异不大，高度频次分布较为均质。从第 12 代开始最高高度不断攀升，建筑高度间的差异不断拉大。到第 20 代的最优结果时，建筑高度最高达 122 m，数量是 1 个。为平衡容积率，剩下建筑的高度大多集中在 10—15 m 的区间。

在参数化设计插件 Grasshopper 的建模逻辑中，对于 25 个长方体序列给予默认编号，如图 4-89 所示。通过记录下优化过程中各编号的建筑高度，便可得到开放空间垂直布局随着优化进行的演变规律。

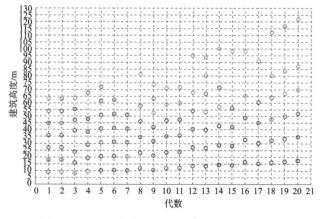

图 4-87　WL1 建筑形态优化过程案例

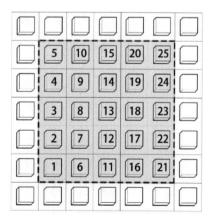

图 4-88　WL1 优化过程案例建筑高度分布演变　　　　图 4-89　WL1 模型各点位编号

图 4-90 中的各点表示各代建筑高度，X、Y、Z 三条坐标轴分别表示出现位置（1—25号）、优化代数（1—780代）和建筑高度（0—140 m）。从图中可以发现，在优化开始阶段整体建筑高度较低，建筑间高度差异较小，布局均匀。随着优化的展开，整体建筑最低高度和最高高度一同逐渐升高，其中高层建筑数量逐渐减少，低层建筑数量逐渐增多。至400代止，最高建筑集中出现在1—6号位置区间。

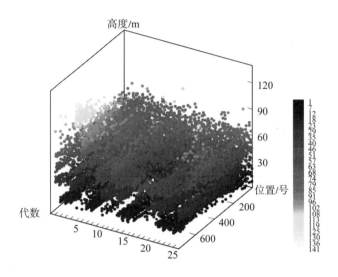

图 4-90　WL1 各点位建筑高度演变

图 4-91 中的颜色深浅代表建筑在 0—140 m 区间的高低变化，这样可以直观地从平面上观察建筑的高度分布。在前 7 代的优化结果中，不同高度的建筑布局较为均匀；从第 8 代开始，模型中最高的建筑开始布局于左上角，即西北角；这种规律一直延续至第 20 代的最优结果，模型以低层建筑为主，高层点缀在边缘。

这种开放空间的垂直布局演变与日照及风环境的变化息息相关。从图 4-92 可以看出建筑高度对周边 UTCI 的影响。

在冬季，最大化接收太阳辐射是提升室外温度的重要手段。在前 7 代的优化中，在容积率一定的前提下，较小差异的建筑高度使模型中的大量建筑处于 30—60 m 的中等高度，这使得大量室外空间被阴影覆盖而无法接收阳光。第 8 代之后，建筑高度开始拉开，低矮的建筑为周边街道和广场留足了日照区域，而位于西北角或其他边缘位置的高层建筑阴影亦不会过多地影响场地内的其他空间。对比 WL1-6 和 WL1-20 可以清楚地看出，WL1-6 中部中等高度的建筑使周边开放空间的 UTCI 呈深蓝色，而 WL1-20 中部开放空间的 UTCI 则因低层建筑呈浅黄色。

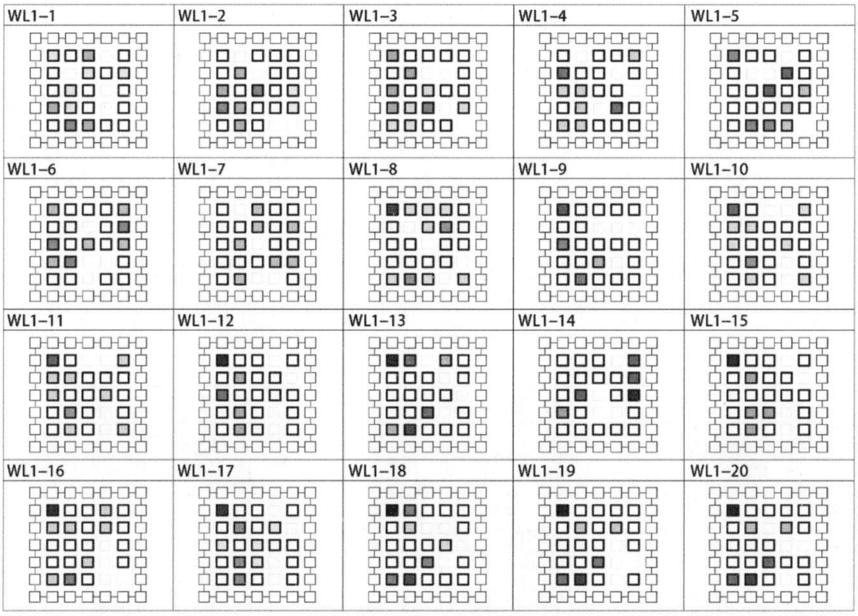

图 4-91 WL1 优化过程案例建筑高度布局

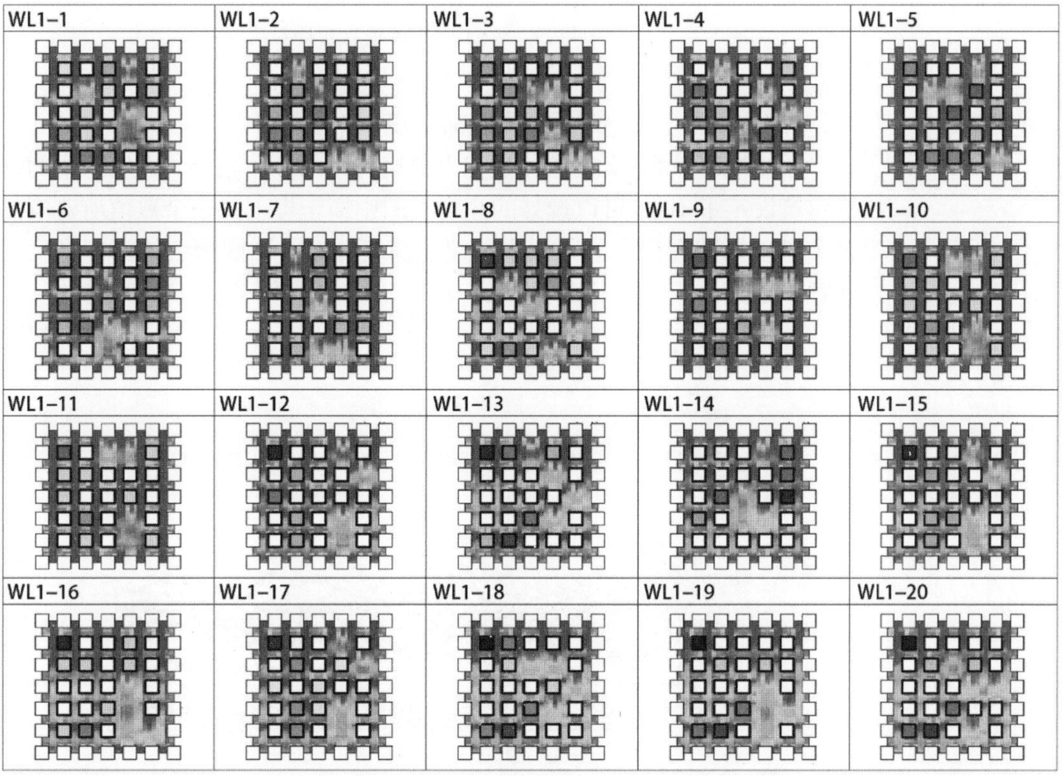

图 4-92 WL1 优化过程案例 UTCI 分布图（彩图见书末）

冬季风是影响舒适度的重要不利因素，从图4-93中可以明显看出建筑间的开放空间因缺乏遮蔽而受北风侵袭，平均UTCI远低于建筑南边的区域。从WL1-18起，为阻挡北风，优化趋向于在最北边用建筑形成挡风墙，这种做法显然优于在北边布置广场而为北风打开豁口的做法。而高层带来的拔风效应也是需要规避的，对比WL1-14和WL1-20，将高层建筑布置在边缘不仅能减弱高层阴影的影响，而且能降低因高层建筑布局所导致的局地风环境增强效果。除此之外，开放空间的分布对风环境有一定影响，这点将在开放空间的水平布局中详加探讨（图4-93）。

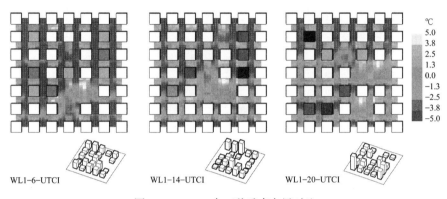

图4-93　WL1中三种垂直布局对比

（2）WH1开放空间垂直布局演变规律

图4-94显示了实验进行过程中建筑高度的分布趋势。在实验中为每栋建筑设定了10种可以选择的高度。图中横坐标上每一个数值所对应的多个纵坐标圆圈代表了某代中的建筑高度分布，圆圈颜色越深即高度出现频率越高。

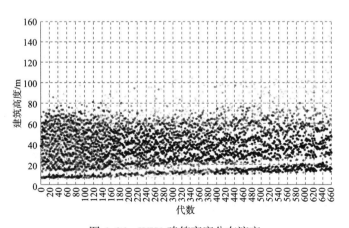

图4-94　WH1建筑高度分布演变

从图4-95中可以看到，在优化开始阶段，不同建筑高度出现的频次相当，且集中在 10—80 m 的区间。随着优化的进行，建筑最高高度逐渐增大，剩下建筑大部分仍维持在原来的区间，各种高度出现频次均等，逐渐形成多数中层、少量高层的格局。到优化的最后阶段，模型中建筑最高高度超过 140 m，而其他建筑则大部分处于 10—60 m 的区间，区间内各种高度出现频次大致相当。

以上文摘取的 WL1 实验中的 20 代数据为例，为方便起见，将这 20 代数据标记为 WH1-1 至 WH1-20（图 4-95）。从图 4-96 可以直观地看出建筑在前 10 代时的高度差异不大，高度频次分布较为均质。从第 11 代开始最高高度开始增大。至第 20 代的最优结果时，建筑高度最高达 146 m，数量为 1 个。为平衡容积率，剩下建筑中数量最多的高度集中在 15—45 m 的区间。

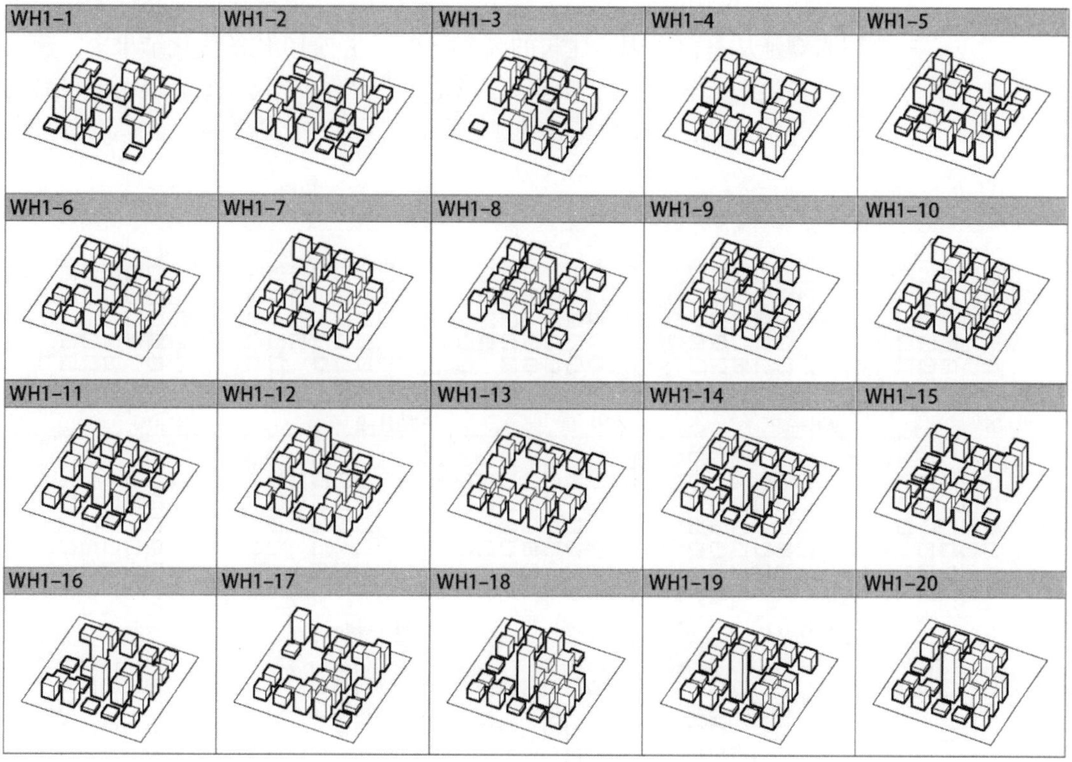

图 4-95　WH1 建筑形态优化过程案例

图 4-97 中的各点表示各代数中的建筑高度，X、Y、Z 三条坐标轴分别表示出现位置（1—25 号）、优化代数（1—660 代）和建筑高度（0—140 m）。从图中可以发现，在优化开始阶段整体建筑高度较低，布局均匀。随着优化的进行，建筑最高高度和最低高度逐渐升高，整体高度保持稳定，大部分维持在 30—60 m。自 400 代左右后，最高建筑集中出现在 5—10 号位置区间。

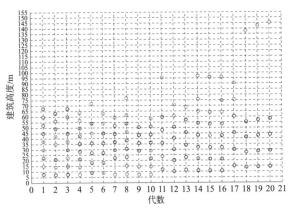

图 4-96　WH1 优化过程案例建筑高度分布演变

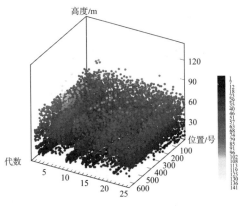

图 4-97　WH1 各点位建筑高度演变

图 4-98 中的颜色深浅代表了建筑在 0—140 m 区间的高低变化，可以直观地从平面上观察建筑的高度分布。在前 10 代的优化结果中，建筑间的高度差异较小，均匀分布于场地上；从第 11 代开始，模型中最高的建筑开始凸显，其余建筑高度逐渐降低，呈现一枝独秀的局面；最高层建

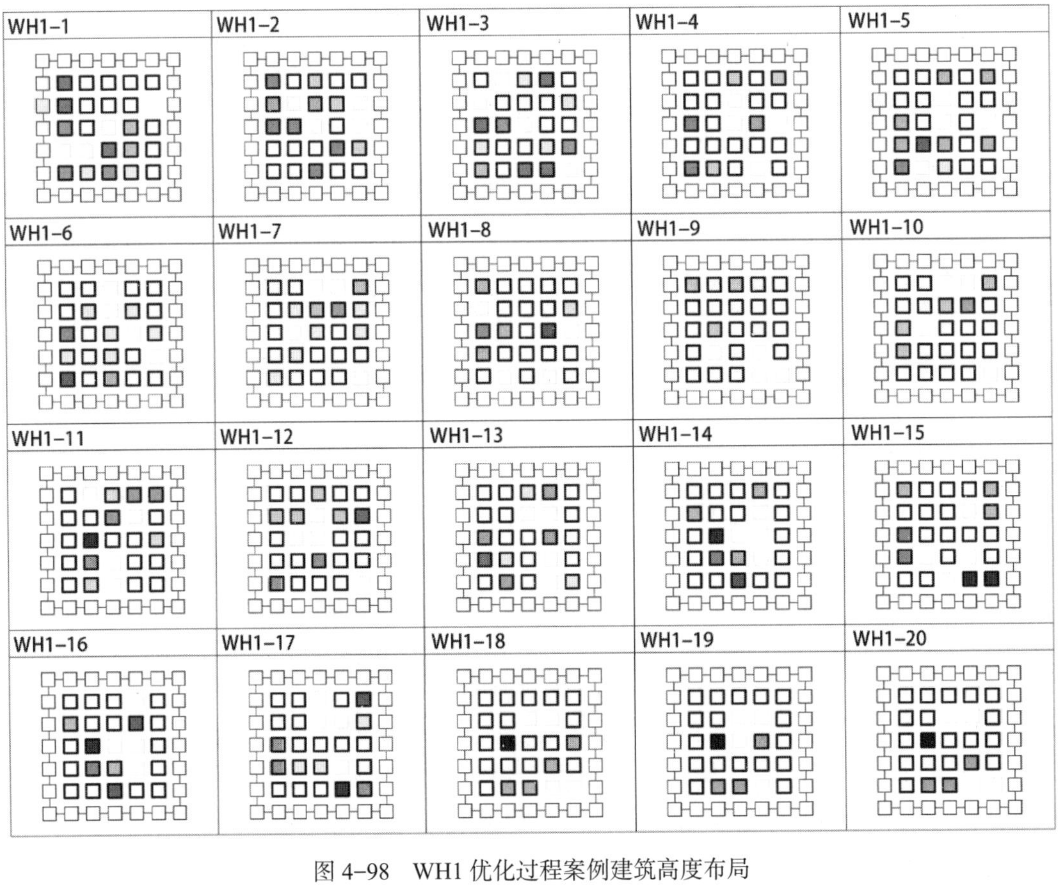

WH1-1	WH1-2	WH1-3	WH1-4	WH1-5
WH1-6	WH1-7	WH1-8	WH1-9	WH1-10
WH1-11	WH1-12	WH1-13	WH1-14	WH1-15
WH1-16	WH1-17	WH1-18	WH1-19	WH1-20

图 4-98　WH1 优化过程案例建筑高度布局

筑在 WH1-11 到 WH1-20 的优化过程中不断寻找最佳位置，至 WH1-18
开始最终稳定在中心位置。在 WH1-20 的最优结果中，模型以低层建筑
为主，围绕着点缀在中心的高层建筑。

这种开放空间的垂直布局演变与日照及风环境的变化息息相关。从
图 4-99 可以看出建筑高度对周边 UTCI 的影响。

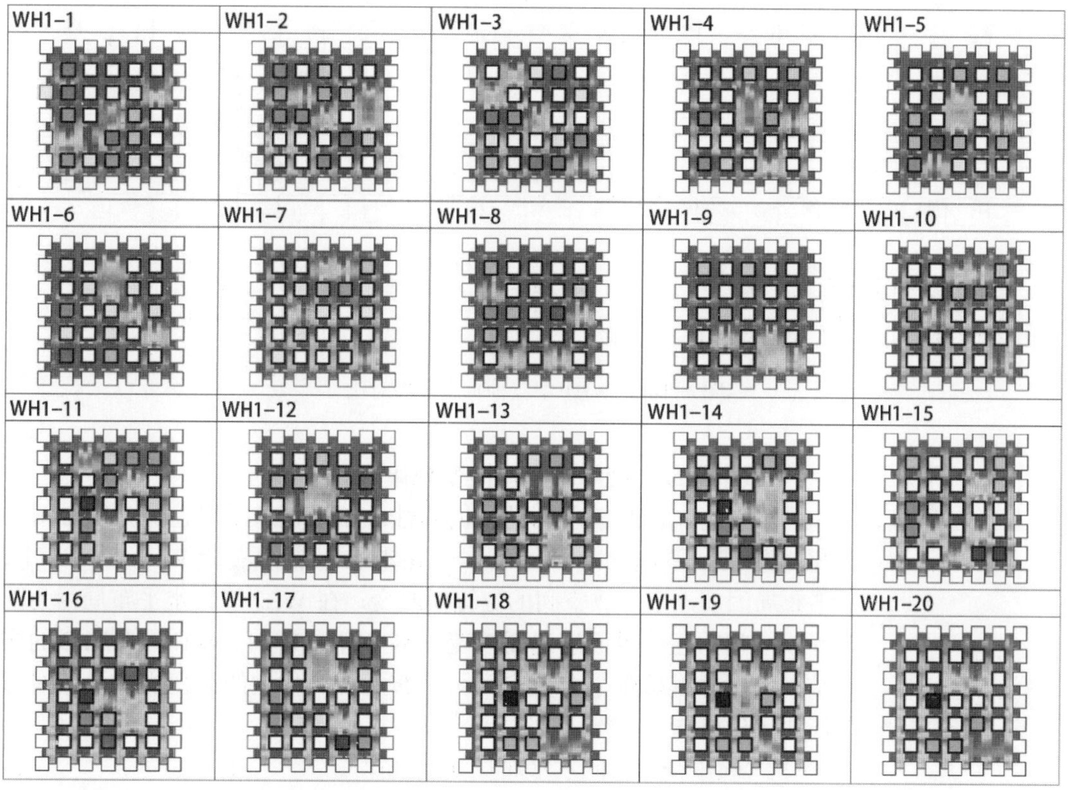

图 4-99　WH1 优化过程案例 UTCI 分布图

在冬季，接收太阳辐射是提升室外温度的有力措施。在前 10 代的优
化中，在容积率不变的前提下，较小差异的建筑高度使模型中的大量建
筑处于中等高度，这使得大量室外空间被阴影覆盖而无法接收阳光。第
11 代之后，建筑高度开始拉开，较多的低矮建筑为周边街道和广场留足
了日照区域。

冬季强风将显著降低室外 UTCI，从图 4-100 中可以清晰看出建筑
间的开放空间因缺乏遮蔽而受北风侵袭，平均 UTCI 远低于建筑南边的
区域。在该实验中，挡风的优先性要高于增强日照。以 WH1-9 为例，
由北向而来的风因均匀布局建筑间形成的长宽比匀质的"峡管"得以增
强。与之对应的是 WH1-15 中不同高度建筑及广场的布局打破了稳定的
"峡管"，从而削弱了风的影响。在 WH1-15 中较高建筑分布于场地两
侧，中间部分的建筑低矮，形成漏斗型而利于北风通过，因此这种排布

方式劣于 WH1-20 将高层集中在中间阻风的做法，虽然高层增强了两侧层峡的风速，但在其南部形成了风影区，保全了最南边的两个广场，从而提升了室外平均 UTCI（图 4-100）。

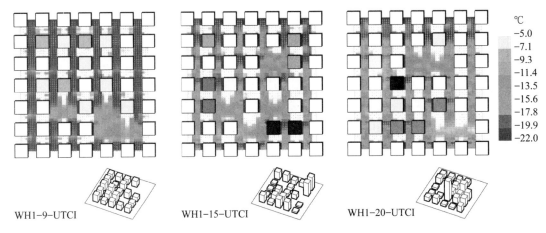

WH1-9-UTCI   WH1-15-UTCI   WH1-20-UTCI

图 4-100　WH1 中三种垂直布局对比

2）城市开放空间水平布局演变规律

在水平方向，开放空间的几何属性及布局带来了风速、太阳辐射的变化，造成了不同的室外微气候。在本次组织的实验 WL1、WH1 中，水平布局因节点型开放空间的位置而改变；在 WL2 中，水平布局因为围合开放空间的建筑界面进退而改变。本节将以 WL1、WH1 和 WL2 的实验结果为例，解析冬季开放空间水平布局在优化中的演变规律及其对微气候的优化机制。

（1）WL1 开放空间水平布局演变规律

在前面的模型生成环节，利用了 "insert item"（插入项目）命令在序列中插入了 4 个 0 作为节点型开放空间，依据插入编号的不同，节点空间会出现在不同的位置。在参数化设计插件 Grasshopper 的建模逻辑中，对于 25 个长方体序列给予默认编号（参见图 4-89）。通过记录下优化过程中节点空间的编号，便可得到节点空间随优化进行的演变规律（图 4-101）。

通过根据优化进程记录的节点位置散点图可以发现，在遗传算法的引导下，节点位置由无序排布逐渐收敛，趋于布置在 16—20 号、23—24 号区间。在统计了所有节点出现位置的频率分布图后亦可得出这一结论（图 4-102）。

图 4-103 以更加直观的方式展现了节点空间的分布。左图显示了节点空间在各个位置出现的总频次，最高频次出现在 17 号位置，为 432 次；最低频次出现在 1 号位置，为 2 次。右图以颜色标示了节点空间出现在各位置的频率，最高为 17 号位置的 13.85%，最低为 1 号位置的 0.06%。从该图可以直观地发现节点空间高频出现在模型的第 3 列和第 4

列。图4-104中位于底面蓝色的点表示优化过程中各节点空间出现的位置，在200代以前，高层与节点空间位置相近，无明显规律。随着优化的进行，约从第400代开始，节点空间与高层建筑的布局区域相错，前者逐渐集中在5—10号位置区间，后者集中在15—20号位置区间。

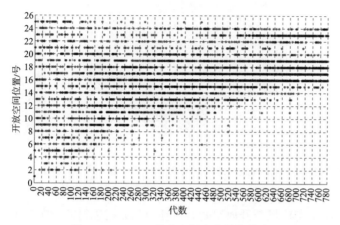

图4-101　WL1节点空间点位分布演变

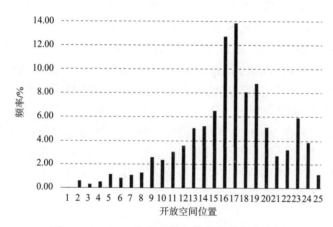

图4-102　WL1节点空间点位频率分布直方图

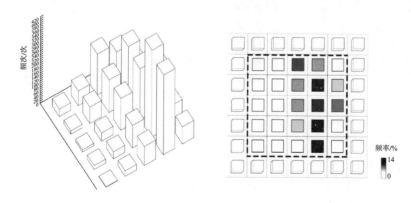

图4-103　WL1节点空间点位频次分布图（左）、频率分布图（右）

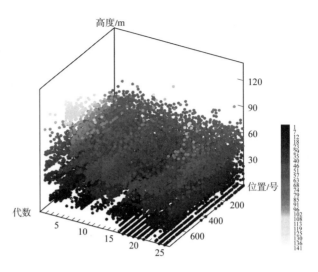

图 4-104　WL1 各点位建筑高度及节点空间选址演变（彩图见书末）

这一结论与广场类开放空间对风环境和太阳辐射的影响相关。广场有增大风速的效果，这将使得冬季室外舒适度降低；与之相反，广场将增大日照辐射，使室外温度升高。由于节点空间的数量一定，平衡这两点配置节点型开放空间的位置是冬季和风条件下整体取得最佳舒适度的关键。

以 WL1-20 为例，垂直于盛行风向的节点空间有助于减弱风的影响，且由于开放空间离高层较远，一方面避免了高层带来的气流涡旋，另一方面也减少了建筑物的阴影遮蔽，使室外温暖舒适；而类似布局的 WL1-15 中顺风向布置的节点空间受寒风影响较大，其 UTCI 明显低于 WL1-20；另外在 WL1-5 中可以发现，靠近北侧布置的节点型开放空间因缺少建筑物遮挡而易受北风侵袭，且贴近高层建筑的布局方式使开放空间受到高速气流涡旋的影响，会增大其及周边区域风速，从而使室外整体 UTCI 降低（图 4-105）。

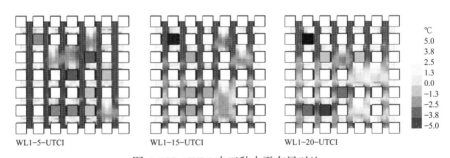

图 4-105　WL1 中三种水平布局对比

（2）WH1 开放空间水平布局演变规律

通过记录下优化过程中节点空间的编号，可得到节点空间随优化进行的演变规律（图 4-106）。

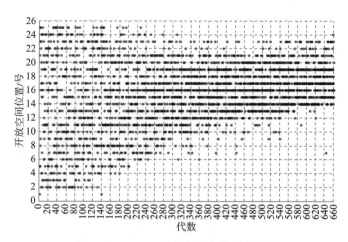

图 4-106　WH1 节点空间点位分布演变

　　根据优化进程记录的节点位置散点图可以发现，在遗传算法的引导下，节点位置由无序排布逐渐趋于在 14—19 号区间分布。统计所有节点出现位置的频率分布图亦可得出这一结论（图 4-107）。

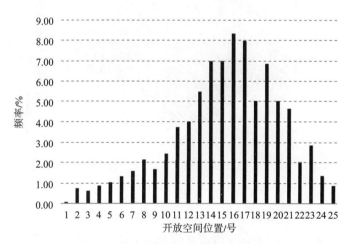

图 4-107　WH1 节点空间点位频率分布直方图

　　图 4-108 以更直观的方式展现了节点空间的分布。左图显示了节点空间在各位置出现的总频次，最高频次出现在 16 号位置，为 260 次；最低频次出现在 1 号位置，为 2 次。右图以颜色标示了节点空间出现在各位置的频率，最高为 16 号位置的 8.33%，最低为 1 号位置的 0.06%。整体规律与 WL1 类似。从该图可以直观地发现节点空间高频出现在模型的第三列和第四列。图 4-109 中位于底面蓝色的点表示优化过程中各节点空间出现的位置，从中可以发现，随着优化的进行，节点空间与高层建筑的布局区域相错，前者集中在 7—10 号位置区间，后者主要集中在 14—23 号位置区间。相较 WL1 的结果，WH1 中的高层数量更少，高度更高。

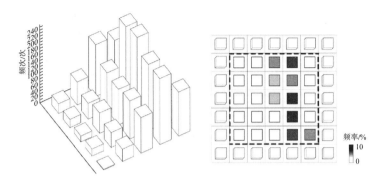

图 4-108　WH1 节点空间点位频次分布图（左）、频率分布图（右）

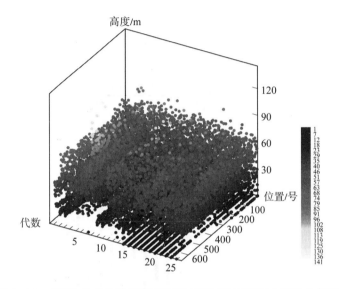

图 4-109　WH1 各点位建筑高度及节点空间选址演变（彩图见书末）

这一结论与广场类开放空间对风环境和太阳辐射的影响相关。WH1 的初始风速较大，对冬季室外舒适度危害较大，而广场虽然能增加太阳辐射的范围，但也使得风速增大，且影响高于辐射增温。在此条件下合理布局开放空间、规避风害成为首要选项。

以 WL1-20 为例，垂直于盛行风向且与高层位置相错的节点空间有助于减弱通风效果，规避高层建筑所带来的气流涡旋，而在其中也可以看出位于最南面的开放空间受建筑挡风效果明显，与中间位置的开放空间 UTCI，相比高了约 2℃，从而更加舒适；而类似布局的 WL1-19 中顺风向布置且贴近高层的 13 号位置节点空间受 12 号位置开放空间对风增强效应的影响，其 UTCI 明显低于 WL1-20 中的同一位置；另外从 WL1-6 的 UTCI 图中可以得出，顺风向且靠北侧布置的节点型开放空间因失去建筑的挡风效果而易受寒风侵袭，使人感到不适（图 4-110）。

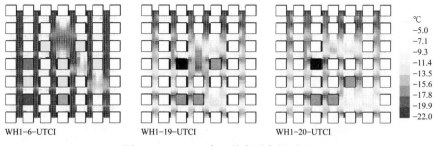

WH1-6-UTCI WH1-19-UTCI WH1-20-UTCI

℃
−5.0
−7.1
−9.3
−11.4
−13.5
−15.6
−17.8
−19.9
−22.0

图 4-110 WH1 中三种水平布局对比

（3）WL2 开放空间水平布局演变规律

WL2 是建立在 WL1 最佳方案的建筑高度与节点型开放空间分布结果的基础上，对建筑长宽进行调整以改变开放空间的形态，来获取室外最佳舒适度的实验。通过记录下优化过程中各建筑长宽的变化，可得到开放空间随着优化进行而发生的演变规律（图 4-111）。

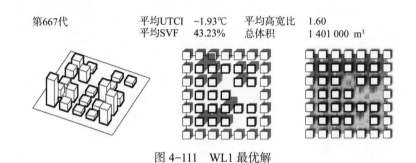

第667代 平均UTCI −1.93℃ 平均高宽比 1.60
平均SVF 43.23% 总体积 1 401 000 m³

图 4-111 WL1 最优解

图 4-112 中左右两张图分别表示各代各点位上建筑长（X 方向）和宽（Y 方向）的变化规律，每栋建筑的长宽各设定了七种可以选择的数值。X、Y、Z 三条坐标轴分别表示出现位置（1—25 号）、优化代数（1—340 代）和长度（0—70 m）。从散点图上可以观察发现，随着优化的进行，建筑 X 方向的边长有增长趋势，最长长度和最短长度都趋于增加；Y 方向的边长则保持稳定，在优化最开始的时候各长度频次一致，后来 Y 边长 40 m 以上的建筑数目慢慢减少，10—40 m 成为高频区间。从位置分布来看，随着优化的进行，X 方向的最长建筑由不规则逐渐趋向集中在 5 号、10 号、20 号点位附近，Y 方向则无明显分布规律。

图 4-113 记录了优化进行过程中不同代各建筑平面面积的变化。图中横坐标上每一个数值所对应的多个纵坐标圆圈代表某代建筑高度分布，圆圈颜色越深即高度出现频次越高。340 代的优化没有形成明显收敛趋势。通过数据对比可以发现，设定开始时的各点位建筑面积为 900 m²；在优化开始阶段，多数建筑面积变小，而少数建筑面积变大，各数值区间频次分布均等；随着优化的进行，高频次面积开始逐渐出现并集中在

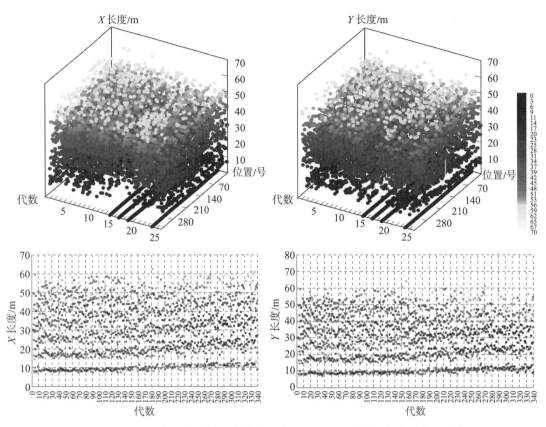

图 4-112　WL2 各点位建筑 X 方向的长度（左）及 Y 方向的长度（右）演变

500—1 500 m² 区间，而最大面积数值维持稳定，形成大量小面积建筑和少量大面积建筑的格局。各点位上建筑面积的变化可以从三维散点图上得到，在优化开始后的第 140 代左右，面积较大的建筑分布无明显规律；第 140 代之后可以观测到峰值面积开始集中在 5 号、10 号、20 号点位附近。整体而言，WL2 实验的最大面积要小于 SL2 的最大值（图 4-114）。

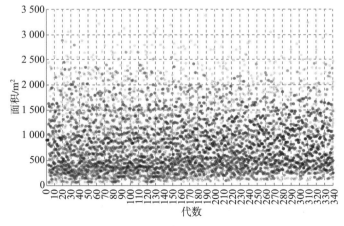

图 4-113　WL2 建筑面积分布演变

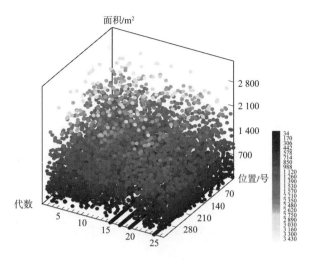

图 4-114　WL2 各点位建筑面积演变

以上文摘取的 WL2 实验中的 20 代数据进行直观演示，为方便起见，将这 20 代数据标记为 WL2-1 至 WL2-20（图 4-115）。在前 8 代中，建筑面积差异较大，呈现为少量大面积建筑和大量小面积建筑的格局。从第 9 代开始面积频次分布逐渐均质化，1 000 m² 左右成为高频范围。在第 20 代的最优结果中，面积频次分布相当，最大面积约为 2 513 m²，最小面积约为 100 m²，差距约为 2 400 m²，这与 SL2-20 的结果相近（图 4-116）。

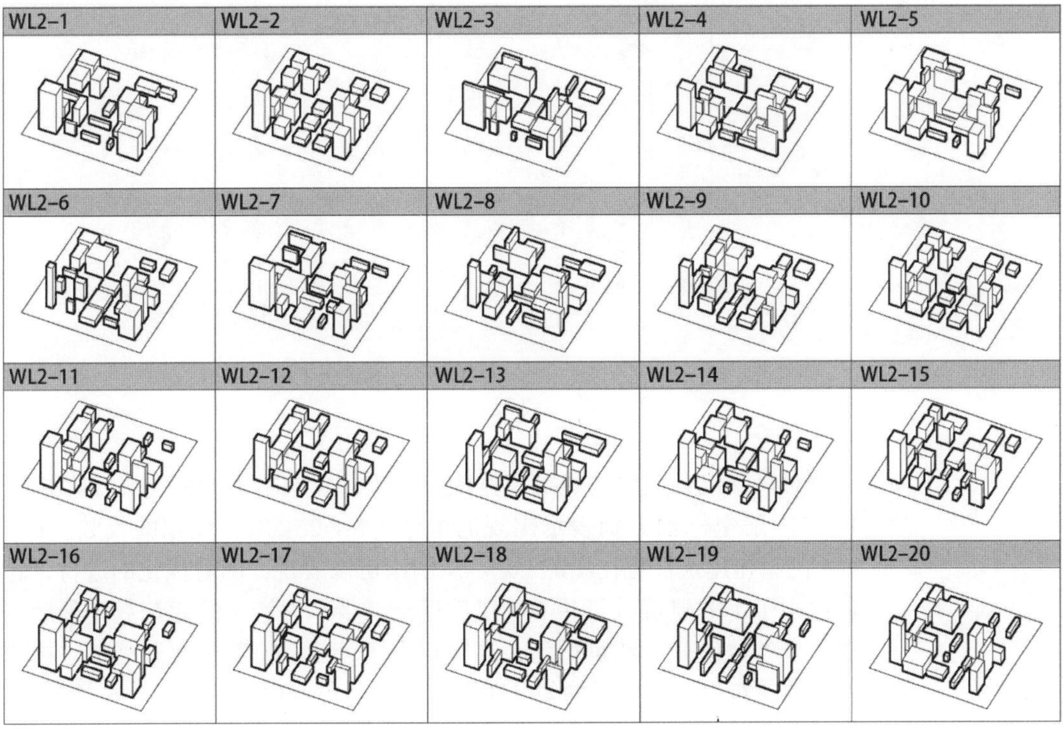

图 4-115　WL2 优化过程案例

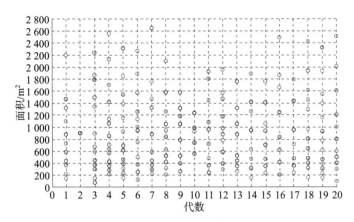

图 4-116 WL2 优化过程案例建筑面积演变

对这 20 代数据中各建筑高宽比进行统计。从图 4-117 中可以发现，在第 1—8 代中大部分建筑为长宽比小于 1 的条状。从第 9 代开始，长宽比大于 1 的建筑数量逐渐增多。第 10—16 代的长宽比的高频次数值开始逐渐由 1 提高至 2。第 17 代后长宽比数值 1—5 成为高频出现的区间。至第 20 代的最优结果时，模型中的大部分建筑呈扁长状，长宽比数值在 1—5 均匀分布。

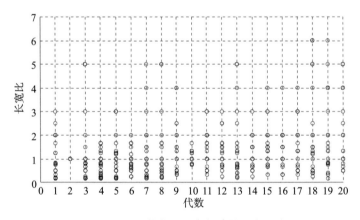

图 4-117 WL2 优化过程案例建筑长宽比演变

对每一代各点位的建筑高宽比进行统计，如图 4-118 所示，其中 X、Y、Z 三条坐标轴分别表示出现的位置（1—25 号）、优化的代数（1—340 代）和建筑长宽比（0—6）。从图中可以发现，随着优化的进行，长宽比小于 1 的建筑数量从 200 代后逐渐减少；大于 1 的建筑数量逐渐增多，且各数值分布数量均匀；高宽比大于 5 的建筑数量逐渐减少。这些扁长的建筑自 200 代后均匀分布在模型中的各点位。

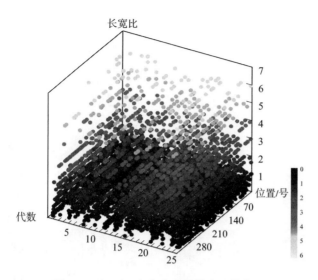

图 4-118　WL2 各点位建筑长宽比演变

这种面积与长宽比的变化趋势与开放空间对太阳辐射和风环境的影响相关。冬季采光是提高室外舒适度的重要手段之一，在建筑密度一定的前提下，与 WL1 中不均匀分配高度的策略一样，较大差异的建筑面积使模型呈现为少量大面积建筑和大量小面积建筑的局面，可通过牺牲少部分面积来使剩余部分获取充足的阳光，从而提高室外温度。因此，随着优化的展开，面积分配始终维持较大差异。与此同时，大面积建筑分布的点位靠近场地北侧，这意味着可为场地南侧最大限度地争取日照（图 4-119）。

建筑长宽比引起的开放空间变化对微气候舒适度的改变也有一定影响。建筑面宽的增加使其形成类似墙体的结构，减缓流经的气流。对北风盛行的冬季来说，这样的结构有利于防风。以 WL2-1 为例，地块中部空间大部分建筑呈现为小面积的长条形，其中 15 号位置的长条形建筑使得北风在此长驱直入，内部空间因缺乏建筑遮挡而受北风侵害，导致整体热舒适度降低。西南角的高层建筑因面积增大，致其阴影覆盖范围增大，进一步降低了周边空间的平均 UTCI。相反，以 WL2-15 为例，长宽比均小于 1 的长条形建筑因在水平方向缩减了开放空间宽度而减少了通风量，14 号位置的开放空间 UTCI 相较 WL2-1 同号位置得到了显著提升。然而，整体上北侧建筑面积较小，南侧建筑面积较大，使得防风效果未能达到最佳，南部大体量建筑所形成的阴影也对中部空间的热舒适性形成不良影响。相比较而言，WL2-20 中的整体建筑呈扁长状，利用这种挡风墙结构来逐步弱化北风，将其影响削减到最小。由于大面积建筑集中在北侧，其阴影不会影响到南侧，以牺牲北侧小部分空间保全了南侧大部分空间的温暖舒适，使得整体 UTCI 提升（图 4-120）。

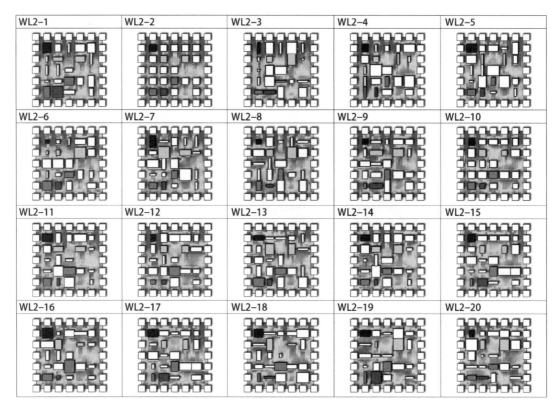

图 4-119　WL2 优化过程案例 UTCI 分布图

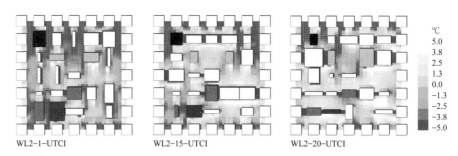

图 4-120　WL2 中四种水平布局对比

3）开放空间各形态因子与微气候舒适度的相关性

通过上述分析，可以初步掌握夏热冬冷地区冬季开放空间形态在垂直和水平方向的演变规律。开放空间形态演变将导致开放空间形态因子数值的变化，本节将探讨在优化过程中形态因子数值变化与微气候舒适度数值变化的关联度。讨论将基于 WL1、WH1 和部分 WL2 的实验结果进行，解析冬季开放空间形态因子在优化过程中的演变规律及其与微气候的相关性。

（1）开放空间平均高宽比

实验中的开放空间平均高宽比是由各街道高宽比的平均值计算而来，在 WL1 和 WH1 中，整体容积率一定，导致建筑高度总和一定，且各街道宽度也一致，故平均高宽比的变化由节点型开放空间位置及其周围建筑的高度变化决定。当节点型开放空间趋于由低层建筑包围，而街道由高层建筑包围时，平均开放空间高宽比上升；当节点型开放空间趋于由高层建筑包围，而街道由低层建筑包围时，平均开放空间高宽比下降（图4-121）。

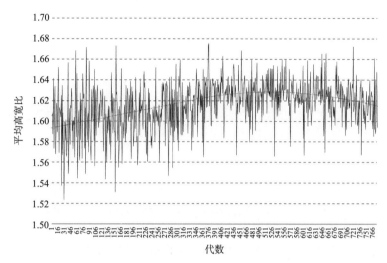

图4-121　WL1中开放空间平均高宽比变化趋势

在WL1优化过程中，开放空间平均高宽比的变化趋势呈倒V字形，即在优化开始阶段呈上升趋势，在约第550代后缓步下降，整体波动较为剧烈。

图4-122显示WL1中开放空间平均高宽比与室外平均UTCI的非标准系数为2.538，R方为0.01，表明二者无明显线性关系，呈正相关性。当开放空间平均高宽比越大，室外平均UTCI越高，即节点型开放空间趋于由低层建筑包围，而街道由高层建筑包围时，室外环境舒适度越高。

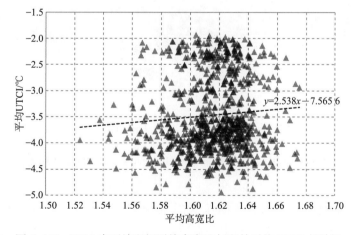

图4-122　WL1中开放空间平均高宽比与室外平均UTCI相关性

在 WH1 的优化过程中，开放空间平均高宽比变化呈现出剧烈波动、微弱上升的趋势。从第 610 代开始有整体跌落趋势，但由于数据量较少，因此并未明确被定性为下降（图 4-123）。

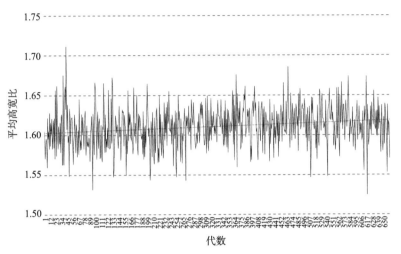

图 4-123　WH1 中开放空间平均高宽比变化趋势

图 4-124 显示 WH1 中开放空间平均高宽比与室外平均 UTCI 的非标准系数为 −1.245 6，R 方为 0.00，表明二者无明显线性关系，呈负相关。这说明当开放空间平均高宽比越大，室外平均 UTCI 越低，即节点型开放空间趋于由低层建筑包围，而街道由高层建筑包围时，室外舒适度越低。

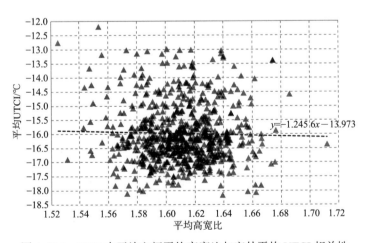

图 4-124　WH1 中开放空间平均高宽比与室外平均 UTCI 相关性

以上两个实验的数据表明在 WL1 设定下的开放空间平均高宽比与室外平均 UTCI 呈正相关，与室外舒适度呈正相关；在 WH1 设定下的开放空间平均高宽比与室外平均 UTCI 呈负相关，与室外舒适度呈负相关。

在 WL1 中，开放空间平均高宽比的提升意味着节点型开放空间多由低矮建筑围合，这使得其及周边空间都能享受到充足的日照，提升了室外环境温度，且远离高层所带来的下沉湍流影响。街道空间会因风速增大导致舒适性降低，但环境初始风速较小，对整体 UTCI 的不利影响也较小。随着优化的进行，这种不利影响逐渐增大，进而影响到整体的微气候舒适度，因此在优化过程中平均高宽比在一定代数后有回落趋势。在 WH1 中，虽然节点空间及其周边环境因日照而形成良好的室外环境，但在初始风速较大的情况下，强风对街道微气候环境影响明显，使得其舒适度显著降低而影响整体 UTCI。这种不利影响与太阳辐射的有利影响达成一定的平衡，因此整体高宽比的增加虽使得室外舒适度下降，但整体相关性并不强。这说明当环境设置不同时，在提升冬季室外舒适度的策略选择上，增加日照与减弱通风的优先性是不同的，应结合特定气候环境进行综合考量。

（2）开放空间总体积

实验中开放空间总体积计算的是各街道及节点型开放空间的总和，在方格网规整布局的街区中，它也在一定程度上表达了街道层峡截面的尺寸，这会影响其通风能力。在 WL1 和 WH1 中，整体容积率一定，导致建筑高度总和一定，且因各街道宽度一致，故开放空间总体积的变化由节点型开放空间位置及其周围建筑的高度变化决定。当节点型开放空间趋于由低层建筑包围，而街道由高层建筑包围时，开放空间总体积下降；当节点型开放空间趋于由高层建筑包围，而街道由低层建筑包围时，开放空间总体积上升。

在 WL1 的优化过程中，开放空间总体积的变化呈剧烈波动、逐步下降的趋势（图 4-125）。

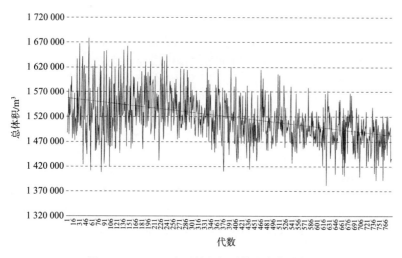

图 4-125　WL1 中开放空间总体积变化趋势

图 4-126 显示 WL1 中开放空间总体积与室外平均 UTCI 的非标准系数为 −5E−6，R 方为 0.09，说明二者无明显线性关系，呈负相关。当开放空间总体积越大，室外平均 UTCI 越低，即节点型开放空间趋于由高层建筑包围时，室外舒适度趋于下降。

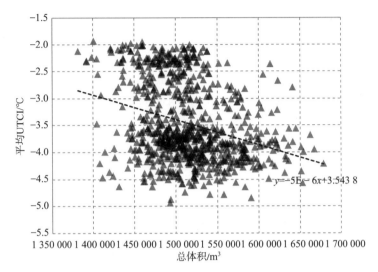

图 4-126 WL1 中开放空间总体积与室外平均 UTCI 相关性

在 WH1 的优化过程中，开放空间总体积的变化呈现为剧烈波动、逐步下降的趋势，在第 610 代左右有剧烈跌落趋势，但由于数据量所限尚不能得出明确结论（图 4-127）。

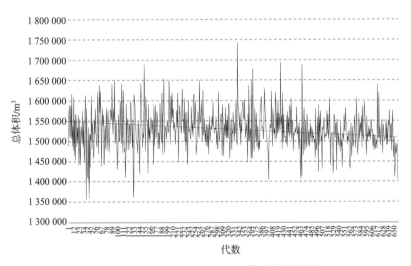

图 4-127 WH1 中开放空间总体积变化趋势

图 4-128 显示 WH1 中开放空间总体积与室外平均 UTCI 的非标准系数为 -2E-6，较 WL1 低，*R* 方为 0.01，说明二者无明显线性关系，呈负相关，但仍表明开放空间总体积的增大会使室外舒适度降低。

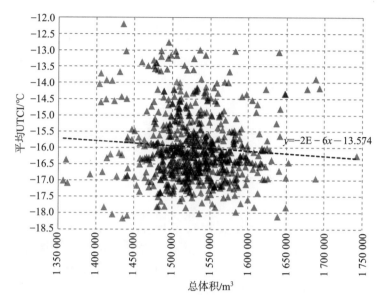

图 4-128　WH1 中开放空间总体积与室外平均 UTCI 相关性

以上两个实验的数据表明在 WL1、WH1 设定下的开放空间总体积与室外平均 UTCI 呈负相关，与室外舒适度呈负相关。开放空间总体积的提升增强了开放空间中寒风的通行能力，与平均开放空间高宽比提升相反，其意味着节点型开放空间多由高大建筑包围，相关结论也与上文平均高宽比中所述增加日照的原因相反，因此随着优化的展开，WL1 和 WH1 的开放空间总体积均有小幅下降。其中 WH1 的非标准系数低于 WL1，这是由于初始风速不同所带来的不同权重影响而造成的。

（3）开放空间平均天空可视域

在实验中，开放空间平均 SVF 计算的是各街道交叉口的 SVF 的平均值，其变化由测点周边建筑高度、测点开放空间面积决定。平均 SVF 越高，开放空间天空开敞度也就越高，被建筑遮蔽程度越低；反之，开放空间天空开敞度越低，被建筑遮蔽程度就越高。

在 WL1 的优化过程中，开放空间平均 SVF 变化趋势与 SL1、SH1 的结果相近，即在优化开始阶段呈现出明显的下降趋势，后期又呈现出逐步上扬的趋势，差异在于拐点出现的位置较夏天的情况稍前，在第 250 代左右便开始上扬（图 4-129）。

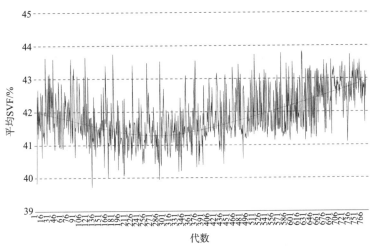

图 4-129　WL1 中开放空间平均 SVF 变化趋势

图 4-130 显示 WL1 中开放空间平均 SVF 与室外平均 UTCI 的非标准系数为 0.474 4，R 方为 0.27，说明二者线性关系较不明显，呈正相关。当平均 SVF 越大，即开放空间的天空开敞度越高时，室外平均 UTCI 越高，室外微气候舒适度越高。

在 WH1 的优化过程中，开放空间平均 SVF 的变化趋势呈 S 形，第 0—50 代为上升趋势，后期逐渐下降，至约第 250 代时达到拐点，后又逐步上升（图 4-131）。

图 4-132 显示 WH1 中开放空间平均 SVF 与室外平均 UTCI 的非标准系数为 0.339 4，R 方为 0.05，说明二者无明显线性关系，呈正相关。

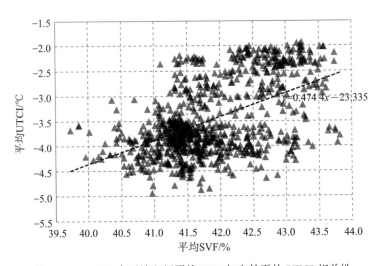

图 4-130　WL1 中开放空间平均 SVF 与室外平均 UTCI 相关性

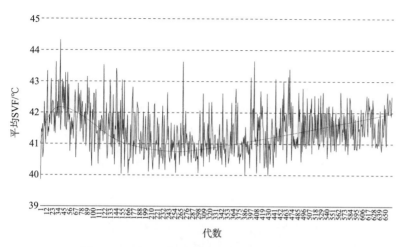

图 4-131　WH1 中开放空间平均 SVF 变化趋势

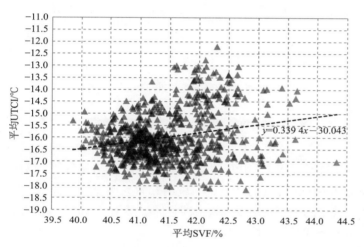

图 4-132　WH1 中开放空间平均 SVF 与室外平均 UTCI 相关性

以上两个实验的数据表明在 WL1、WH1 设定下的开放空间平均 SVF 与室外平均 UTCI 呈正相关，与室外舒适度呈正相关。

在 WL1 中，开放空间平均 SVF 的提升意味着开放空间天空开敞度增高，因此建筑产生的阴影遮蔽就减少，使得整体舒适度提升。在优化的最开始阶段，平均 SVF 逐渐下降，使得开放空间趋于封闭，当达到某一数值时，开放空间又因过于狭小而致使建筑互相遮蔽，太阳辐射相应减少，后续平均 SVF 又逐渐升高。在 WH1 中，在优化的最开始阶段，平均 SVF 逐渐升高，因风的降温效果较 WL1 要强，后续迅速回落，之后优化过程经历了与 WL1 类似的阶段，且逐渐提升的最高值未能超过第一次拐点，算法力求在减少风害与增加日照之间寻找平衡。

（4）开放空间垂直错落度

在模拟实验中，开放空间垂直错落度计算的是各开放空间界面高度最大值与最小值的比率，其变化由整体建筑高度分配决定。由于整体容积率一定，开放空间垂直错落度越高，模型整体形态越是参差不齐，反之则越均匀。

在 WL1 的优化过程中，在第 0—100 代时稳定在 9 左右，在第101—200 代时开放空间垂直错落度呈小幅下降趋势，从第 201 代开始维持稳定，数值徘徊在 6 左右，明显高于 SL1 和 SH1 的值（图 4-133）。

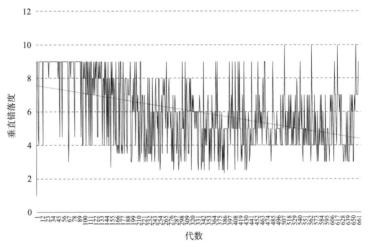

图 4-133　WL1 中开放空间垂直错落度变化趋势

图 4-134 显示 WL1 中开放空间垂直错落度与室外平均 UTCI 的非标准系数为 0.023 1，R 方为 0.00，说明二者无明显线性关系，呈正相关性。当开放空间垂直错落度越大，即整体模型越参差时，室外平均 UTCI越高，室外微气候舒适度越高。

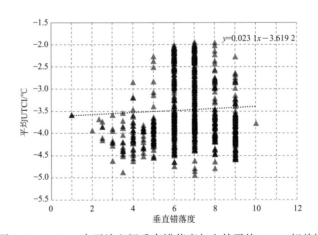

图 4-134　WL1 中开放空间垂直错落度与室外平均 UTCI 相关性

在 WH1 的优化过程中，开放空间垂直错落度呈下降趋势，但由于整体波动幅度较大，趋势较不明显（图4-135）。

图4-136显示WH1中开放空间垂直错落度与室外平均UTCI的非标准系数为0.060 7，高于WL1的数值，R方为0.01，说明二者无明显线性关系，呈正相关性。

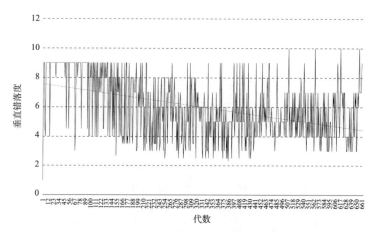

图4-135　WH1中开放空间垂直错落度变化趋势

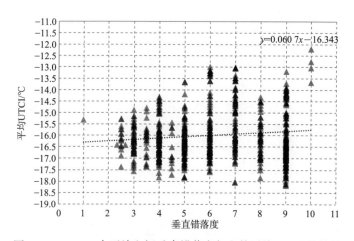

图4-136　WH1中开放空间垂直错落度与室外平均UTCI相关性

以上两个实验的数据表明，在WL1、WH1设定下的开放空间垂直错落度与室外平均UTCI呈正相关，与室外舒适度呈正相关。

在WL1中，开放空间垂直错落度的提升意味着建筑高差拉大，形成少部分高层、大部分低层的格局，外部空间大多可以获得充足的日照，整体舒适度升高，但也加快了高层所带来的下沉湍流的速度，因此在WL1优化过程中错落度最终略有下降，保持在一个较高的数值。在WH1中，由于寒风对气候舒适度的影响更大，在优化过程中可知高层在WH1中的最大作用是提供风影区保护，因此错落度与UTCI的非标准系数也较SL1的值高。

（5）容积率

在实验 WL2 中，由于建筑密度和建筑高度分布固定，而各建筑底面积为变量，因此不同的面积分配将导致最终整体容积率的变化。当高层建筑趋于被分配到较大底面积，而低矮建筑被分配到较小底面积时，容积率上升，反之则下降。观测容积率的变化有助于分析面积分配趋势。

在 WL2 的优化过程中，建筑高度相差较大，整体容积率呈波动上升，增幅较 SL2 要大（图 4-137）。

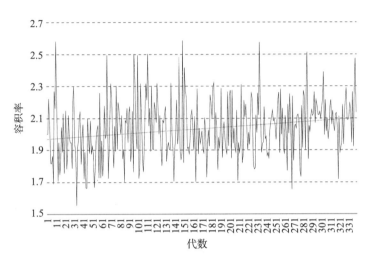

图 4-137　WL2 中容积率变化趋势

图 4-138 显示 WL2 中容积率与室外平均 UTCI 的非标准系数为 0.328 7，R 方为 0.03，说明二者无明显线性关系，呈正相关。当高层建筑倾向于被分配到较大底面积，而低矮建筑被分配到较小底面积时，室外平均 UTCI 上升，舒适度提升。

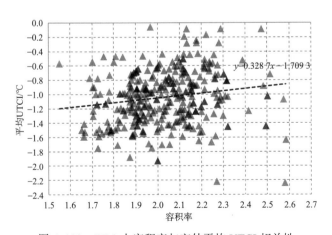

图 4-138　WL2 中容积率与室外平均 UTCI 相关性

以上数据表明在 WL2 设定下的容积率与室外平均 UTCI 呈正相关，即与舒适度呈正相关。由于在 WL1 的最佳结果中，大部分高层建筑均靠北布置，当这些建筑被赋予较大底面积的时候，作为气流入口的开放空间面积被缩减，从而能在场地北面形成有效的阻风结构，庇护南侧的大部分空间，且这些高层阴影亦不会影响南侧开放空间。南侧大部分建筑被赋予了较小底面积，使得它们不会产生互相遮挡的阴影，不影响南侧开放空间获得充足的日照。

4）开放空间形态因子与通用热气候指数线性回归分析

为进一步明确各形态因子对微气候的影响作用大小，本节将使用数据分析软件 SPSS 对 WL1 和 WH1 实验中的形态因子进行多元线性回归分析。

在分析前首先设置自变量和因变量。根据上文可知，微气候舒适度与开放空间平均高宽比、开放空间体积、开放空间平均 SVF 和开放空间垂直错落度均相关，因此将这四项因子设置为自变量；将室外平均 UTCI 设为因变量，分别对 WL1 和 WH1 的结果进行线性回归分析。

（1）WL1 多元线性回归分析

对 WL1 各个因子与室外 UTCI 做回归分析，如表 4-6 所示。四项指标的显著性均为 0.000，影响较为显著。

表 4-6　WL1 多元线性回归指标

类别	非标准化系数		标准系数	t	显著性	共线性统计量	
	B	标准错误	Beta			容差	VIF
1（常量）	−9.599	2.742	—	−3.500	0.000	—	—
开放空间体积	−3.191E−6	0.000	−0.211	−5.684	0.000	0.630	1.587
开放空间平均高宽比	−5.973	1.148	−0.190	−5.203	0.000	0.653	1.532
开放空间平均 SVF	0.506	0.032	0.550	15.726	0.000	0.712	1.404
开放空间垂直错落度	−0.085	0.016	−0.175	−5.212	0.000	0.769	1.301

多元回归模型中各个回归系数所对应的方差膨胀因子 VIF 均小于 5，应该认为模型不存在共线性问题。从标准系数绝对值大小来看，四个因子依次是开放空间平均 SVF（0.550）、开放空间体积（0.211）、开放空间平均高宽比（0.190）及开放空间垂直错落度（0.175），代表了对室外平均 UTCI 影响程度高低的排序。

假设开放空间体积为 X_1，开放空间平均高宽比为 X_2，开放空间平均 SVF 为 X_3，开放空间垂直错落度为 X_4，室外平均 UTCI 为 Y，所得方程为

$$Y=（−3.191E−6）X_1−5.973X_2+0.506X_3−0.085X_4−9.599 \qquad （式 4-3）$$

其中多重判定系数 R 方为 0.33，证明各因子与因变量有一定的线性关系，但并不显著。经过多组数据检验，计算值与实际值相差在 0.1 左右，较为可靠（表 4-7）。

表 4-7　WL1 公式检验

开放空间体积 /m³	开放空间平均高宽比	开放空间平均SVF/%	开放空间垂直错落度	室外平均 UTCI实际值	室外平均 UTCI 计算值
1 523 900	1.61	40.85	8	−4.17	−4.09
1 541 300	1.58	41.39	9	−3.80	−3.78
1 636 800	1.54	42.02	9	−3.56	−3.52
1 620 300	1.57	41.87	9	−3.77	−3.73
1 513 600	1.61	41.54	9	−3.74	−3.79

（2）WH1 多元线性回归分析

在表 4-8 中，开放空间体积的显著性为 0.038，无明显影响；开放空间垂直错落度的显著性为 0.006，开放空间平均高宽比、开放空间平均天空可视因子的显著性为 0.000，影响非常显著。

表 4-8　WH1 多元线性回归指标

类别	非标准化系数		标准系数	t	显著性	共线性统计量	
	B	标准错误	$Beta$			容差	VIF
1（常量）	−20.986	5.117	—	−4.102	0.000	—	—
开放空间体积	−2.176E-6	0.000	−0.101	−2.083	0.038	0.595	1.681
开放空间平均高宽比	−7.828	2.122	−0.190	−3.688	0.000	0.531	1.884
开放空间平均 SVF	0.517	0.086	0.352	6.041	0.000	0.416	2.405
开放空间垂直错落度	−0.080	0.029	−0.157	−2.732	0.006	0.427	2.342

多元回归模型中各个回归系数所对应的方差膨胀因子 VIF 均小于 5，应认为模型不存在共线性问题。从标准系数绝对值大小来看，四个因子依次是开放空间平均 SVF（0.352）、开放空间平均高宽比（0.190）、开放空间垂直错落度（0.157）及开放空间体积（0.101），代表了对室外平均 UTCI 影响程度的排序。

假设开放空间体积为 X_1，开放空间平均高宽比为 X_2，开放空间平均 SVF 为 X_3，开放空间垂直错落度为 X_4，室外平均 UTCI 为 Y，所得方程为

$$Y = （−2.176E-6）X_1 − 7.828X_2 + 0.517X_3 − 0.080X_4 − 20.986 \qquad （式 4-4）$$

其中多重判定系数 R 方为 0.08，证明各因子与因变量无明显线性关系。经过多组数据检验，计算值与实际值相差在 0.1 左右，较为可靠（表 4-9）。

表 4-9　WH1 公式检验

开放空间体积 /m³	开放空间平均高宽比	开放空间平均SVF/%	开放空间垂直错落度	室外平均 UTCI实际值	室外平均 UTCI 计算值
1 506 700	1.62	42.34	9	−15.71	−15.78
1 551 300	1.60	41.92	9	−15.83	−15.93
1 581 400	1.56	41.81	9	−15.95	−15.77
1 479 200	1.63	41.43	9	−15.88	−15.94
1 552 200	1.58	40.55	3	−16.05	−16.01

5）小结

上述三节分别从开放空间垂直布局、开放空间水平布局和开放空间形态因子三个方面与微气候舒适度的相关性，揭示了在夏热冬冷地区冬季环境下开放空间对微气候的优化机制。从分析结果可以发现，开放空间对微气候舒适度的作用主要体现在其对日照和风环境的影响上。对于冬季而言，升温效果可以通过增加日照面积和避免风害来达成。

对于前者而言，在容积率和建筑密度一定的条件下，应拉开建筑体量差距，并使节点型开放空间远离高大建筑物，使大部分空间能享受到日照所带来的辐射增温；可将较大体量的建筑置于场地北部，将节点型开放空间置于场地南部，使建筑阴影尽量不影响其他空间。

对于后者而言，在容积率和建筑密度一定的条件下，应在拉开建筑高差的基础上将高层建筑置于场地北侧，使其成为挡风的有力屏障；为避免节点型开放空间带来的风廊，应将其垂直于盛行风向布置，并远离高层和盛行风入口；在建筑密度一定的基础上，应缩小北部开放空间的面积和风入射口的宽度，以减少气流向场地内部渗入。

对于夏热冬冷地区的冬季来说，兼顾以上两点的开放空间布局方式能在现有环境下有效提升室外舒适度；与此同时，也应关注气候条件来确定各自效应对场地增温的影响权重，最终因地制宜地制定开放空间设计策略。

4.4 策略探讨与总结

4.4.1 设计策略总结

本章分析了六个模拟实验结果，分别从冬夏两季开放空间形态布局对日照环境和风环境的不同影响进行剖析。在本书所设定的前提条件下，关于夏热冬冷地区开放空间形态对微气候改善的规律性分析总结如下：

1）开放空间垂直布局

开放空间的垂直属性由围合开放空间的建筑构成，不同的垂直布局会直接影响场地中太阳辐射得热和风速变化，其中开放空间高度由于对通风和日照的影响较大，其布局模式须加以关注。

在夏季，大致相似的开放空间高度能使场地均匀获取建筑阴影，保证日影区域的连续性，减少太阳辐射得热，均匀的垂直界面利于提升层峡风速；同时自西北向东南高度逐渐降低的开放空间能更有效地导入东南风；高低错落的开放空间排布帮助调动气流穿越街区，实现增进通风、带走热量的效果。

在冬季，提升开放空间高度差异，形成大部分低矮、少量高耸的布局方式能以牺牲部分空间效果为代价，帮助其余空间争取良好日照，以达成整体最优；自北至南高度逐渐降低的开放空间利用其对高空来风的拖曳作用及高层产生风影区的保护作用，能有效阻挡北风，同时使建筑阴影对南部空间不产生大的影响；将高度较高的开放空间布置在场地边缘能减少其所带来的气流涡旋对场地其余部分造成的不利影响（表 4-10）。

表 4-10　开放空间垂直布局策略总结

类别		开放空间垂直布局	
		策略	原因
夏季	辐射环境	开放空间维持大致均匀的高度	使场地均匀覆盖建筑阴影，降低辐射温度
	风环境	自西北至东南高度逐渐降低，且高度间维持一定差异	有效引入东南风，同时调动气流，促进层峡通风
冬季	辐射环境	提升开放空间高度差异，维持大部分南部开放空间低矮、少部分北部开放空间较高	使大部分南部低矮开放空间不受建筑阴影干扰，获取充足日照，达成整体最优
	风环境	自北至南高度逐渐降低，将高度较高的开放空间布置在场地边缘	利用风影区减弱南部场地的风速，同时减少较高开放空间增强的风速对其余空间的不利影响

2）开放空间水平布局

开放空间的水平向几何属性及布局直接关系到开放空间中阴影的形成和风速的变化，造成不同的室外微气候（表 4-11）。

在夏季，在街区中均匀放置广场等节点空间有助于增进街区内部各空间的通风效果，将其与高层建筑相结合可提高对直射阳光的遮蔽效率，保证节点空间的舒适性，同时利用高大建筑物引起的地面层局部高速湍流作用来促进通风。为此，应使开放空间布局避免与夏季主导风向正交，以避免出现静风状态；同时增大迎风口开放空间的宽度和面积，提升风速，促进气流进入街区内部。

在冬季，广场等节点型开放空间应结合低矮建筑并靠南侧布局，以规避高层建筑所带来的日影区和气流影响；开放空间布局尽量与冬季主导风向成 45° 或垂直，在与夏季策略不能兼顾的同时应优先考虑夏季风向；自南至北开放空间面积和宽度逐渐降低的布局方式有助于避免寒风过多地穿越街区层峡。

表 4-11　开放空间水平布局策略总结

类别		开放空间水平布局	
		策略	原因
夏季	辐射环境	场地中均匀布局广场等节点型开放空间，避免出现大片开放空间	使广场空间能够获取周围建筑的阴影遮蔽，避免曝晒
	风环境	开放空间沿南—北或东南向布置，增大场地南、东南部分开放空间的面积	有效引入东南风，提升风速，促进气流进入街区内部
冬季	辐射环境	广场等较大面积的开放空间靠南布置	减少建筑带来的日照遮蔽
	风环境	缩减北部开放空间面积和迎风口尺寸，增加南部开放空间面积，避免呈南—北线性布置	减少北部通风量，利用建筑风影区来减少北风侵袭，垂直于盛行风向以形成静风区

3）开放空间形态因子

（1）开放空间高度

开放空间高度反映了其周边围合建筑界面的高度，在本书实验中同一建筑的四个侧界面被设定为同一高度，因此开放空间高度的数值实际反映了周围建筑的高度，该数值影响了开放空间的日照和风环境。较高的开放空间为其提供了更多的日照阴影。从风环境角度来看，较高的开放空间一方面增强了层峡通风，提高了风速，另一方面在背风面形成风影区，可减弱风速。对于冬夏两季均需达成最优的夏热冬冷区而言，合理分配开放空间高度至关重要。季风区主导风向的差异使得看似矛盾的需求可以得到实现，结合上文的总结，开放空间高度由北至南呈逐渐降低趋势是整合两季不同需求的整体最优方案，不仅确保了微气候舒适度，从各建筑采光需求来看也较为合理。

（2）开放空间高宽比

较高的街道高宽比能为街区带来更多的日影区，虽有助于夏季降温，但不利于冬季获取充足阳光，因此较高的高宽比适用于南北走向的街道。同时，高宽比的增大也能促进层峡通风效应，这是由于夏热冬冷地区全年空气湿度较高，需结合街区不同走向的开放空间进行高宽比的配置。经模拟，在南京一个容积率为 2.0、建筑密度为 30% 的街区中，所得理想平均开放空间高宽比的数值为 1.58—1.62。

（3）开放空间体积

开放空间体积表达了开放空间的尺度，在方格网规整布局的街区中在一定程度上表达了街道层峡截面的尺寸，截面面积越大将越有利于层峡内空气流速的提升，进而促进城市通风。故宜增大夏季主导风入口处和顺应主导风向的开放空间体积，缩减冬季主导风入口处和顺应主导风向的开放空间体积，以创造良好的全年风环境。

（4）开放空间天空可视域

开放空间 SVF 表达了开放空间天空的开敞程度，它影响了开放空间获取日照的能力。在夏季，应减少整体 SVF 以获得充足的阴影遮蔽，冬季则相反。SVF 还影响开放空间的散热能力，大量文献指出其与城市热岛强度息息相关。较高的 SVF 使开放空间辐射得热增加，散热能力增强，热岛强度降低；反之亦然。无论是冬季还是夏季，SVF 的变化对微气候的改善作用敏感而复杂，需找寻各种影响能力的平衡点以获取最优值。

（5）开放空间垂直错落度

它表达了开放空间的高度差异，在容积率一定的情况下它体现了整体开放空间的高度布局。夏季应减小错落度使场地获得均匀的阴影遮蔽，冬季则相反。同时，保持开放空间一定的错落度有助于增强场地内的通风效果，带走污染，降低湿度，保证室外环境的安全舒适。

（6）容积率

该指标通常被用来描述某一街区的开发强度。在传统观念中，随着容积率的增加，开放空间获得日照的能力逐渐减弱，城市热岛强度逐渐增强，这两者似乎应存在某一平衡点。遗憾的是目前还无法对热岛强度进行模拟，因而暂时无从验证。不过从实验结果可知，通过对街区建筑容积率的合理分配，可在增加开发强度的同时兼顾整体微气候的改善。

4）不同气候条件下的策略

在夏热冬冷地区应尽量通过适当的开放空间布局来满足全年微气候舒适度的需求，当冬夏两季不能兼顾时应优先考虑夏季的情况。

综上所述，在垂直布局上，开放空间宜采用北高南低的布局方式，同时保持高度上有一定的错落度；在水平方向上，布局宜与夏季主导风向呈 30°—60° 夹角，且应扩大该方向上开放空间层峡的截面面积和高宽比，增加南面开放空间的面积和开敞度，缩减北侧开放空间的面积和开敞度。

除季节性的微气候环境变化外，各地区也有着不同的基本的气候条件，这些气候参数对微气候有不同影响。通过前文对数据的分析可知，当气候参数值不同时，其对微气候影响的权重也随之改变，会导致开放空间设计时针对性的优先级会有所不同，从而形成不同甚至相反的布局模式，例如较高高度开放空间布局的位置选择、广场类开放空间集中或分散布局等。因此，气候适应性开放空间的设计策略不存在普遍适用的最优解，应根据不同的气候特点合理制定（表 4-12）。

表 4-12　不同气候条件下开放空间布局策略差异

类别		开放空间布局	
		策略差异	原因
夏季	轻风 2.5 m/s	开放空间高度由西北至东南逐渐降低；节点空间分散布局	引入东南风，使开放空间的通风散热效果均匀惠及整个场地
	和风 8 m/s	最高开放空间位于场地中央；节点空间集中布局，与高层建筑结合布置	增强中心风速，调节整个场地的气流速度
冬季	轻风 2.5 m/s	最高开放空间位于场地边缘	避免建筑带来的日照遮蔽
	和风 8 m/s	最高开放空间位于场地中央	利用风影区保护背风面空间不受风害

4.4.2　从策略指引到模式语言

在上述策略的指引下，通过结合实际需求，设计师可合理布局开放空间，完成气候适应性街区的设计草案。该方案（图 4-139）微气候条件如下：夏季平均温度为 33.4℃，湿度为 63%，风速为 2.5 m/s，平均 UTCI 为 36.5℃；冬季平均温度为 1℃，湿度为 89%，风速为 2.5 m/s，平均 UTCI 为 -1.1℃。比较前文 SL1 的最优解为 36.5℃，SL2 的最优解为 36.0℃，WL1 的最优解为 -1.9℃，WL2 的最优解为 -0.1℃，该方案虽未在单个季节达成最佳结果，但冬夏两季均好性突出，都达到了较好的微气候舒适度效果，证实了该策略对指导气候适应性开放空间设计的有效性。

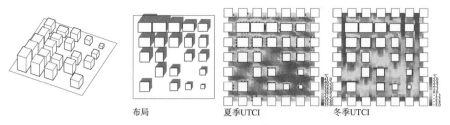

布局　　　　　　　　夏季UTCI　　　　　　冬季UTCI

图 4-139　策略指导下的街区开放空间布局方案

上述方案是在策略层面的体现，虽然无法满足建筑形式、日照间距、建筑功能等具体要求，但可以转化为适应夏热冬冷地区街区设计的基本模式语言。该应用不仅仅限于本书设定的实验原型，也初步构成了理想状态下城市开放空间布局的基本模式语言。

1）街区

在街区层级范围内，该模式可转化为街区基本单元。单元尺度为 280 m×280 m，其中街区部分约为 250 m×250 m，其外周布置一圈 15 m 宽的开放空间廊道，既可作为与周边环境接触的矛盾缓冲区，拥有与现有环境共生的可能，也可布置绿化水体作为环绕单元的绿带，为街区构筑生态系统，可用以调节微气候、缓解城市热岛效应。该单元的基本尺寸与构筑城市社区的要求相吻合。因此当该单元与实际情况相结合时，可根据不同的容积率、建筑密度、地形和建设需要进行微调，完成气候适应性城市开放空间的快速构思。

案例选取南京玄武区某地块作为模式语言及与实际工程相结合的研究示范样本（图 4-140）。

地块

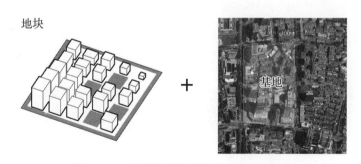

基地

图 4-140　基本模式单元与街区设计相结合

该街区位于南京城中，由丹凤街、大石桥街、中山路和珠江路围合而成，长约 400 m，宽约 250 m，基地面积为 114 293 m²。街区功能混杂，其周边为超高层商业办公建筑和多层商业，内部主要为点式超高层和板式低层居民区，整体容积率为 4.5，建筑密度为 40%，对街区 UTCI 计算如图 4-141 所示。

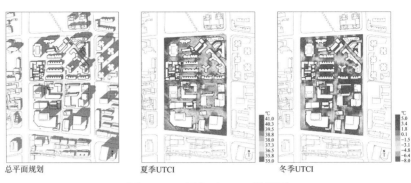

总平面规划　　　　　　　夏季UTCI　　　　　　　冬季UTCI

图 4-141　原街区 UTCI 计算图

其中，夏季室外平均 UTCI 为 37.4℃，平均辐射温度（MRT）为 39.6℃，平均风速为 1.1 m/s；冬季室外平均 UTCI 为 -1.9℃，MRT 为 1.7℃，平均风速为 0.9 m/s。

上述计算结果与实际体验相符，高层所带来的阴影对其北部开放空间产生了较多的阴影遮蔽，减少了太阳辐射的获取量，内部剩余空间则受阳光曝晒。高层建筑为街区边缘带来的下行湍流使人感到不适，冬季更是北风肆虐；其内部空间则成为静风区，风速较低，夏季较为闷热。街区内的开放空间因权属问题各自独立不成系统，未能发挥整体优势。

利用模式语言对街区开放空间进行重新设计，在保证相同容积率、建筑密度和功能类型的基础上可得到优化方案。相较原方案，现方案保留了原来大部分的功能建筑，使街区原有功能得到保障。街区外延留出绿化带，降低街区建筑与周边环境之间的相互影响，同时隔离道路上的噪声与污染。对方案街区的 UTCI 进行计算，结果如图 4-142 所示。

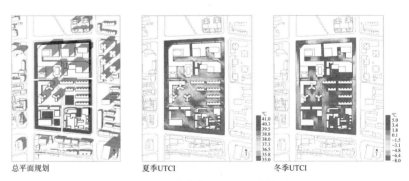

总平面规划　　　　　　　夏季UTCI　　　　　　　冬季UTCI

图 4-142　方案街区 UTCI 计算图

其中，夏季室外平均 UTCI 为 38.0℃，MRT 为 41.7℃，平均风速为 1.3 m/s；冬季室外平均 UTCI 为 -0.2℃，MRT 为 2.3℃，平均风速为 0.7 m/s。

夏季室外平均 UTCI 和 MRT 有所提升，从图 4-142 可以发现升高的主要原因为外围留出的开放空间廊道受日光曝晒，由于软件无法模拟绿化带来的增益和周边环境中的人工热源，因此会比实际结果偏高。而风速相比原方案有所提升，内部成体系的开放空间形成的风廊效果明显，并将风有效导入场地内部，改善了整体通风效果。冬季室外平均 UTCI 和 MRT 均有明显提升，风速亦有明显降低，将高层及其裙房置于场地北侧的做法能有效阻挡北风，使南部场地及开放空间拥有较低风速，且能获得良好的日照效果。就整体而言，优化方案对气候舒适性提升较为明显。

2）组群

该模式不仅适用于街区尺度，而且适用于建筑组合调整，以局部针灸的形式渗入老城区的更新改造。该模式在组群层级下可转化为建筑组合基本单元。单元尺寸视实际情况加以改变，其外围布置有一圈 5 m 的开放空间廊道作为缓冲。当该单元与实际相结合时，可根据不同的容积率、建筑密度和功能进行调整，完成气候适应性城市开放空间的快速布局（图 4-143）。下文以上述案例街区中的一组建筑为例加以说明。

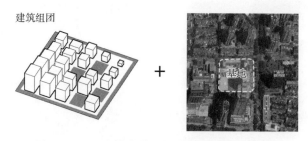

图 4-143　基本模式单元与建筑组团设计相结合

该建筑组团毗邻丹凤街，总建筑面积为 61 900 m²，长约 100 m，宽约 100 m，主要由同仁小学、同仁新寓、办公建筑和临街商业构成，大部分建筑为 5—7 层，其中最高建筑为 32 层。对该建筑组团 UTCI 进行计算，结果如图 4-144 所示。

图 4-144　原建筑组团 UTCI 计算图

其中，夏季室外平均 UTCI 为 35.5℃，MRT 为 38.5℃，平均风速为

0.5 m/s；冬季室外平均 UTCI 为 0℃，MRT 为 1.7℃，平均风速为 0.8 m/s。

该计算结果与实际体验相符，位于南侧的高层给整个建筑组团带来很大影响，尤其在上午，场地被笼罩在其阴影下，这在夏季有一定的降温优势；但在气温最高的下午时分，阴影又无法顾及大部分空间。高层建筑两侧的层峡空间风速较大，在冬天成为不小的威胁。组团内部因处于高层风影区，气流速度较小，这使得在夏季内部空间闷热潮湿。

利用模式语言对建筑组合之间的开放空间进行重新设计，在保证相同容积率、建筑密度和功能类型的基础上可得到优化方案。方案调整了原方案中各功能建筑的位置，确保原有功能正常运行。组团外围留出绿化带，降低建筑与周边环境的互相影响，增加组团绿化面积，同时隔离道路上的噪声与污染。对方案建筑组团的 UTCI 进行计算，结果如图4-145 所示。

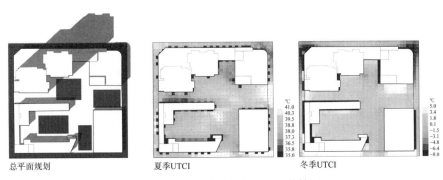

总平面规划　　　　夏季UTCI　　　　冬季UTCI

图 4-145　方案建筑组团 UTCI 计算图

其中，夏季室外平均 UTCI 为 35.8℃，MRT 为 41.0℃，平均风速为 0.6 m/s；冬季室外平均 UTCI 为 1.0℃，MRT 为 2.1℃，平均风速为 0.6 m/s。

与原方案比较可以发现，该方案因将高层布置在北侧，减少了阴影覆盖范围，在夏季时平均辐射温度和室外平均 UTCI 略有提升，同时风速也有一定增加。但该做法增加了南部建筑的日照时间，有益于太阳能资源的利用，且风亦有一定的降低湿度的效果，因而实际感受温度较计算值更低。在冬季时室外平均 UTCI 提升明显，太阳辐射获取量和风速降低量均较为显著，说明该方案在冬季实现了良好的日晒、防风效果。整体而言，优化方案对组群层级的微气候舒适性提升较为明显。

3）片区

该模式同样适用于新城开发等尺度规模，在总体城市设计层级下可转化为基本的片区单元。单元契合实际地形，其外沿布置有一圈 50 m 的开放空间作为与外界的生物气候缓冲空间。总体上可将片区划分为数个街区单元，可运用同样的开放空间模式语言来确定总体布局策略，确定各街区的容积率、开发强度等指标，这些指标为下一层级，即街区单元提供了设计要求。结合上述要求与模式对各街区进行布局，通过各街区单元间的相互维系和互动在总体城市设计层面上构建气候适应性开放空间设计策略。

案例选取南京六合区某未开发地块作为理想模式与实际用地相结合展开示范（图4-146）。

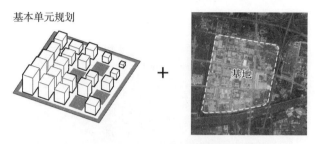

图4-146　基本单元规划与总体规划相结合

基地位于南京城郊马汊河大桥与长城圩大桥交界处，长约2 km，宽约1.6 km，面积为270 hm²，现功能为农村及仓储用地，周边绿地与河流资源丰富，生态良好。拟定新城开发容积率为3.0，建筑密度为30%。

第一步，在地块外围预留出50 m的开放空间廊道后，按照路网划分为数个街区单元，依照规划要求利用模式语言对开放空间进行系统整理，确定各街区的开发强度，定下总体规划的基本格局（图4-147）。

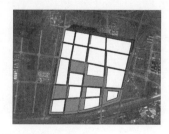

图4-147　气候适应性开放空间总体规划步骤一

第二步，以第一步划分的街区范围和开发强度作为参考，利用基本街区模式对每个街区的开放空间进行规划布局，即可得到相应的气候适应性城市设计草案（图4-148）。由于各街区单元运用策略一致，单元内的开放空间相互联动，将得到具有整体性和系统性的开放空间总体格局（图4-149）。先前学者对这种系统性的开放空间布局模式也有类似的总结并推荐，认为该模式具有一定的合理性与科学性。对该模式总体规划UTCI进行计算，结果如图4-150所示。

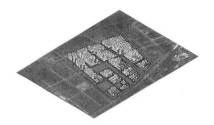

图 4-148　气候适应性开放空间总体规划步骤二

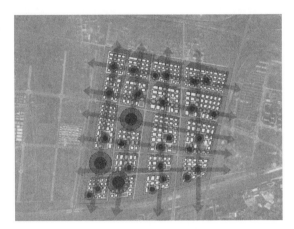

图 4-149　开放空间总体格局

夏季UTCI

冬季UTCI

图 4-150　总体规划 UTCI 计算图

其中，夏季室外平均 UTCI 为 36.7℃，MRT 为 47.1℃，平均风速为 2.5 m/s；冬季室外平均 UTCI 为 −8℃，MRT 为 4.8℃，平均风速为 2.3 m/s。

在夏季，开放空间形成系统，串联起平行于盛行风向的风廊，从西北至东南逐渐降低的开放空间提升了整体气流速度，使其快速带走街区内部的热量。气流进入内部时又途经东南角大片绿地开放空间和南部河流，可降低温度，使室外更加凉爽。在冬季，北侧高层建筑有效阻挡了北风，使其南面大部分区域拥有较高的舒适度。因此，该模式模拟下的总体规划在冬夏两季均取得了良好的室外微气候舒适性。

4）小结

综合以上案例解析可以发现：同样的模式语言作用于不同层级的系统策略，对各层级的气候适应性设计都有一定的指导和参考意义。从整体来看，各层次系统策略呈现出一定的自相似，构成了系统上的分形结构（图4-151），气候适应性模式语言拥有诸多向下细化至群组、向上拓展至片区的可能性，这也使得城市开放空间整体拥有了系统性和协同效果。

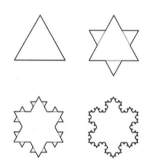

图 4-151　科赫（Koch）雪花分形理念

第 4 章注释

① R 方是多重判定系数，用以判断线性回归直线的拟合优度好坏。

② SPSS（Statistical Product and Service Solutions）是世界著名的统计分析软件之一。

第 4 章参考文献

［1］申杰. 基于 Grasshopper 的绿色建筑技术分析方法应用研究［D］.广州：华南理工大学，2012.

第 4 章图表来源

图 4-1 至图 4-150 源自：笔者绘制 .

图 4-151 源自：维基百科（英文）.

表 4-1 至表 4-12 源自：笔者绘制 .

5　湿热地区城市开放空间生成与自动寻优

5.1　研究概述

5.1.1　研究思路

在传统的设计实践当中，方案设计与性能评估是两个相对独立的过程，建筑师往往是先完成方案设计再进行性能模拟，当设计方案的指标未能达到目标时，需重新调整设计再进行模拟分析直至满足各方面要求，设计与评价脱离使得方案设计的效率受到影响。

本章的核心是突破原有模拟技术的局限来重构设计流程，依靠计算机模拟技术在设计初期介入对环境性能进行模拟和优化，以改变传统的设计流程，将方案设计与性能模拟有机整合，制订优化目标，并由计算机进行自动寻优，实现设计、性能分析与形态优化的实时交互，增强设计者对环境优化可能性的探索，使得整个设计过程更加高效和科学。

为保证设计的适用性与准确性，在建模初期尽可能使其符合实际基地现状，分析基地规模和建筑尺度，在此前提下建立典型模型。在基地范围内按网格生成建筑和公共空间，建筑密度、容积率保持总量一定的状态，公共空间、建筑位置及高度可根据舒适度要求进行优化。通过优化算法将各种设定的参数向更优方向调整，剔除不利结果，将有利的热环境改善的参数保留进入下一次运算，直至出现一个更合适的结果为止，从而提高设计效率。

本章将从总体布局和空间形态两个层面对公共空间热舒适度进行优化模拟：其一是总体层面的定性分析，以了解公共空间热环境与各项气候因素的相关性，从中发现问题、寻找规律，为空间形态的定量分析奠定基础；其二是深入空间形态层面进行定量研究，探寻空间形态参数，如高宽比（H/W）、天空可视域（SVF）与微气候及热舒适度之间的关系。优化模拟后提出"建模—分析—优化"的方法，其主要流程如下：

1）参数化建模

参数化建模，是分析与优化的前提。借助计算机将实际问题抽象成典型的几何模型，并利用参数化模型表达出来，使得参数修改后，建筑模型也会随之改变，同时计算机将这个结果可视化，参数变动的结果实时显示为模型的变动。本章的控制参数为建筑密度、容积率，可变参数是建筑高度调控和公共空间布局，整个过程受下一阶段热舒适度分析结果的约束。

本章使用犀牛（Rhino）平台下的参数化设计插件 Grasshopper 构建形体模型与基地模型，考虑到实验效率与适用性，建筑类型选择办公商业类等形态相对简单的建筑类型，而避免住宅、学校、医疗等日照要求严格、功能形态复杂的建筑类型。设计初期针对问题的转化路径和建模方式对最终运行结果的呈现起决定性作用。

2）热舒适度分析

该阶段针对上述模型中的公共空间热环境进行分析，是影响最终优化结果的关键，主要包括设置气象数据与网格参数、进行热舒适度计算、各代结果显示等环节。首先，气象参数选择湿热地区典型日的气象数据作为分析的基本条件；其次，将网格高度设置在行人高度，即距离地面 1.5 m 处，网格大小设置应既能保证计算的准确度，又能覆盖较大区域范围；最后，运用性能分析插件瓢虫（Ladybug）和蝴蝶（Butterfly）对上述模型进行相应的热舒适度分析，并将热舒适度分布图及数据结果进行输出。

3）评价优化

应用优化算法搜索最优解，即使用参数化设计插件 Grasshopper 平台下的遗传算法插件 Galapagos，设置各种参数与适应度，搭建优化平台，对分析结果进行评价，并使用该评价值驱动优化算法实行自动寻优，更好的建筑及公共空间布局将影响遗传算法中的下一代基因，如不符合目标则会被淘汰，如此循环反复直至获得舒适度最高的那个结果，就是遗传算法寻找的最优方案。优化结束后，提取不同迭代的热舒适度分布图及数据进行可视化分析和数据后处理。

整个流程基于性能目标导向，不同于传统设计中的模拟工具，它是以建筑性能模拟及优化算法为技术基础，建立寻优机制，实现以环境性能为驱动力的自动生成设计，从而改善室外热舒适度（图 5-1）。建筑环境性能设计回归到自下而上的迭代生成模式，回归理性、科学地解决问题。

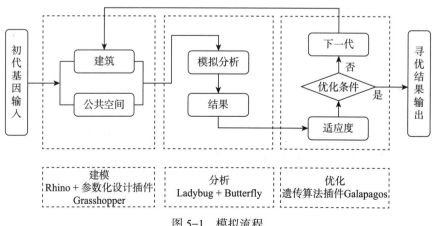

图 5-1　模拟流程

5.1.2 实验对象概况

1）城市中心区

随着城市化进程的快速发展，大量的高密度中心区正在形成，如北京、上海、广州、深圳等一线城市中心区的建设已具备一定规模。本章选取位于湿热地区有代表性的广州珠江新城、深圳福田中心区作为分析原型（图 5-2），对城市中心区的建筑及公共空间布局与规划特点进行归纳整理，结合相关城市规划管理文件的要求，确定研究范围与规模尺度，为参数化建模和公共空间环境热舒适度模拟提供依据。

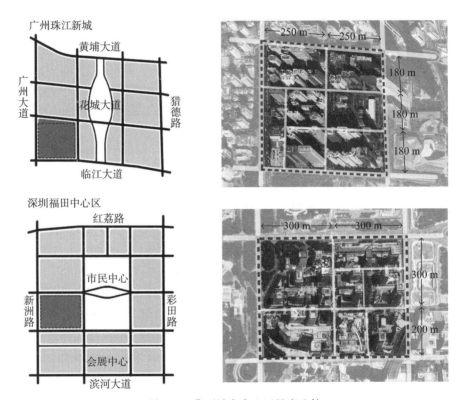

图 5-2　典型城市中心区尺度比较

从城市规划管理文件和相关案例研究分析可以发现，城市对开发强度的控制标准存在很大差异，不过大多容积率和建筑密度上限都集中于 4—8 和 20%—60%。对于空间布局模式，网格状道路最为常见，街廓边长集中在 150—250 m，塔楼标准层面积为 1 400—2 500 m²，平面形式多为正方形。本章采用 200 m×200 m 的街区尺度，建筑平面采用40 m×40 m 的正方形平面，虽然是商业办公功能，但也融合了教育、市政、文化、交通等其他功能，将平均容积率设置为 4.0，建筑密度控制在30% 左右。

2）城市气候特征

模拟实验以湿热地区的典型城市广州为例，当然也适用于与之气候特征相近的城市，如我国的深圳、香港等。

广州地处广东省中南部，珠江三角洲北缘，濒临南海，全年太阳辐射量较大，日照时数达 1 900 小时，年平均气温为 21.4—21.8℃，是全国年平均温差最小的城市之一，最热月的平均气温超过 28℃，相对湿度为82%，最冷月的平均气温为 13℃左右，相对湿度为 80%（图 5-3）。广州风向的季节性很强，春季以偏东南风为主，夏季受副热带高压和南海低压的影响，主导风向为东南风，秋季主导风向是偏北风，冬季受冷高压控制，主要是偏北风。广州全年的平均风速约为 2.0 m/s。

近年来广州的极端高温达 39.2℃，随着全球变暖和城市热岛效应的加剧，气温仍在持续上升。基于广州高温高湿的气候现状，下文将通过实验模拟的方式，探究如何运用有效的城市设计手段来提高湿热地区公共空间的热舒适性。

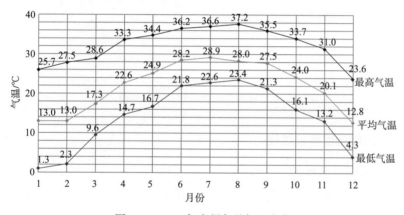

图 5-3　2014 年广州各月气温变化

5.2　总体布局优化实验与步骤

本章主要目的是在既定的密度和容积率限制下，在总体布局层面建立建筑和公共空间形态生成及其自动优化模型，通过系统自动寻优，探寻最理想的布局模式。系统设置包括建筑形态的抽象生成、热舒适度模拟过程［气象数据输入、网格参数设置、通用热气候指数（UTCI）通用热气候指数计算、结果显示］、优化算法平台搭建（优化目标设定、数据输出）等主要程序。

5.2.1　建筑形态的抽象生成

由于时间和计算机运算能力的限制，在优化实验中不考虑复杂周边环境的影响，选择具有代表性的网格状路网，点群式建筑布局，将地块设置为 200 m×200 m，包含 4 个街区（图 5-4），这一尺度的结构实用性强、交通可达性强。建筑形态一致，均被简化为 40 m×40 m 的正方形，将层高固定为 4 m，建筑间距为 30 m。同时，为简化模拟变量，控制总计算量，将公共空间认定为建筑高度为 0 m 的情况，控制 0 m 的总个数为 8 个，位置进行随机挑选。使用 Rhino 平台下的参数化设计插件 Grasshopper 进行建筑形体与基地的参数化建模，以保持建筑密度为 30%、容积率为 4.0，在此条件下再以基本布局为原型，通过参数调节来实现建筑和公共空间的形态生成与自动优化，实现室外热舒适度的改善。

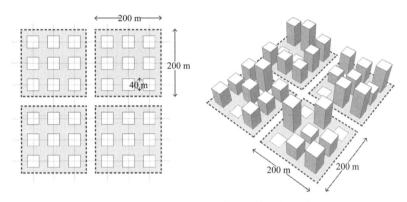

图 5-4 总体布局层面的建筑形体抽象生成

5.2.2 热舒适度模拟过程

1）设置气象数据

气象数据使用建筑能耗模拟软件 EnergyPlus 官方网站所提供的广州天气文件（.epw)[1]，其中包括每小时的温度、湿度、风向、风速及太阳辐射等数据。

该网站提供了全球 100 多个国家上千个城市的典型气象数据，".epw"格式的气象数据也逐渐成为通用的气象数据交换格式，被环境模拟软件和综合能耗模拟软件广泛采用。

将数据导入性能分析插件 Ladybug 和 Butterfly（图 5-5），再将分析时

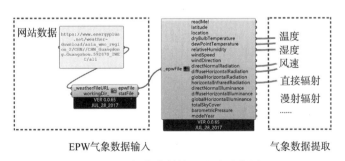

图 5-5 气象参数输入电池示意图

间设定为典型晴朗日 8 月 26 日的 6:00—18:00，共计 12 小时（详见表 5-1）。当日平均辐射温度（MRT）为 55℃，干球温度最大值为 33.0℃，最小值为 25.1℃，平均值为 30.1℃，平均湿度为 69%，风速为 2.4 m/s，主导风向为东南风，具备夏季典型性。

表 5-1 广州夏季典型晴朗日 8 月 26 日的气象参数

时刻	干球温度 /℃	辐射 /（W·m⁻²）	相对湿度 /%	风速 /（m·s⁻¹）	主导风向
6:00	25.1	0.0	94.0	0.0	
7:00	26.0	0.0	89.0	3.0	
8:00	27.1	171.0	85.0	1.0	
9:00	28.0	429.0	79.0	2.0	
10:00	29.5	318.0	73.0	2.5	
11:00	31.1	152.0	66.0	3.0	
12:00	32.0	370.0	59.0	4.0	东南风
13:00	32.0	290.0	59.0	4.0	
14:00	31.5	450.0	65.0	2.0	
15:00	33.0	319.0	59.0	2.0	
16:00	32.0	207.0	59.0	3.0	
17:00	32.6	130.0	60.0	2.0	
18:00	32.0	95.0	59.0	3.0	

2）设置网格参数

网格的大小和数量对于计算结果的准确度有很大的影响，根据热环境、风环境的评价标准，计算的工作面取行人高度，即距离地面 1.5 m 的高度。网格的设置综合考虑建筑体量、空间大小、分析的精细程度等，将大小确定为 10 m×10 m，既能保证计算准确度，又能覆盖较大区域范围。

3）通用热气候指数计算

性能分析插件 Ladybug 提供了用于计算通用热气候指数（UTCI）的电池组，将经过分析计算得出的辐射温度、干球温度、湿度、风速等参数依次输入，进行 UTCI 的计算（图 5-6）。

从实际应用的角度考虑，单个网格点无法反映整个区域公共空间的热环境状况，某个时刻也无法反映白天整个时段内的热环境特征，难以直接指导城市设计，因此计算白天时段 6:00—18:00 所有网格点的 UTCI，然后求得整体平均值，以反映白天时段内整个区域公共空间的热舒适度平均状况[1]。该研究结论主要适用于夏季的白天时段。

4）结果显示

通过图纸配色（LegendPar）电池设置好 UTCI 的颜色分布（图 5-6），分析结果可在 Rhino 软件视图内实时显示，可以通过观察颜色的分布情况，清楚判断热舒适度情况（图 5-7）。各个网格点的热舒适度值也可及时输出。

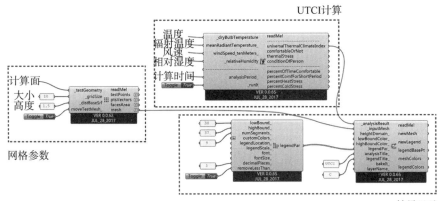

图 5-6 热舒适度模拟局部电池示意图

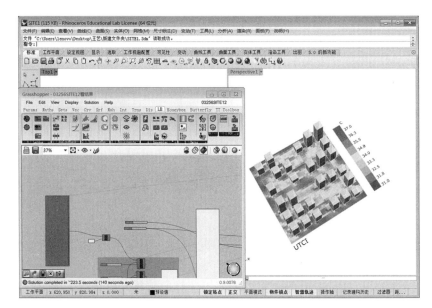

图 5-7 Rhino 视图下结果示意

5.2.3 优化算法平台搭建

1）平台搭建

遗传算法插件 Galapagos 的 "Genome"（基因）端连接需要控制的变量，即建筑高度控制滑块、公共空间位置布局滑块；遗传算法插件 Galapagos 的 "Fitness"（适应度）端连接评价指标，即 UTCI 的平均值。由于广州夏季整体温度较高，UTCI 均高于最佳取值，因此将 UTCI 的平均值最低作为个体去留的判断依据。

在初始种群生成之后，算法程序会依据设定的目标函数对种群中不同的个体进行评价，评价结果的优劣与否，程序将其反馈到初始种群中继续迭代生成下一代的种群，并完成对变量的改变。遗传算法会自动完成多代种群的全局搜索。本次实验经过近 600 代的遗传优化，得到相对最优的建筑和公共空间布局模式，以及与之相对应的变量状态（图 5-8）。

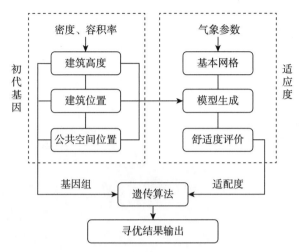

图 5-8　建筑及公共空间优化设计流程

2）结果输出

在遗传过程中，后台会记录下所有数据结果，但由于显示程序界面不便于保存，部分数据无法反映过程变化。使用常用工具插件 ToolBox 提供的写入表格（Write to Excel）电池将全部数据样本输入电子表格 Excel 中，便于后续数据的分析处理。

5.3　总体布局结果分析

首先对系统优化的有效性进行验证，在证明整个遗传优化过程的有效性之后再对实验结果进行定性分析，从热舒适度的相关性、建筑群体布局、公共空间布局三个方面提出具体的优化策略。

5.3.1　有效性检验

根据莫斯塔法·萨迪吉普·鲁德萨里（Mostapha Sadeghipour Roudsari）的研究表明，性能分析插件瓢虫（Ladybug）可较为准确地模拟不同环境下特定时段内的平均热环境状况[2]，其分析结果可满足建筑规划设计要求。从系统收敛情况与布局的变化趋势（图 5-9），以及提取遗传过程中的初始代、中间代和最优代数据进行比较分析后发现，UTCI 从 33.2℃下降到 31.0℃，由此确定遗传算法插件 Galapagos 对目标做出有效优化，系统运行过程具有显著的方向性与有效性，通过系统寻优可得到较为理想的建筑及公共空间布局。

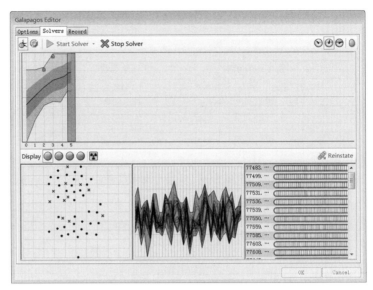

图 5-9　总体布局遗传算法插件 Galapagos 界面示意

5.3.2　优化结果

经过持续的优化过程，得到有效数据 621 代，将全部数据样本输入电子表格 Excel 中，得到 UTCI 收敛到最小的遗传折线（图 5-10）。

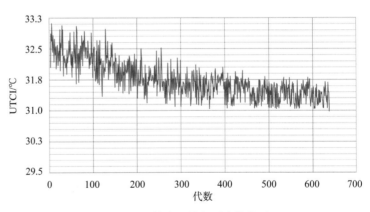

图 5-10　总体布局热舒适度优化过程

提取典型建筑及公共空间布局形态并截取相应的热舒适度分布图，过程记录如图 5-11、图 5-12 所示，颜色差异反映了 UTCI 的分布变化：颜色越红，对应的 UTCI 数值越高，舒适度越低；反之，颜色越蓝，对应的 UTCI 数值越小，舒适度越高。

根据图中形态分布的变化趋势来看，舒适度较高的区域分布在东西向建筑之间的空间。起初建筑高度起伏参差，公共空间分布各异，导致接收的太阳辐射量比较大，对风的引导作用较弱，整体的 UTCI 较大。随着优化的进行，建筑及公共空间的分布出现明显规律，高度趋于平稳，平均 UTCI 从初始代的 33.2℃逐渐降低至 31.0℃，n（代数）=621 代时出现理想的建筑及公共空间布局形态。

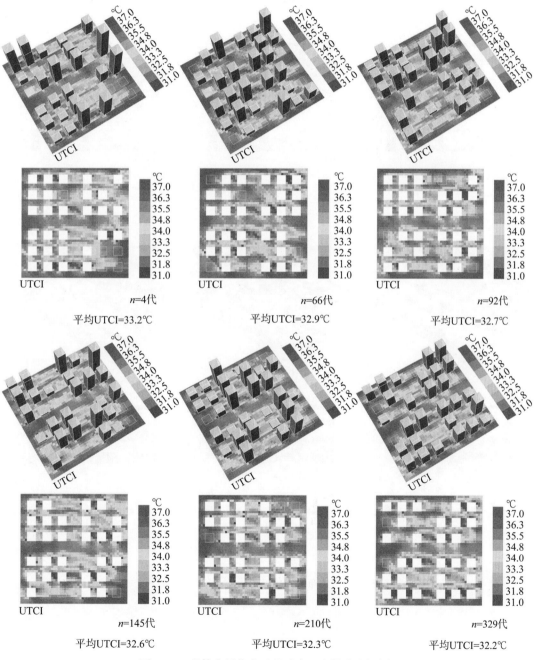

图 5-11　总体布局优化过程示意 1（彩图见书末）

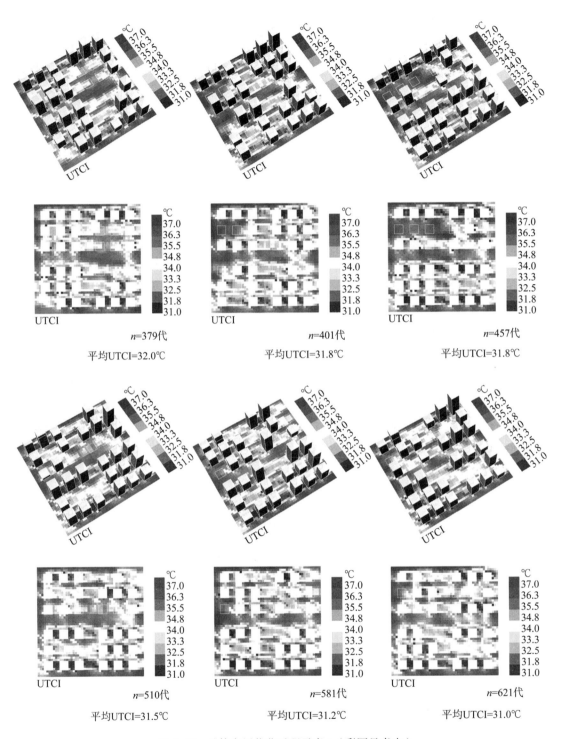

图 5-12　总体布局优化过程示意 2（彩图见书末）

5.3.3 结果分析

1）热舒适度的相关性

从实验结果来看，MRT 的变化趋势随遗传算法的不断运行呈明显下降趋势（图5-13），从初始代的40.5℃下降至38.5℃，平均降温幅度最高可达2℃。图5-14显示初始代与最优代MRT的逐时比较，两者变化趋势一致，最优代MRT始终低于初始代。在7：00至8：00温度逐渐开始拉开差距，在10：00至11：00和14：00至16：00出现两次温度波峰，上午较弱，下午较强，两者温差达到最大值。通过比较可以断定，在太阳辐射最强的时段，建筑之间的相互遮挡，尤其是东西两侧的建筑，大大增强了对太阳短波辐射的吸收和反射，从而减少了到达地面的辐射量，大面积的阴影有效降低了开放空间的温度。

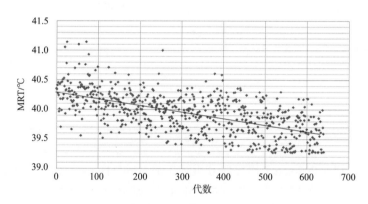

图 5-13　MRT 变化过程

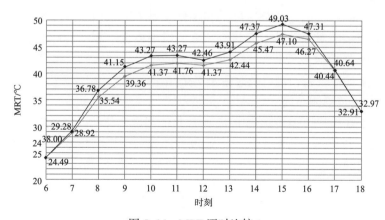

图 5-14　MRT 逐时比较 1

1.5 m 高度处的风速变化如图 5-15 所示。风速变化趋势随遗传算法的不断运行也有上升，由 1.5 m/s 提高至 2 m/s，由此可以判断风速是影响公共空间热舒适度的另一个重要因素，但区域内整体空气流动速度相对缓慢。

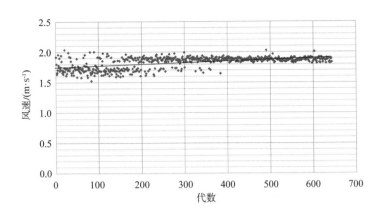

图 5-15　1.5m 高度处的风速变化过程

为进一步评价 MRT 及风速与公共空间热舒适度的关系，采用数据分析软件 SPSS 进行相关性分析，结果如表 5-2 所示。

表 5-2　相关性分析

类别	UTCI/℃	MRT/℃	风速 / (m · s⁻¹)
UTCI/℃	1	—	—
MRT/℃	0.859**	1.000	—
风速 / (m · s⁻¹)	−0.649**	−0.263**	1.000

注：** 表示在 0.01 水平（双侧）上显著相关。

皮尔逊（Pearson）相关性分析结果显示，UTCI 与 MRT 之间呈正相关，且存在显著相关性，相关性 $r=0.859$，显著性 $p < 0.01$（双尾检验）；UTCI 与风速之间呈负相关，且存在显著相关性，$r=-0.649$，$p < 0.01$（双尾检验）。

由此可以得出与热舒适度的相关性：对于夏季白天时段的热环境而言，太阳辐射对于公共空间热舒适度的影响略大于风速的影响。这可能是由于湿热地区夏季近地面处风速普遍较低（<3 m/s），多数呈现静风状态，流动性较差，难以及时带走多余热量。

2）建筑群体布局

表 5-3 给出了遗传优化中 12 组建筑的高度变化情况，可以看出在整体密度、容积率一定的条件下，建筑群体布局是影响热舒适度的重要因素，合理的高度控制和空间分布能有效缓解夏季室外高温状况。

表 5-3　建筑高度分布变化表

代数	UTCI/℃	高度变化 /m	标准差 /m
4	33.2	4，12，20，…，120，160	61.4
66	32.9	4，16，32，…，120，152	48.2
92	32.7	4，12，20，…，136，148	43.1
145	32.6	4，12，28，…，124，148	50.2

代数	UTCI/℃	高度变化 /m	标准差 /m
210	32.3	12，20，32，…，140，148	50.1
329	32.2	12，20，24，…，124，128	34.5
379	32.0	20，48，52，…，120，132	25.4
401	31.8	28，44，60，…，116，120	23.8
457	31.8	44，52，56，…，116，128	21.8
510	31.5	36，52，64，…，104，120	16.8
581	31.2	36，56，60，…，116，120	23.4
621	31.0	40，52，60，…，116，120	21.9

在图 5-16 中，不同的折线代表不同组内建筑高度的变化：初始代建筑高度的起伏由 4 m 上升至 150 m，错落度较大；随着优化的进行，高度变化趋向于缓慢；最优代的建筑高度稳定在 80—90 m。从标准差的计算结果也可看出，高度变化波动从剧烈趋于平缓。

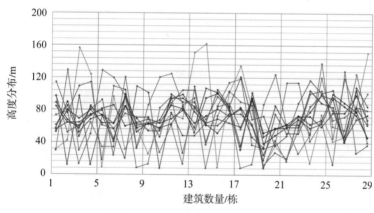

图 5-16　建筑高度分布变化图

究其原因，在炎热的中午，室外舒适度最佳的环境往往出现在建筑之间的外部空间。当建筑高度变化越趋于一致时，在阳光直射下群体建筑对太阳辐射的整体遮挡效果会越好，形成的阴影面积也越大，故能有效降低环境温度，提高整体舒适度。

图 5-17 反映了建筑高度的分布情况：当迎风一侧的建筑高度较低，另一侧建筑高度缓慢升高，形成前低后高的建筑布局模式，利于竖向气流的流动，能将顶部气流引入下部，促进空气流通，创造良好的通风环境并利于微气候的改善。同时，应尽量避免高层建筑紧临低层建筑，这是因为在低层建筑的高度上，通过高层建筑的风会冲击形成向下的下旋湍流，对局部风环境非常不利。

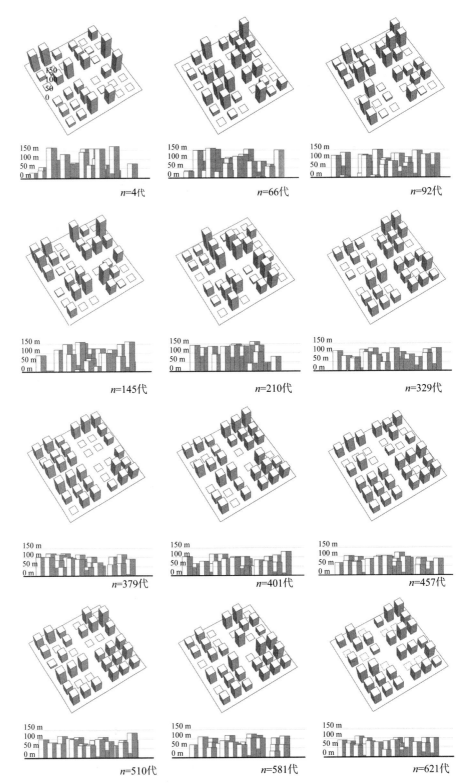

图 5-17　高度分布变化示意

3）公共空间布局

良好的通风廊道是改善街区微气候环境的重要因素。独立于建筑群体之外零星的小空间以及完全集中的公共空间布局形式，都不利于街区内部热舒适度状况的改善（图5-18）。建筑与公共空间（道路、广场、绿地、非建设用地等）之间良好的组合关系已形成一定规模，且相互连通形成系统，顺应当地主导风向，最大限度地促使气流穿越街区内部；同时，还可适当布置绿化及水体，当气流通过时可带走周边热量，这是因为绿化及水体的蒸腾、蒸发作用能有效降低环境温度。因此，良好的公共空间布局形式对改善整体热环境发挥着重要作用。

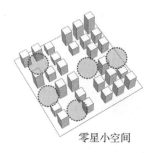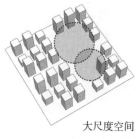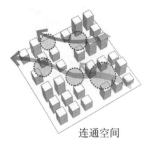

零星小空间　　　　　　　　大尺度空间　　　　　　　　连通空间

图5-18　公共空间布局对比

在可能情况下，公共空间应连接并对齐，形成通道或通风廊道。吴恩融教授提出三种有效模式：一是将公共空间与通风廊道连接；二是将公共空间与低层建筑连接；三是将公共空间与公园绿化连接（图5-19）[3]。其中，通风廊道断面对通风效果有显著影响，迎风面的空气通道宽度至少应是其两侧建筑宽度之和的50%，通风效用才能最大化发挥。当建筑高度增加时，空气通道的宽度也需要随之增加[4]。当高层建筑之间的高宽比大于3时，在近地面往往没有有效的通风，从而形成静风区，此时断面形式应尽量呈"漏斗状"，以利于内部空间的热量散失和污染物的排出。

总之，合理确定建筑与公共空间的组合形式，构建完整连续的公共空间系统，尽量与夏季盛行风向一致且靠近迎风面位置，将外部气流引入，提高街区的整体通风效果，最大限度地改善湿热地区的街区热环境。

5.4　空间形态优化模拟实验

通过对湿热地区街区层面建筑及公共空间的优化分析，得出公共空间的热舒适度与建筑高度布局及公共空间平面布局直接关联。本节将从空间形态的角度出发，进行公共空间热舒适度的相关性分析，引入空间形态的控制参数如 H/W、SVF 等因素，同样借助软件模拟，对其公共空

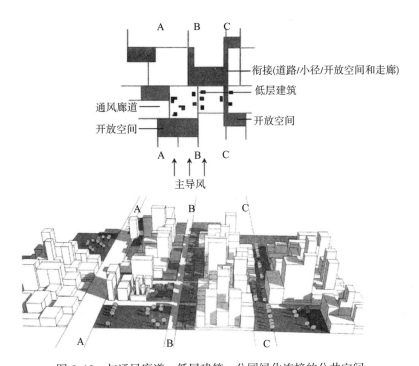

图 5-19　与通风廊道、低层建筑、公园绿化连接的公共空间

注：A 表示公共空间与公园绿化连接；B 表示公共空间与低层建筑连接；C 表示公共空间与通风廊道连接。

间热舒适度进行评估。在空间尺度上，通过常用的参数去描述空间特征，以此改善湿热地区公共空间的热舒适性，为公共空间设计提供量化参考。

本节主要目的是在一定的密度和容积率限制下，通过空间形态的参数控制，寻找最理想的建筑及公共空间布局模式。系统设置主要包括建筑形体的抽象生成、热舒适度模拟（气象数据输入、网格参数设置、UTCI 计算、SVF 计算、结果显示）、构建优化算法平台（优化目标设定、数据输出）等几个步骤。

5.4.1　建筑形体的抽象生成

根据上一节的分析，本节选取一个 200 m×200 m 的地块作为模拟对象，建筑底面均被简化为 40 m×40 m 的正方形，将层高固定为 4 m，建筑间距为 30 m。同时，为简化模拟变量，控制总的计算量，公共空间被认定为建筑高度为 0 m 的情况，控制 0 m 的总个数为 2 个，位置可随机变化。使用 Rhino 平台下的参数化设计插件 Grasshopper 进行建筑形体与基地的参数化建模，保持建筑密度为 30%、容积率为 4.0 的情况下，通过参数调节来实现单元层面空间形态的模拟与分析（图 5-20）。

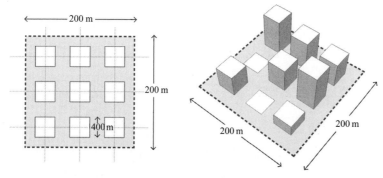

图 5-20　单元层面的建筑形体抽象生成

5.4.2　热舒适度模拟

1）设置气象数据

使用建筑能耗模拟软件 EnergyPlus 官方网站所提供的广州天气文件（.epw) 数据，将其导入性能分析插件 Ladybug 和 Butterfly 中，仍将分析时间设定为典型晴朗日 8 月 26 日的 6：00 至 18：00，共计 12 小时。该日的 MRT 为 55℃，干球温度最大值为 33.0℃，最小值为 25.1℃，平均值为 30.1℃，平均湿度为 69%，风速为 2.4 m/s，主导风向为东南风，具有夏季的典型特征。

2）设置网格参数

根据热环境、风环境的评价标准，计算的工作面取行人高度，距地面 1.5 m。网格设置综合考虑建筑体量、空间大小、分析的精细程度等，将网格大小确定为 10 m×10 m，以确保计算的准确性。

3）通用热气候指数计算

使用性能分析插件 Ladybug 所提供的计算 UTCI 的电池组，将经过分析计算得出的辐射温度、干球温度、湿度、风速等参数依次输入，进行 UTCI 的计算。求解白天时段 6：00 至 18：00 所有网格点的 UTCI 的平均值，以反映整个区域室外公共空间热舒适度的平均状况。

4）天空可视域计算

以网格的形式按一定距离在区域内均匀布置多个计算点，对各个点的 SVF 进行计算，并求得它们的平均值，以此反映整个区域内 UTCI 与平均 SVF 的关系（图 5-21）。

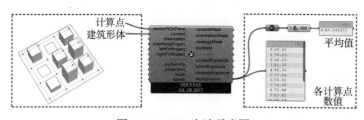

图 5-21　SVF 电池示意图

5）结果显示

分析结果可在 Rhino 软件视图内实时显示，通过观察颜色的分布情况，清晰判断热舒适度状况。各个网格点的热舒适度数值可以及时输出。

5.4.3　构建优化算法平台

1）平台搭建

遗传算法插件 Galapagos 的 "Genome"（基因）端连接需要控制的变量，即建筑高度控制滑块、公共空间布局滑块；遗传算法插件 Galapagos 的 "Fitness"（适应度）端连接评价指标，即 UTCI 的平均值。由于广州夏季整体温度较高，UTCI 也平均高于最佳取值，所以将 UTCI 的平均值最低作为个体去留的判断依据。

在初始种群生成之后，算法程序会依据设定的目标函数对种群中的不同个体进行评价，评价结果的优劣与否，程序将其反馈到初始种群中继续迭代生成下一代的种群，并完成对变量的改变。遗传算法会自动完成多代种群的全局搜索。本次模拟实验经过近 600 代的遗传优化，得到相对最优的建筑及公共空间布局方案，以及与之相对应的变量状态，完成整个优化分析过程。

2）结果输出

在遗传过程中，后台会记录下所有数据结果，但由于显示程序界面不便于保存，部分数据无法反映过程变化，将全部数据样本输入电子表格 Excel 中，便于后续数据的分析处理。

5.5　空间形态生成分析与讨论

先对系统优化的有效性进行检验，在证明整个遗传优化过程的有效性之后，再对实验结果进行定量分析，从 H/W 的影响、SVF 的影响、公共空间的布局模式三个方面提出具体的优化策略。

5.5.1　有效性检验

从系统收敛情况与布局的变化趋势（图 5-22），以及提取遗传过程中的初始代、中间代和最优代数据进行比较分析后发现，UTCI 从 34.4℃下降到 32.0℃，以此确定遗传算法插件 Galapagos 对目标进行有效优化。系统运行过程具有方向性且是有效的，通过系统寻优可以得到较为理想的建筑及公共空间布局情况。

5.5.2　优化结果

经过持续优化过程，得到有效数据 634 代，将全部数据样本输入电子表格 Excel 中，得到 UTCI 收敛至最小的遗传折线，实验数据记录如图 5-23 所示。

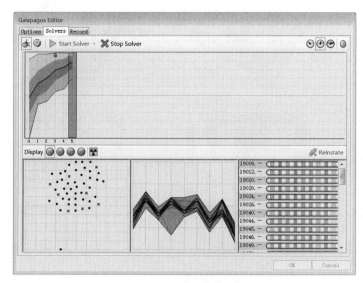

图 5-22　空间形态遗传算法界面示意

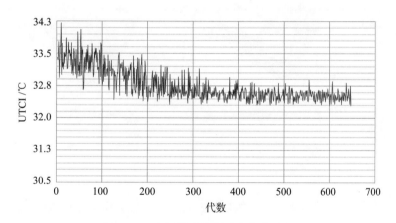

图 5-23　空间形态热舒适度优化过程

提取典型建筑及公共空间布局形态并截取相应的热舒适度分布图，过程记录如图 5-24、图 5-25 所示，颜色差异反映了 UTCI 的分布变化：颜色越红，对应的 UTCI 数值越高，越不舒适；反之，颜色越蓝，对应的 UTCI 数值越小，越舒适。

根据图中形态分布的变化趋势来看，舒适度较高的区域分布在东西向建筑之间的公共空间，趋于集中布局；随着优化的不断深入，UTCI 随形体优化而逐渐降低；n（代数）=634 代时出现理想的建筑及公共空间布局形态，为朝南开放的 U 字形布局模式。

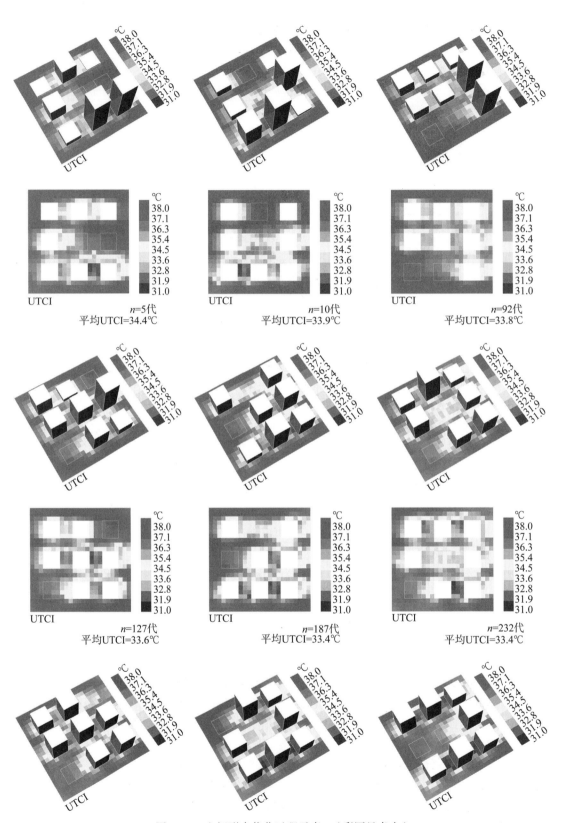

图 5-24 空间形态优化过程示意 1（彩图见书末）

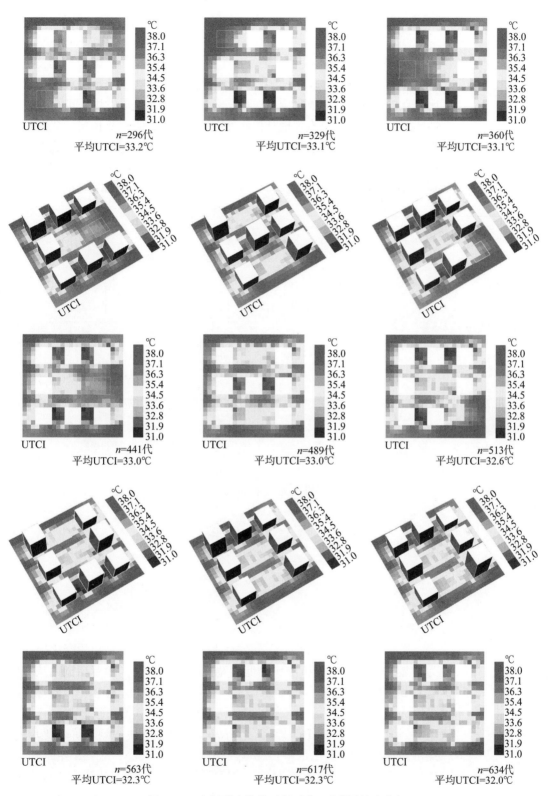

图 5-25　空间形态优化过程示意 2（彩图见书末）

5.5.3　结果分析

1）高宽比的影响

高宽比（*H/W*）表达两侧建筑物平均高度（*H*）和空间宽度（*W*）之比，直接影响到基地内太阳辐射的面积，最终对室外公共空间的热舒适性产生影响。为了更直观地分析此类因素的影响，通过具体实验数据来分析不同高宽比时热环境的变化情况，限于篇幅所限，选取高宽比为0—1、1—2、>2等典型数据（又分两侧建筑等高与不同两种情况）（图5-26），分别分析南北向（N-S）和东西向（W-E）两个不同界面下高宽比的影响。

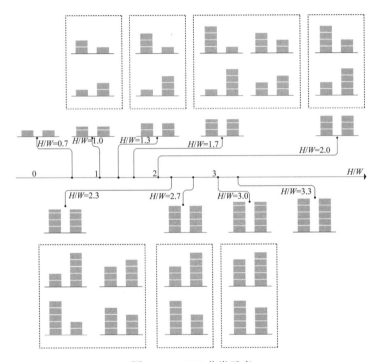

图 5-26　*H/W* 分类示意

（1）南北向界面

实验数据表明，UTCI分布在南北向（N-S）界面之间的变化规律较为明显，较高高宽比布局比较低高宽比布局更舒适，随着高宽比从0增大到2，UTCI明显下降，从33.1℃下降至31.5℃，降幅达1.6℃。这是因为城市街峡高宽比越大，街道两旁建筑物对太阳直接辐射的遮挡越多。当 *H/W*=2 时，UTCI稳定；当 *H/W*>2 时，即使两侧建筑高度升高，热舒适度的曲线变化也不再明显（图5-27）。因此对于N-S界面来说，*H/W* ≥ 2 时可以营造出较为舒适的热环境；同时，随着建筑高度的升高，虽然太阳直接辐射和散射辐射的量有所降低，但是来自建筑的相应的长波辐射会有所增强，即便高宽比增加，其温度下降幅度也有所减弱。

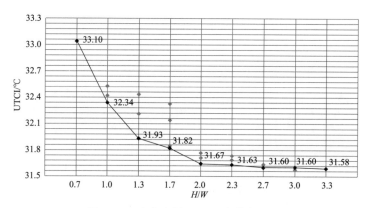

图 5-27　南北向界面 H/W 与热舒适度

　　图 5-28 比较了当一侧建筑高度固定，另一侧建筑高度逐渐升高时，空间热舒适度的变化情况。从图 5-29 的 UTCI 折线变化可以看出，随着建筑高度的升高，UTCI 逐渐降低，舒适度提高，尤其是当西侧建筑升高时，降温效果明显。究其原因是因为下午太阳辐射强度较强，西侧建筑可以阻挡更多的太阳辐射。

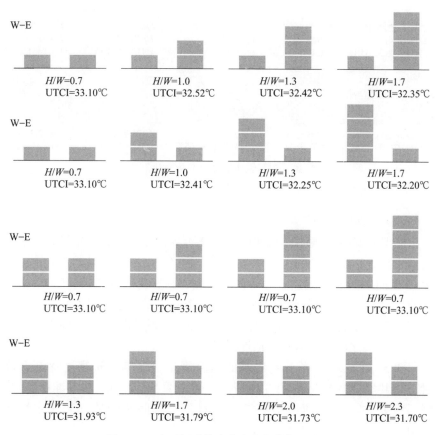

图 5-28　东西侧建筑高度变化与热舒适度 1

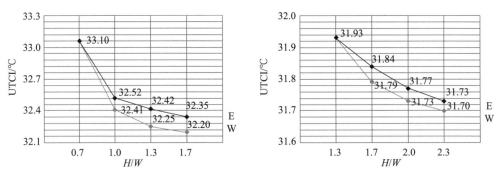

图 5-29　东西侧建筑高度变化与热舒适度 2

图 5-30 比较了当两侧建筑的平均高度一样时，即高宽比保持固定时空间热舒适度的变化情况。随着两侧建筑的高差缩小，UTCI 下降，舒适度随之提高。这是因为当建筑高度保持一致时，在阳光直射下建筑对太阳的整体遮挡效果好，能产生较多阴影，与前面章节结论基本一致。

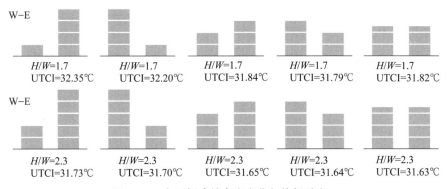

图 5-30　东西侧建筑高度变化与热舒适度 3

（2）东西向界面

模拟实验结果表明，东西向（W-E）界面之间 UTCI 要明显高于南北向（N-S）界面之间，差距在 2℃ 左右（图 5-31），且 UTCI 分布在 W-E 界面之间的变化幅度总体很小，随着高宽比逐渐增大，UTCI 依次降低（图 5-32），但并没有 N-S 界面的降幅明显，这是因为太阳路径是从东到西，在上午、下午时段高度角较低，产生阴影范围比中午大，因此 N-S 界面之间的区域热舒适度较好。

图 5-33 比较了当南侧建筑的高度固定，北侧建筑高度逐渐升高时，公共空间热舒适度的变化情况。可以看出，UTCI 基本维持稳定，舒适度基本不变，即说明南侧建筑对公共空间热舒适度起决定性的作用。

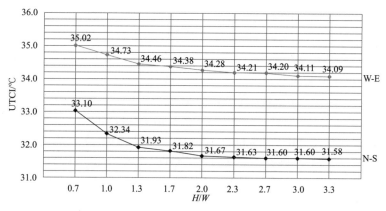

图 5-31　不同方向 H/W 与热舒适度比较

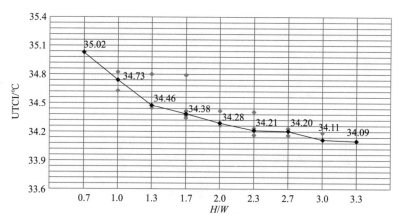

图 5-32　东西向界面 H/W 与热舒适度

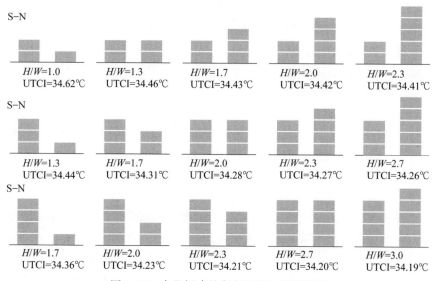

图 5-33　南北侧建筑高度变化与热舒适度

2）天空可视域的影响

为测试 SVF 对基地白天时段热舒适性的影响，以网格的形式按一定距离在区域内均匀布置多个计算点，对各个点的 SVF 进行计算，并求得它们的平均值，以此反映整个区域内 UTCI 与 SVF 的关系。

SVF 表达空间的封闭程度，数值越小说明空间越封闭，数值越大意味着空间越开放。从 SVF 的电子表格 Excel 输出结果来看，平均 SVF 数值均大于 60%，空间比较开阔，平均 SVF 变化趋势随遗传的不断运行呈下降趋势（图 5-34），与 UTCI 的变化趋势基本一致，基本可以反映在夏季白天时段，SVF 的值越小，接受的太阳辐射越少，室外公共空间就越舒适。

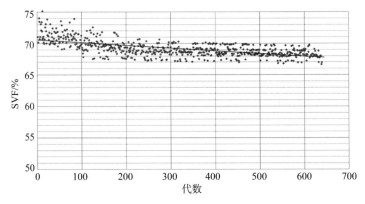

图 5-34　SVF 变化过程

通过整理遗传优化过程中的典型数据发现（图 5-35），SVF 对夏季白天的热环境影响显著，其中平均 SVF 每增加 5%，UTCI 即上升 1℃（表 5-4），主要是因为太阳辐射对热环境的影响显著，SVF 较大，太阳对下垫面的辐射增强，致使温度上升，热舒适度下降；SVF 较小，太阳辐射被周边建筑遮挡，阴影面积增大，使环境温度降低，热舒适度上升。因此，降低 SVF、减少短波辐射是缓解夏季白天热环境的有效途径。

3）公共空间布局模式

从初始代与最优代建筑及公共空间布局形式的对比可以看出（图 5-36），南北向的公共空间热舒适性远高于东西向的公共空间热舒适性。一方面，建筑提供良好的遮蔽，有利于降低白天的太阳辐射，并降低环境温度；另一方面，顺应主导风向，引导风进入街区内部，针对迎风面，加快空气流动，促进其与周围环境的热交换，带走多余热量。

图 5-37 比较了 MRT 的逐时变化情况，10：00 至 11：00 和 14：00 至 16：00 出现两次温度波峰，温差最大可达 3.7℃，由此可以判断，在太阳辐射最强的时段，建筑之间的相互遮挡，尤其是东西两侧的建筑可有效降低太阳辐射量。通过观察风速的变化折线可以看出（图 5-38），初始

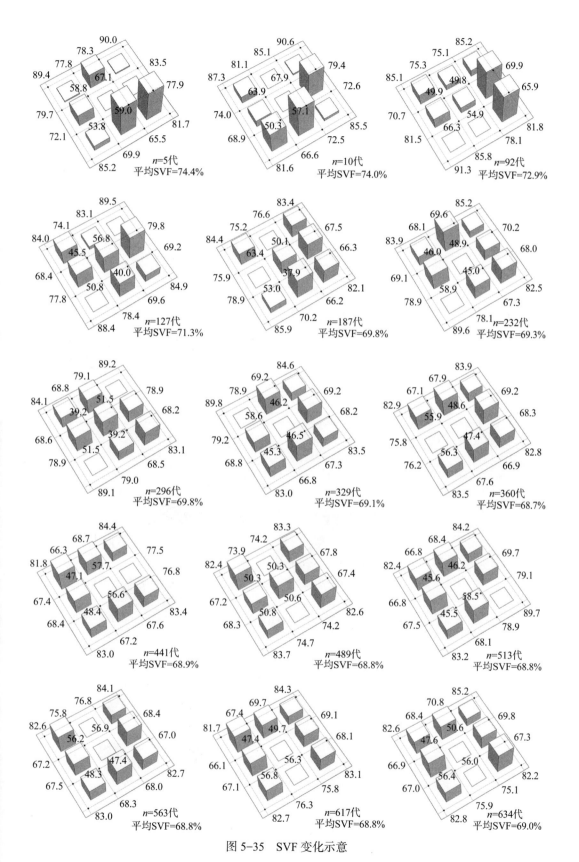

图 5-35　SVF 变化示意

表 5-4　SVF 的变化

代数	平均 UTCI/℃	SVF/%		
		最大	最小	平均
5	34.2	90.0	53.8	74.4
10	33.9	90.6	50.3	74.0
92	33.8	91.3	49.8	72.9
127	33.6	89.5	40.0	71.3
187	33.4	85.9	37.9	69.8
232	33.4	89.6	45.0	69.3
296	33.2	89.2	39.2	69.8
329	33.1	89.8	45.3	69.1
360	33.1	83.9	47.4	68.7
441	33.0	84.4	47.1	68.9
489	33.0	83.7	50.3	68.8
513	32.6	89.7	45.5	68.8
563	32.3	84.1	47.4	68.8
617	32.3	84.3	47.4	68.8
634	32.0	85.2	47.6	69.0

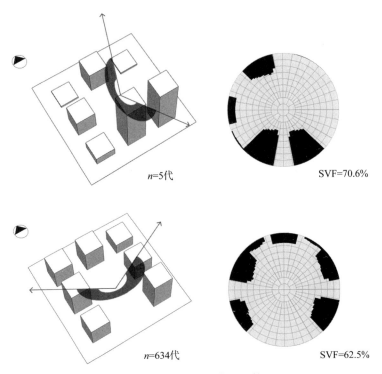

n=5代　　　　　　　SVF=70.6%

n=634代　　　　　　SVF=62.5%

图 5-36　公共空间布局比较

代和最优代的风速变化趋势一致，初始代的平均风速为 1.2 m/s，最优代的平均风速为 1.8 m/s，风速差值为 0.6 m/s，在风速最大的中午时刻，其风速差值最大达到 0.9 m/s。UTCI 的变化如图 5-39 所示，与初始代相比，最优代的 UTCI 的平均降幅在 2℃，6：00 至 10：00 为快速上升阶段，10：00 至 12：00 温度较高，风速较大，UTCI 保持较为稳定，15：00 时 UTCI 达到最高（表 5-5）。

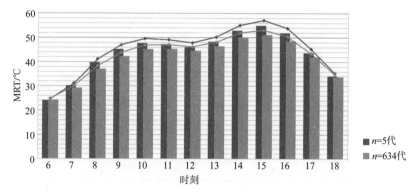

图 5-37　MRT 逐时比较 2

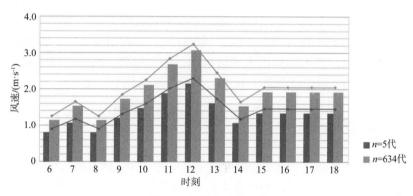

图 5-38　风速逐时比较

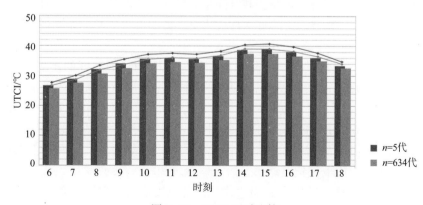

图 5-39　UTCI 逐时比较

表 5-5　初始代与最优代的逐时变化比较

时间	MRT/℃		风速 /（m·s⁻¹）		UTCI/℃	
	n=5 代	n=634 代	n=5 代	n=634 代	n=5 代	n=634 代
6	24.1	24.2	0.79	1.12	26.4	25.6
7	30.1	29.1	1.05	1.50	28.6	27.4
8	39.6	37.0	0.79	1.12	31.9	30.5
9	45.1	42.1	1.18	1.68	33.8	32.2
10	47.5	45.0	1.44	2.06	35.3	33.8
11	47.1	45.2	1.84	2.62	35.7	34.3
12	45.9	44.4	2.10	3.00	35.4	34.1
13	48.1	46.2	1.58	2.25	36.3	35.0
14	52.7	49.8	1.05	1.50	38.4	37.1
15	54.6	50.9	1.31	1.87	38.6	37.1
16	51.5	48.4	1.31	1.87	37.7	36.3
17	43.5	41.8	1.31	1.87	35.8	34.7
18	34.0	33.6	1.31	1.87	33.1	32.4

基于吴恩融等人的研究，在我国香港地区的夏季，当步行者位于阴影下时，在步行标高上持续稳定的平均风速达到 1.5 m/s 时可有效散热，形成舒适的外部空间环境[4]。因此，本章的优化结果——南向开放的 U 字形建筑布局模式较为理想，在规划设计时可参考借鉴。该形态朝向夏季主导风开放，使风能够进入地块内部，利于散热，同时两侧建筑可提供一定的遮挡，可以降低环境温度，利于改善热环境性能。

5.6　策略探讨与总结

本章从改善公共空间热舒适度的角度出发，在总体布局与空间形态两个层面，通过定性与定量相结合来研究气候适应性的公共空间布局模式，根据性能优化设计原则，依靠计算机的强大运算能力，通过遗传寻优，探寻特定条件下的理想建筑及公共空间布局模式，使得设计过程更加理性和科学，为城市公共空间的热舒适性优化及环境的可持续发展提供新的思路和方法。

通过模拟优化发现，太阳辐射和风速是影响热舒适度的重要因素，有效遮阳和良好通风是缓解湿热地区夏季高温高湿所带来的环境不适的有效途径。因此，在规划布局时，应综合考虑太阳辐射和风速两个方面的影响，确定合理的建筑和公共空间布局，构建舒适的微气候环境。利用建筑与公共空间布局对热舒适性的影响机理，从建筑高度和平面布局两个方面提出如下优化策略：

公共空间热舒适性与其周边建筑群的高度直接关联。合理调控建筑空间形态，在一定的规划指标限定下，尽可能使建筑高度趋于平稳变化，减缓错落度，有助于提供更多遮挡；同时，促使迎风一侧的建筑高度较低，另一侧建筑缓慢升高，形成前低后高的建筑布局，在竖向上有利于气流的运动，创造良好的通风环境。

在平面布局时，合理规划公共空间，优化公共空间与建筑的组合形式。道路、广场、公园绿地等公共空间都可被视为城市通风廊道的一部分，力求形成一定规模，并相互连通形成体系，构建完整连续的公共空间系统；顺应当地主导风向，促进外围气流进入内部区域，增强空气流动，改善环境微气候条件。

在空间形态优化中引入定量研究，发现公共空间的热环境与 H/W、SVF 等形态控制参数密切相关，通过形态控制参数的调节，可有效改善公共空间的热舒适度。相关设计策略如下：

N-S 与 W-E 界面之间的空间热环境存在很大差异，N-S 较之 W-E 有着较好的热环境，可布局活动频率较高的场地或作为行人步行通道，W-E 的热环境较难得到缓解，可降低使用频率，N-S 的 $H/W \geqslant 2$ 时，在夏季白天时段可提供较好的室外热环境。因此，可以通过适当提高建筑高度、加大高宽比来提高公共空间阴影面积，进而获得舒适的室外公共空间热环境，尤其是西侧建筑升高时，降温效果明显。

SVF 对城市热环境的影响较大，当 SVF 增大时，接收的太阳辐射增多，环境温度上升；当 SVF 减小时，太阳辐射被周边建筑遮挡，阴影面积增大，可有效降低环境温度。因此，适当降低 SVF、减少短波辐射是缓解夏季白天环境热压力的有效途径。

可采用南向开放的 U 字形建筑布局形式，面向夏季主导风开放，能利用气候条件发挥最大效能，促使风进入地块内部，改善通风状况；同时两侧建筑可以提供一定的遮挡，能有效降低环境温度，提升环境品质。

5.6.1 总体布局优化策略

通过实验结果的对比分析可以发现，太阳辐射和风速是影响热舒适度的两大重要因素。有效遮阳和良好的通风是缓解湿热地区夏季高温高湿所导致的热不适的有效途径，当近地面处风速较低（<3 m/s）时，其风速对公共空间微气候的影响略小于太阳辐射对公共空间微气候的影响。

因此，在规划布局时，应当综合考虑太阳辐射和风速两个方面的影响，确定合理的建筑和公共空间位置，优化群体布局，充分发挥设计在室外热环境中的作用，构建舒适的微气候环境。根据上述实验，从高度布局和平面布局两个方面提出如下优化策略：

公共空间热舒适度与其周边建筑群的高度布局有很大关系。合理引导城市建设，控制建筑空间形态，在一定的规划控制指标的限定下，使建筑高度趋向平稳变化，减缓错落度，有助于提高群体建筑对太阳的整体遮挡效果，形成较大的阴影面积，有效降低环境温度。

同时控制迎风一侧的建筑高度较低，另一侧的建筑高度缓慢升高，形成前低后高的建筑布局模式（图5-40），这样在竖向上利于气流的移动，可以创造良好的通风环境，进而改善公共空间热环境。尽量避免高层建筑紧靠低层建筑，因为在低层建筑高度上，冲击高层建筑的风会形成向下湍流，对局部风环境非常不利。

连续的公共空间形成通风廊道

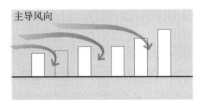

高度渐变的建筑群布局引入主导风

图 5-40　高度布局和平面布局策略

在平面布局时，合理分布公共空间。公共空间的尺度既不能过小，要保证其面积达到一定的规模，同时尺度也不能过大，尽可能利用建筑为公共空间提供一定的遮挡，有效降低中午太阳辐射的热量，优化公共空间与建筑的组合形式。道路、广场、公园绿地等公共空间都可作为城市通风廊道的一部分，促使其形成一定规模，并相互连通形成系统，构成完整连续的公共空间系统；疏通气流通道，促使风在建筑和公共空间之间流动，改善风环境与热环境。结合植物的组成、层次、配置结构以及铺装材质等设计，考虑不同人群的功能需求，有效改善热环境。

综上，营造良好的热舒适度环境需综合考虑以下两个方面：其一，控制建筑群形态，尽可能采用均匀且前低后高的建筑高度布局，在提供有效阴影的同时创造良好的通风环境；其二，合理组织公共空间布局，形成连续贯通的开放空间系统，以利于空气流动，降低空气温度，提高环境热舒适度。

本章从总体布局的层面探索对热环境有利的规划布局，定性分析建筑及公共空间的分布规律，从局部来看会不可避免地存在一些热舒适度不佳的情况。后续将进行空间形态的热环境模拟实验，用量化手段进一步研究改善公共空间热环境的方法。

5.6.2　空间形态优化策略

在上节对总体布局分析的基础上，进行基于空间形态上的公共空间热舒适度相关性分析。研究表明，空间形态控制参数的 H/W、SVF 对热环境的影响很大，通过对优化过程及结果的分析，得出的主要结论如下：

N-S 与 W-E 界面之间的空间热环境存在很大差异，N-S 较之 W-E 有着较好的热环境，且 W-E 的热环境较难得到缓解。N-S 的 $H/W \geq 2$ 时，在夏季白天时段可以提供较好的室外公共空间热环境。因此，在满足合理的城市道路红线、建筑间距及退让要求的前提下，均可通过适当提高建筑高度、增大高宽比、提高公共空间阴影面积来获取舒适的室外公共空间热环境，尤其是西侧建筑升高时，降温效果明显。

SVF 通过影响地表太阳辐射的接收量，而对热环境产生影响。当 SVF 增大时，接收的太阳辐射会增多，环境温度上升；SVF 减小时，太阳辐射被周边建筑遮挡，阴影面积大，可以有效降低环境温度。因此，适当降低 SVF、减少短波辐射是缓解夏季白天热环境的有效途径。

南向开放的 U 字形建筑布局形式能够较为有效地改善公共空间的热舒适度，尽量避免背离、封堵等布局模式。该形态面向夏季主导风开放，使风能够最大限度地进入地块内部，对改善场地通风状况有积极作用；同时两侧建筑提供一定的遮挡，有利于降低温度，改善热环境质量（图 5-41）。

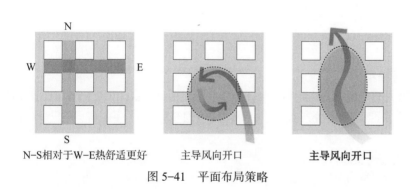

| N-S相对于W-E热舒适更好 | 主导风向开口 | **主导风向开口** |

图 5-41　平面布局策略

本章通过数值模拟进行验证，提出较为理想的空间布局模式，针对湿热地区构建一套建筑及公共空间规划设计指导原则。当规划设计约束密度、容积率一定时，可通过建筑形态和公共空间布局的统筹安排，综合考虑 H/W、SVF 等形态控制参数对公共空间热环境的影响机理，以期营建良好的公共空间环境，改善室外微气候。

在建筑尺度上，依托建筑的竖向界面，将传统平面型的公共空间向上、向下延展，利用下沉、架空、骑楼、空中平台等多元设计手段来促进室内外空间融合，营造多层次的公共空间；同时加强有效通风和调节温度，改善微气候环境。例如，杨经文提出"生物气候摩天楼"，将气候学的概念与建筑设计相结合，在建筑形态处理上形成较为成熟的处理手法。他设计的梅纳拉商厦是一栋 15 层高的办公楼，位于马来西亚吉隆坡，结合湿热气候特点，在整体形态的基础上，根据太阳入射角度的不同，在不同楼层插入凹进的平台空间，创造出既能有效遮阳，又利于通风的公共活动空间，能有效改善整体热环境（图 5-42）[5]；诺曼·福斯特（Norman Foster）设计的法兰克福商业银行，同样利用竖向高度插入的内凹平台来改善微气候环境[6]；国家远程教育大厦方案的建筑首层采用局部架空，中间层采用空中花园的设计手法，来增加建筑之间的通风通道，进而改善室外风环境[7]。

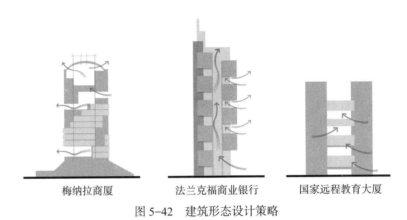

梅纳拉商厦　　　　　法兰克福商业银行　　　　国家远程教育大厦

图 5-42　建筑形态设计策略

第 5 章注释

① 参见建筑能耗模拟软件 EnergyPlus 官方网站的 Weather（气象）子栏目，该软件由美国能源部和劳伦斯伯克利国家实验室共同开发。

第 5 章参考文献

［1］王頫. 湿热地区城市中央商务区热环境优化研究［D］. 广州：华南理工大学，2015.

［2］ROUDSARI M S, PAK M. Ladybug: a parametric environmental plugin for grasshopper to help designers create an environmentally-conscious design［C］. Lyon: The 13th International IBPSA Conference, 2013.

［3］NG E. Policies and technical guidelines for urban planning of highdensity cities: air ventilation assessment（AVA）of Hong Kong［J］. Building and environment, 2009, 44（7）：1478-1488.

［4］吴恩融. 高密度城市设计：实现社会与环境的可持续发展［M］. 叶齐茂，倪晓晖，译. 北京：中国建筑工业出版社，2014.

［5］杨经文. 绿色摩天楼的设计与规划［J］. 单军，摘译. 世界建筑，1999（2）：21-29.

［6］Foster + Partners, FISCHER V, GRIINEIS H, et al. Sir Norman Foster and partners: Commerzbank, Frankfurt am Main［M］. Fellbach: Edition Axel Menges, 1997.

［7］蔡卓，罗建河. 引导共享空间立体化：国家远程教育大厦新建方案设计［J］. 华中建筑，2012, 30（3）：77-80.

第 5 章图表来源

图 5-1、图 5-2 源自：笔者绘制.

图 5-3 源自：笔者根据中国气象年鉴编辑部.中国气象年鉴：2014［M］.北京：气象
出版社，2014 绘制.

图 5-4 源自：笔者绘制.

图 5-5 至图 5-7 源自：软件截图.

图 5-8 源自：笔者绘制.

图 5-9 源自：软件截图.

图 5-10 源自：笔者绘制.

图 5-11、图 5-12 源自：软件截图.

图 5-13 至图 5-18 源自：笔者绘制.

图 5-19 源自：吴恩融. 高密度城市设计：实现社会与环境的可持续发展［M］.叶齐
茂，倪晓晖，译.北京：中国建筑工业出版社，2014.

图 5-20 源自：笔者绘制.

图 5-21、图 5-22 源自：软件截图.

图 5-23 源自：笔者绘制.

图 5-24、图 5-25 源自：软件截图.

图 5-26 至图 5-42 源自：笔者绘制.

表 5-1 源自：建筑能耗模拟软件 EnergyPlus 官方网站的 Weather（气象）子栏目.

表 5-2 至表 5-5 源自：笔者绘制.

6 干热地区街区空间形态生成与自动寻优

6.1 研究概述

6.1.1 技术路径

本章针对干热地区街区空间形态生成与自动寻优展开研究，主要包含生成、分析、优化和评价四个部分内容，具体流程如图 6-1 所示。在街区布局研究中分别选择不同的建筑形体类型作为自变量，建立参数化模型，将基地的容积率和建筑密度作为约束性条件，对街区尺度的地块展开室外平均热舒适度的模拟与评价，将多个可变建筑形体参数作为研究自变量，通过遗传算法进行自动寻优，从而得到一定约束条件下的最佳街区布局方案。

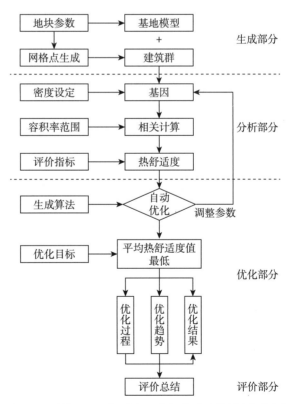

图 6-1　干热地区空间形态生成与自动寻优研究框架图

1）生成部分

基地生成：针对城市空间布局寻优问题，依托犀牛（Rhino）与参数化设计插件（Grasshopper）平台建立基地模型。

建筑群生成：在对基地进行参数化建模的基础上，根据建筑单体底面中心点的坐标位置生成长度、宽度、层高、朝向角度可变的参数化建筑群。

2）分析部分

相关分析：通过对街区布局的相关分析，使地块容积率和建筑密度保持在研究设定的范围内。

热舒适度模拟：对基地和建筑群模型进行太阳辐射、温度、湿度、风速的模拟，可获得与每次布局相对应的室外平均人体热舒适度值。

3）优化部分

将每次布局获取的室外平均人体热舒适度值作为适应度指标进行优化，利用遗传算法改变群体布局中的可变参数（建筑长度、宽度、层数、朝向角度等）来不断改变街区建筑群体的布局模式，进而实现基地内室外平均人体热舒适度最佳的优化目标。

4）评价部分

通过电子表格 Excel 导出的方式记录最终优化结果、研究过程中的各代临时性结果和相关形态参数、优化全过程趋势，总结研究方法的可行性、有效性并分析其不足。

6.1.2　方法建构

本章研究方法主要是基于 Rhino 与参数化设计插件 Grasshopper 平台，在容积率与建筑密度恒定的条件下生成形态指标可变的参数化街区，通过软件对街区进行微气候模拟，并对其形态进行自动寻优，最终获取室外人体舒适度最佳的街区布局方案。将研究对象设为基地与建筑群两个部分，将研究的气候条件设为干热地区，以喀什最热月份为例。以室外人体热舒适度最优为评价指标进行三组模拟实验，以期比较和分析不同设定条件下，在室外人体热舒适度优化状态下城市形态指标的变化趋势和规律。

1）气象条件的设定

以干热地区喀什为例，为简化起见，主要针对 7 月份最热时候的热舒适度，暂不考虑春、秋、冬三个季节。可从瓢虫工具网站（Ladybug Tools）获取喀什地区 7 月份标准日最热时段10：00 至 16：00 裸露场地的气象数据进行模拟实验（图 6-2，表 6-1）。

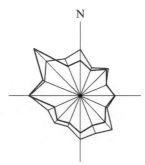

图 6-2　喀什风玫瑰图

表 6-1　喀什地区 7 月份 10：00 至 16：00 裸露场地气象数据

主导风向	1.5m 基准高度平均风速 /（m·s⁻¹）	平均温度 /℃	平均湿度 /%RH	平均辐射温度 /℃
西北	3.386	29.857	30.289	56

2）理想场地构建

（1）建筑基本型

本书第一部分已对城市形态学、类型学及相关建筑基本型在气候研究方面的运用做了充分引介。在此基础之上，结合昆·斯蒂摩等人[1]所提出的六个经典城市形态基本型以及卡尔洛·拉蒂（Carlo Ratti）等人[2]建立的三个干热地区的基本型——庭院式、微型塔式与塔式，提取喀什中心街区较为常见的四种建筑类型——柱式基本型、条式基本型、点式基本型（微型塔式）和庭院式基本型（图 6-3），其碎化度不同。所谓碎化度，系指通过将一个基本单元平均分成更小的尺寸，但保持基本型的建筑密度和建筑高度相同[3]。研究中设置基本型碎化度规律是柱式（1-mass）、条式（1-mass）、庭院式（2-mass）、点式（4-mass）（表 6-2）。由这些建筑基本型构建出方格网状的城市街区形态布局，通过调控四个基本型的形态参数来实现街区总体布局的优化。

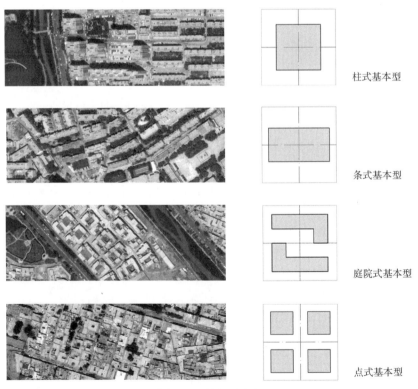

柱式基本型

条式基本型

庭院式基本型

点式基本型

图 6-3　基本型选取

表 6-2　建筑基本型的碎化度

条式（1-mass）	庭院式 （2-mass）	柱式 （1-mass）	点式 （4-mass）

（2）街区组团

对于城市街区形态，首先假设城市街区基地是由大小相同的单元网格组成，每个单元网格生成一个建筑基本单元。因此，建筑基本型生成的建筑群和向两个方向延伸的街区层峡组成了城市街区的基本形态[4]。可根据不同研究目的和要求，通过调控每个街区单元格上的建筑基本型的形态参数，可在 250 m×250 m 方格网街区中探讨 25 种建筑基本型的布局模式。之所以选择 250 m×250 m 的基地，是因为该尺度能容纳大约 25 种建筑基本型，在进行建筑单体优化计算时，既可得到有效的实验数据，又不会导致计算量过大。

3）技术路线

（1）研究 I：容积率、建筑密度可变条件下的街区布局自动寻优

建筑基本型采用长和宽可变的柱式，研究建筑密度和容积率的变化对街区微气候的影响。首先，在建筑基本型的基础上，选择在一定的数值范围内改变单体的长（L_x）与宽（L_y），将新的单体底面放置到 50 m×50 m 的方格网中，通过长（L_x）、宽（L_y）、层数（n）、街道角度（δ）的变化来改变街区组团地块的建筑密度、容积率和街道朝向，分析当室外人体舒适指标越来越优时，街区的建筑密度、容积率、街道朝向、街道高宽比、天空可视域（SVF）等形态指标及微气候指标的变化趋势（图 6-4）。

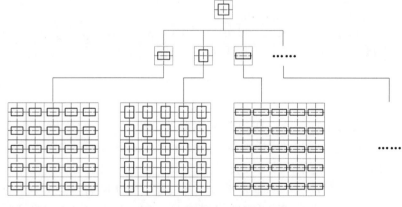

图 6-4　研究 I 理想场地

研究框架如图 6-5 所示。

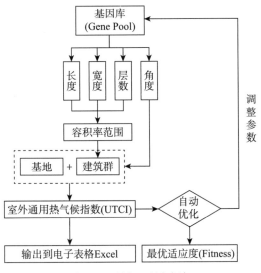

图6-5　研究 I 研究框架

（2）研究 II：容积率、建筑密度限定条件下的街区布局自动寻优

选择柱式、条式、点式、庭院式街区类型，保持街区的容积率和建筑密度不变，分别分析柱式、条式、点式、庭院式四种类型的街区建筑基本型的差别、街道朝向及建筑高度、开放空间的分布规律（图6-6）。

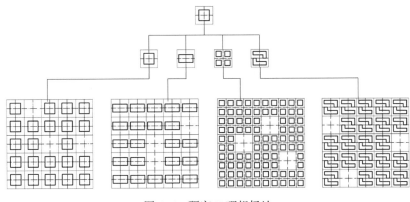

图6-6　研究 II 理想场地

根据研究 I 的结论，在建筑基本型的基础上，分别生成容积率为3.0、建筑密度为0.32的四种街区，并进行模拟对比。通过改变各个建筑单体的基本型、建筑高度（H）、街区角度（δ）、开放空间的位置等来模拟不同街区布局情况下的室外平均热舒适度，分析随着基地 UTCI 的优化，四种街区的建筑高度（H）、街道角度（δ）、开放空间的位置等形体指标及街区的平均辐射温度（MRT）、平均风速等气候指标的变化趋势，并评价四种街区类型的形态特点。研究 II 的研究框架如图6-7所示。

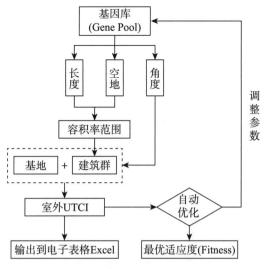

图 6-7　研究 II 研究框架

（3）研究 III：干热地区实际街区的室外热舒适度模拟及自动寻优

在现实中，街区内部的建筑形体较为丰富。在研究 II 生成的点式、条式、柱式组团单元的模拟实验基础上，尝试将三种建筑基本型混合布局，通过自动优化来研究不同基本型的比例及其在基地中的分布情况（图 6-8）。

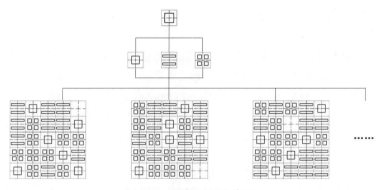

图 6-8　研究 III 理想场地

选择喀什市中心某街区进行寻优布局。通过提取选定街区中常见的三种不同碎化度的建筑基本型柱式（1-mass）、条式（1-mass）、点式（4-mass）来进行建筑基本型的混合布局。在容积率、建筑密度和基地原布局不变的前提下，通过改变各个单元的建筑基本型、各个建筑的层高（n）、开放空间的位置来优化选定街区的室外平均热舒适度，分析随着基地 UTCI 的优化，建筑高度（H）、建筑基本型、开放空间的位置等形态指标及街区 MRT、平均风速等微气候指标的变化趋势。研究 III 的主要技术路线如图 6-9 所示。

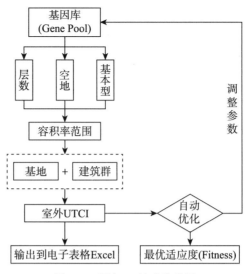

图 6-9 研究 III 技术路线图

4）城市形态指标对比

根据前文有关城市形态指标的研究，通过三组模拟实验，获取具有代表性的形态指标，以了解和描述城市形态的变化对热舒适度的影响。

（1）容积率、建筑密度

基于研究 I 的结果，分析在长（L_x）、宽（L_y）、层数（n）、街道角度（δ）可变的情况下优化最佳容积率，研究容积率、建筑密度等要素的变化对微气候及热舒适度的影响。

（2）基本型的比较

在研究 II 中，由柱式、条式、点式和庭院式基本型构建方格网状城市形态布局，通过形态尺寸限定四种街区类型的建筑密度和容积率相同，分析四种基本型对热舒适度的影响并进行比较研究。在研究 III 中，再次选取三种建筑基本型——条式、点式和柱式进行混合布局，通过自动优化，研究不同基本型所占的比例以及在基地中的位置分布情况（表 6-3）。

表 6-3　布局示意与指标设定对比图

研究	街区组团形式		相同指标	对比指标
I	长（L_x）、宽（L_y）可变的柱式	...	建筑单体基因变化相同	建筑密度 容积率 街道高宽比 街道朝向 天空可视域
II	柱式、条式、点式、庭院式		建筑密度 容积率	建筑基本型 街道朝向 建筑高度 开放空间位置

研究	街区组团形式			相同指标	对比指标
III	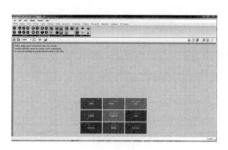		...	建筑密度 容积率	建筑基本型 高度分布 开放空间位置
	柱式、条式、点式混合布局				

（3）街道层峡

前两个研究均涉及理想街区模型的街道朝向优化，以研究街区主要朝向对热舒适度的影响。

其他重要的基础性指标和描述方法，如街道 H/W、SVF、高层建筑布局、开放空间位置等也均在不同研究中根据需要进行应用和分析。

6.2 优化实验与步骤

6.2.1 软件应用

1）生成部分

生成部分主要包括基地和建筑群的生成、容积率与建筑高度的控制、旋转角度的控制等内容。

（1）研究平台与工具

犀牛［Rhinoceros（Rhino）］是一款由罗伯特·麦克尼尔（Robert McNeel）图像软件公司研发的基于非均匀有理B样条（Non-Uniform Rational B-Spline，NURBS）曲线建模方法的专业三维（3D）造型软件，被广泛应用于建筑设计、工业设计、汽车设计与珠宝设计等领域（图6-10）。

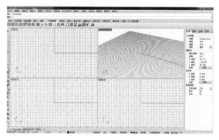

图6-10　Rhino软件界面（左）与参数化设计插件Grasshopper界面（右）示意图

参数化设计插件Grasshopper是一款搭载在Rhino平台上，采用参数化程序生成模型的插件。两者结合在一起可形成参数化设计平台，使用者只需将设计思路转化为数学表达与算法流程，就可以使用程序所提供的基础运算器组织出复杂的工作流程，可将参数变化所产生的结果实时反映到模型上。参数化设计插件 Grasshopper 界面友好，容易操作，采用图形化的程序语言界面——电池组连接的方式进行编程设计，能够实时得到设计流程和建模成果反馈，大大提高了设计的可操作性与工作效率。同时，参数化设计插件 Grasshopper 自带的遗传算法插件 Galapagos 具有良好的兼容性、容忍度与交互性等优点，适用于建筑布局、建筑形态生成等自动寻优计算。

（2）基地生成

① 基地选取

在实际生活中，街区周边都有较为复杂的建成环境，周边建筑、绿化水体等都会对设计目标的能耗水平产生一定的影响，再加上日照间距、防火规范以及复杂的退线要求，最终街区形态会受到诸多因素的约束。为简化抽象研究问题，将场地设置为一块 250 m×250 m 的正方形空地，周边除地面外没有任何建成环境，用以生成街区自身条件影响下的优化结果。

② 基地生成与控制

基地生成主要使用参数化设计插件 Grasshopper 中的"PlaneSrf"（建立平面）模块，设置基地左下角为（0，0），X 轴方向区间为 0—250、Y 轴方向区间为 0—250 的正方形基地，被"Divide"（分割）模块平均分成 25 个单元地块，如图 6-11 所示。

（3）建筑形体生成

① 建筑单体的参数化定位

下面以第 6.1.2 节中归纳总结的四种建筑基本型（柱式、条式、点式、庭院式）中的柱式街区的生成为例，来说明街区组团的生成方法。

在研究中，单体中心点控制着每个单体在基地中的位置，各个单体中心点的坐标值由 X、Y 两个参数的数值确定。将建筑组团左下角的单体位置定位于（25，25，0），并以此点为基准，通过 X、Y 参数来定义其他 24 个建筑单体的中心点位置，如图 6-12 所示。

② 参数化建筑单体生成与调节

建筑长宽：位置确定后，每个单体在 X 轴、Y 轴方向的长和宽在研究初期被设定为可变参数。由于所选自变量较多，因此，将变化精度设置为 5（每次变化以 5 m 为基本单位）。将基因池中基因的取值范围设定为 2、3、4、5、6、7、8、9，然后将得到的基因值乘以 5，即可得到 X、Y 的取值变化范围为 10、15、20、25、30、35、40、45，共 8 种变量，X、Y 的变化精度与范围可满足研究要求。

建筑高度：将每个单体的层数设为可变参数，

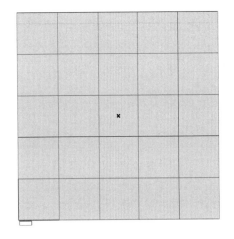

图 6-11　基地生成

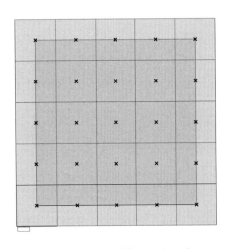

图 6-12　建筑单体中心点生成

同样由于所选自变量较多，将精度设置为3（每次变化以3 m为基本单位），将基因池中基因的取值范围设定为0、1、2、3、4、5、6、7、8、9、10、11，然后将得到的基因值乘以3，得到建筑层数的变化范围为0、3、6、9、12、15、18、21、24、27、30、33，共12种变量。将层数与层高（3 m）相乘，就可以获得每个建筑单体高度的变化范围，如图6-13至图6-15所示。

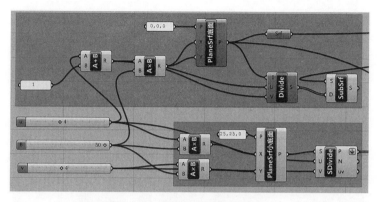

图6-13　基地生成模块示意图

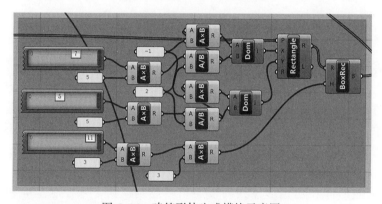

图6-14　建筑形体生成模块示意图

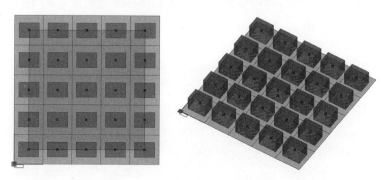

图6-15　建筑形体生成顶视图（左）与建筑形体生成透视图（右）

（4）群体布局生成

① 容积率控制

在研究中设定容积率的固定值或范围。控制原理是将研究中每代生成的单体层数与单体底面积相乘得出单体的总建筑面积，将 25 个单体总建筑面积相加得到基地的总建筑面积，除以基地面积得到该基地的容积率（图 6-16），亦即 $0 < (H_1+H_2+H_3+\cdots+H_{25}) \times S/250^2 < 5$ [H_n 为建筑层数；$S=$ 长（L_x）$\times$ 宽（L_y）]。

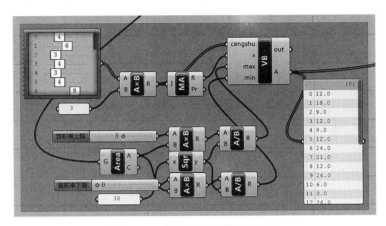

图 6-16　容积率控制模块示意图

② 层数控制

层数控制与容积率大小有关，通过容积率控制模块电池组设定容积率的取值范围，筛选出符合容积率条件的层数排布列表，并将列表值输给建筑单体生成模块，生成立体建筑群。当建筑总层数超过某一数值，不符合容积率条件时，数据会被判为无效值，需重新在基因池中选择新的数据。

③ 旋转角度

基地形体和建筑形体共同接连角度控制模块，来控制基地和建筑形体的旋转角度。将角度基因池的基因取值范围设定为 0，1，2，3，4，…，16，17，然后将得到的基因值乘以 5，得到角度（δ）的变化范围为 0°，5°，10°，15°，…，80°，85°，共 18 个变量（图 6-17）。

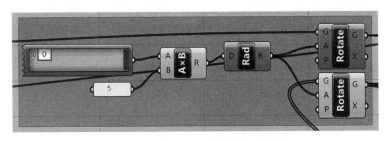

图 6-17　旋转角度控制模块示意图

2）分析部分

分析部分主要包括：太阳热辐射分析、湿度分析、风速分析、温度分析以及将上述数据进行整合，对室外 UTCI 进行分析。

（1）研究平台与工具

性能分析插件瓢虫（Ladybug）、蝴蝶（Butterfly）是莫斯塔法·萨迪吉普·鲁德萨里（Mostapha Sadeghipour Roudsari）在 2014 年研发的参数化设计插件 Grasshopper 上运行的插件，其操作简单，只要输入某地的气候数据——EnergyPlus（.epw）气象文件（美国能源部网站提供的气象数据），Ladybug 即可根据气象文件信息，生成太阳路径、风玫瑰、辐射玫瑰、热舒适度、视野分析以及阴影等二维（2D）与三维（3D）气象数据图表。Butterfly 插件还可将 Ladybug 从气象文件中提取的风速信息在流体力学计算软件 OpenFOAM 运行下在建筑模型中模拟出来（图6-18）。UTCI 的取值依赖于太阳热辐射、湿度、风速、温度这四个数据值（图 6-19）。同时，Ladybug 自带有色彩的显示模块，可以利用整体显示（legendPar）来完成气候数据可视化、分析气候数据、分析模型、评估新能源（图 6-20），让使用者可以直观地了解数据信息。

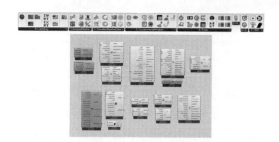

图 6-18　Ladybug 工具界面及生成方法中将
要使用的若干 Ladybug 模块示意图

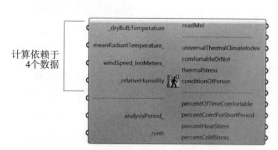

图 6-19　UTCI 分析电池示意图

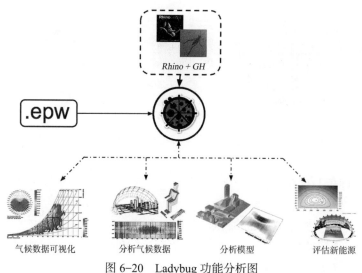

气候数据可视化　　分析气候数据　　分析模型　　评估新能源

图 6-20　Ladybug 功能分析图

（2）气候因素分析

首先将生成部分的基地信息输入"genMesh"（生成网络）电池的"_testGeometry"（测试图形）插口，将建筑组团信息输入计算太阳热辐射信息的"SolarAdjustTemperature"（日光调节温度）电池的"contextShading"（遮罩）插口。然后，在"weatherFileURL"（天气文件地址）端输入测试地区的气候数据，通过计算分别得到太阳热辐射、湿度、风速、温度的数据值，在"OutdoorComfortCalculator"（室外舒适度计算）电池中算出基地各个网格点的室外 UTCI 值（图 6-21）。

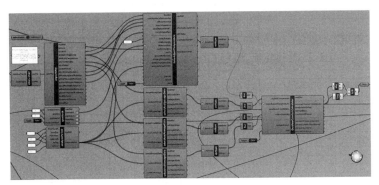

图 6-21　太阳热辐射、湿度、风速、温度分析模块及 UTCI 计算模块示意图

（3）色彩显示模块

使用参数化设计插件 Grasshopper 自带的"legendPar"（图纸配色）、"reColourMesh"（网格重新着色）可使分析结果色彩显示，将基地内各点的室外 UTCI 的分析结果在 Rhino 视图中实时显示（图 6-22），可以清楚地观察到室外热舒适度值在基地各个位置的分布情况，以便测试者直观地判断与了解建筑布局的优劣。

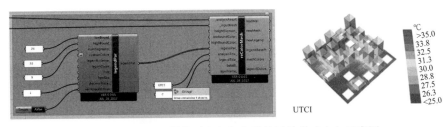

图 6-22　色彩显示模块（左）与色彩显示效果（右）示意图

3）评价与优化部分

（1）研究平台与工具

① 遗传算法插件 Galapagos 组件介绍

遗传算法插件 Galapagos 是参数化设计插件 Grasshopper 中的运算器之一，直译为"加拉帕戈斯群岛"，即达尔文发现物种进化论的起源地。

因此，将 Galapagos 翻译为"遗传算法"似乎是最合适不过的。除此之外，还可以将 Galapagos 称为迭代法、穷举法等。

遗传算法插件 Galapagos 可以针对单目标问题进行优化工作，其设有两个只能输入信息的端口，一个是"Genome"（基因）端口，与数据条或基因池相连，控制自变量的变化与组合；另一个是"Fitness"（适应度）端口，此端口连接着实验的优化目标，优化目标的形式必须以一个数值的方式呈现（图 6-23）。

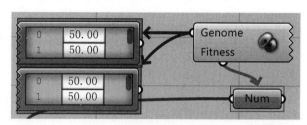

图 6-23 遗传算法插件 Galapagos 优化结构示意图

注：Num 表示生成数字。

双击遗传算法插件 Galapagos 电池可以进入电池的参数设置窗口，参数设置的不同会影响到实验的效果和速度，下面简单介绍一下"Options"（选项）界面和"Solvers"（求解器）界面。

"Options"（选项）界面如 6-24 左图所示，主要参数如下所述：

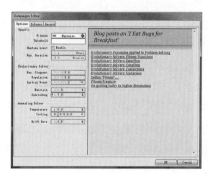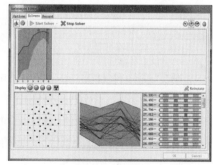

图 6-24 Options（选项）界面（左）与 Solvers（求解器）界面（右）示意图

"Fitness"（适应度）：其选项为最大或者最小。当求解个体的适应度趋向于优化目标（最大值或最小值）时，该个体会被定为更优个体。

"Threshold"（临界值）：设置一个可以接受的临界值，留空默认为求极值。

"Runtime Limit"（运行时间限制）：设置计算时间限制，留空默认为手动结束。

"Max.Stagnant"（最大种群代数）：在某次运算中经历了多少代遗传

计算后，仍没有更优个体出现的情况下，自动停止运算，并将所得的最优个体输出。

"Population"（种群个体数量）：一次运算中每代种群产生多少个个体的设定。

"Maintain"（保留比例）：设定有多少比例的优秀父代可以保留，并取代相同比例的子代个体，进行新一代的遗传计算。

"Inbreeding"（杂交率）：设定在交叉计算中，种群内的个体是如何寻找"配偶"的。例如，取值越大，与跟自己越相似的个体进行配对；取值越小，则与跟自己差异越大的个体进行配对。

在遗传计算中，为了在较少的计算中找到最优解，可以通过设定合适的种群个体数量、保留比例和杂交率的值来提高计算效率。

"Solvers"（求解器）界面如 6-24 右图所示，双击"Start Solver"（开启求解器）按键可以启动遗传算法插件 Galapagos 进行遗传运算，随着运算的进行，可以在"Solvers"（求解器）界面上端看到每代运算结果的趋势图。"Solvers"（求解器）界面下端分别表示基因分布位置、基因杂交情况以及不断更新的适应度（Fitness）的数值大小。当试验完成，需要结束遗传算法插件 Galapagos 运算时，只需双击"Stop Solver"（关闭求解器）按键即可。

② TT Toolbox 组件介绍

TT Toolbox 是参数化设计插件 Grasshopper 的一款插件，可以在犀牛插件网站（food4rhino）网站上下载。TT Toolbox 中包含一些工具，其中，"Excel Writer"（表格编写）可以创建电子表格 Excel 文件，并实时将各代优化数据写入文件，以便在实验结束之后，通过表格数据对实验结果进行分析。

（2）适应度综合评价

遗传算法插件 Galapagos 的"Fitness"（适应度）输入端口只能连接一个数值评价指标，因此在研究中需要对基地中的各个点进行热舒适度评估，并判断各个点的热舒适度平均值，以此对拟建街区布局进行综合评价。因此，在以适应度评价个体的优劣程度时，热舒适度的平均值越小，街区布局越优，反之亦然。

（3）自动优化

将遗传算法插件 Galapagos 的"Gene"（基因）端口连接到自变量——控制街区建筑形态的基因池，将遗传算法插件 Galapagos 的"Fitness"（适应度）端口连接到因变量——基地室外平均 UTCI，电池组之间连接成一个自动运作的闭环。

遗传算法插件 Galapagos 根据遗传算法改变基因池中的参数从而生成新的街区布局时，程序会计算出相应街区的室外平均人体适应度值。根据研究设定，只有街区容积率和建筑密度在约束范围内，程序模拟计算才会输出实际室外平均人体热舒适度值；当布局不在约束范围内时，则输出 100，以便后期分析将无效数据删除。

针对单目标优化问题，使用遗传算法插件 Galapagos 优化算法电池，在实验中通过遗传算法进行测试。具体的参数设定如下：

"Evolutionary Solver"（遗传算法）：遗传算法相关设置。

"Max.Stagnant"（最大种群代数）：50 代。

"Population"（种群个体数量）：30 个。

"Initial Boost"（初始增长）：5。

"Maintain"（保留比例）：5%。

"Inbreeding"（杂交率）：75%。

（4）过程记录与评价

每个研究均有记录与小结。记录包括研究的最终优化结果、实验过程中各阶段的结果和相关建筑形体参数、整个优化过程的趋势等。小结部分是对各研究的可行性、有效性进行评价和总结。

① 记录优化过程

以输出电子表格 Excel 的方式将研究过程记录下来，表格中包含了各次进化代数、各代数的形态优化模型、模型信息及其对应的室外平均人体适应度值等信息（图 6-25）。

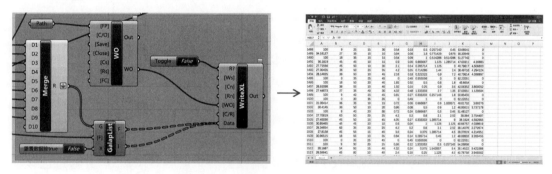

图 6-25　电子表格 Excel 输出模块示意图

② 分析优化趋势

根据数据绘出相应的趋势图来直观了解优化情况，整理从实验中出现的数个优选解并概括优化进程，从上述优化进程的记录中选取六个代表性的解，将各节点对应的相关信息以图表的形式进行统计呈现。

③ 展示优化结果

展示研究生成的最优结果的街区布局形态，展示在基地气候条件约束下拟建街区形态发生的变化。

④ 总结性评价

针对电子表格 Excel 中每代样本的形态数据、气候数据、适应度（Fitness）数据等，对实验的优化成果、优化速度、优化设置以及下次实验的注意事项等做出总结与评价。

6.2.2 容积率、建筑密度可变条件下的街区布局自动寻优

1）生成方法

（1）形体生成

基地：基地生成使用参数化设计插件 Grasshopper 里的 "Rectangle"（矩形）电池生成 X 轴方向区间为（0，250）、Y 轴方向区间为（0，250）的正方形基地。

单体：在 X 轴方向、Y 轴方向的长和宽均为可变参数。由于研究中的自变量较多，将精度设置为 5（每次变化以 5 m 为基本单位），因此，X、Y 的变化范围为 10、15、20、25、30、35、40、45，共 8 种变量。通过基因池可以调节它们的大小。

高度：同样由于自变量较多，将精度设置为 3（每次变化以 3 m 为基本单位），层数变化范围为 0、3、6、9、12、15、18、21、24、27、30、33，共 12 种变量。将层数与层高（3 m）相乘，就可以获得每个建筑单体高度的变化范围。

容积率控制：在研究中设定容积率的范围为 0—5。将实验中每代生成的层数与总建筑占地面积相乘得出 25 个建筑单体的总建筑面积，再除以基地面积即可得到该基地的容积率，亦即 $0 < H_n \times S \times 25/250^2 < 5$ [H_n 为层数；S= 长（L_x）× 宽（L_y）]。

旋转角度：将生成基地和建筑的电池共同接连到旋转角度控制模块，来控制基地与建筑形体的旋转角度，角度变化范围为 0°，5°，10°，15°，…，85°，共 18 个变量。

（2）热舒适度分析

读取基地模块和建筑模块，通过模拟建筑模块对基地的影响，分析基地各个点的太阳热辐射温度、湿度、风速和温度，将四个气候指标的值输入计算 UTCI 电池模块，求得各个点的 UTCI 值，并通过色彩显示电池组将结果在基地上呈现出来。

（3）综合评价

在遗传算法插件 Galapagos 的 "Fitness"（适应度）端口输入基地的"室外平均热舒适度值"来对街区布局进行综合评价。在以 "Fitness"（适应度）评价街区布局的优劣程度时，室外平均热舒适度值越接近 9—26℃ 的区间，街区布局越优，反之则越差。

（4）自动优化

将遗传算法插件 Galapagos 的 "Gene"（基因）端口连接到自变量——控制单体长宽、层数、街区朝向的基因池，将遗传算法插件 Galapagos 的 "Fitness"（适应度）端口连接到因变量——基地的室外平均 UTCI，电池组之间连接成一个自动运作的闭环。由遗传算法插件 Galapagos 通过改变基因池里的建筑形体参数来改变街区形态，并完成后续的街区室外平均热舒适度分析和综合评价，对生成的形态进行筛选和优化。

2）过程演示

如表 6-4 所示，对从最差到最优选择过程中的 6 代样本进行排列。最差样本的建筑密度为 0.04、容积率为 0.24，模拟平均 UTCI 为 33.69℃。当遗传算法逐步提高场地的容积率、增加建筑密度时，从第 2 代样本到第 4 代样本，平均 UTCI 从 32.23℃减少到 29.31℃。从第 4 代样本到第 6 代样本，平均 UTCI 的值趋向最低，处于人体舒适的范围内。基地朝向稳定在 45° 左右，建筑高度升高，进深加大，有利于在基地中形成阴影。

表 6-4　容积率、建筑密度可变条件下的街区布局自动寻优

定量	0—5 容积率范围下；街区单体建筑同时变化			
变量	长（L_x）、宽（L_y）、层数（n）、街道角度（δ）			
评价	夏季典型天气室外平均 UTCI 最低		适应度（Fitness）	25.44
顶视图彩色显示	透视图彩色显示	UTCI/℃	长度 /m 宽度 /m 高度 /m 角度 /°	容积率 建筑密度 MRT/℃ 平均风速 /（m·s⁻¹）
		33.69	10 / 10 / 18 / 40	0.24 / 0.04 / 55.25 / 2.90
		32.23	25 / 10 / 18 / 20	0.60 / 0.10 / 50.15 / 2.69
		31.67	35 / 10 / 18 / 80	0.84 / 0.14 / 48.05 / 2.47
		29.31	40 / 30 / 18 / 35	2.88 / 0.48 / 40.32 / 2.18
		26.52	25 / 25 / 54 / 45	4.50 / 0.25 / 37.59 / 2.79
		25.44	20 / 40 / 45 / 45	4.80 / 0.32 / 37.48 / 3.11

6.2.3 容积率、建筑密度限定条件下的街区布局自动寻优

1）生成方法

（1）形体生成

基地：利用参数化设计插件 Grasshopper 中的"Rectangle"（矩形）电池生成 X 轴方向区间为（0，250）、Y 轴方向区间为（0，250）的正方形基地。

单体：在容积率为 3.0、街区建筑密度为 0.32 的限定条件下，分别选择四种基本型（柱式、条式、庭院式、点式）进行模拟。它们的单体底面积相同，都为 900 m²，每个组团单元的建筑密度为 900/2 500=0.36（图 6-26）。

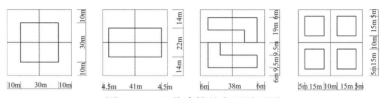

图 6-26　四种建筑基本型平面图

高度：规定每个建筑单体的高度在限定容积率的条件下自动变化，层数可以互不相同。基因池的层数变化范围为 0—33。将层数与层高（3 m）相乘，就可以获得每个建筑单体高度的变化范围。

开放空间位置：基地中共有（5×5）个 50 m×50 m 的组团单元，将其中 3 个设为公共活动开放空间，其位置可在 5×5 的基地网格上随机布局；基地建筑密度保持 0.32 不变。

旋转角度：基地形体与建筑形体共同连接到角度控制模块，来控制基地与建筑形体的旋转角度。角度的变化区间为 0°，5°，10°，15°，…，85°，共 18 个变量。

容积率控制：$(H_1+H_2+H_3+\cdots+H_{25}) \times S/250^2=3$（$H_n$ 为单体层数；S=900 m²）。

将每代生成的单体层数与单体底面积相乘得出单体的建筑面积，将 22 个单体的面积相加得到基地总建筑面积，再除以基地面积即可得到该基地的容积率。本次研究设定容积率为 3 保持不变。

（2）热舒适度分析

读取基地模块和建筑模块，通过模拟建筑模块对基地的影响，分析基地各个点的太阳辐射温度、湿度、风速和温度，将四个气候指标值输入计算 UTCI 电池模块，求得各个点的室外 UTCI 值，并通过色彩显示电池组将结果在基地上显示出来。

（3）综合评价

在遗传算法插件 Galapagos 的"Fitness"（适应度）端口输入基地的"室外平均 UTCI"来对街区布局进行综合评价。在"Fitness"（适应度）评价街区布局的优劣程度时，室外平均 UTCI 越接近 9—26℃的区间，街区布局越优，反之则越差。

（4）自动优化

将遗传算法插件 Galapagos 的"Gene"（基因）端口连接到自变量——控制单体高度、街区朝向、开放空间位置的基因池，将遗传算法插件 Galapagos 的"Fitness"（适应度）端口连接到因变量——基地室外平均 UTCI，电池组之间连接成一个自动运作的闭环。由遗传算法插件 Galapagos 通过改变基因池里的建筑形体参数来改变街区形态，并完成后续的基地平均 UTCI 分析和综合评价，对生成的形态进行筛选和优化。

2）过程演示

如表 6-5 至表 6-8 所示，基地设定容积率为 3，建筑密度为 0.32。分别对柱式、条式、点式、庭院式街区布局进行自动寻优，分别对每组实验选取 6 代样本，可以看出，柱式街区的平均 UTCI 从开始的 30.45℃降到 28.01℃；条式街区的平均 UTCI 从一开始的 30.45℃降到 25.59℃；点式街区的平均 UTCI 从开始的 27.97℃降到 24.40℃；庭院式街区的平均 UTCI 从开始的 27.38℃降到 24.47℃。

表 6-5　容积率、建筑密度限定条件下的柱式街区布局自动寻优

定量	容积率 =3；建筑密度 =0.32		
变量	建筑高度（H）、街道角度（δ）、开放空间位置		
评价	夏季典型天气室外平均 UTCI 最低	适应度（Fitness）最优	28.01
编号	色彩显示顶视图	色彩显示透视图	UTCI/℃ 角度 /° MRT/℃ 平均风速 /（m·s⁻¹）
1			30.45 45.00 42.28 2.68
2			30.02 25.00 40.99 2.71
3			28.52 40.00 39.44 3.08
4			28.37 35.00 39.36 3.11
5			28.14 35.00 39.83 3.08

定量	容积率 =3；建筑密度 =0.32		
变量	建筑高度（H）、街道角度（δ）、开放空间位置		
评价	夏季典型天气室外平均 UTCI 最低	适应度（Fitness）最优	28.01
编号	色彩显示顶视图	色彩显示透视图	UTCI/℃ 角度 /° MRT/℃ 平均风速 /（m·s⁻¹）
6			28.01
			40.00
			39.42
			2.77

表 6-6　容积率、建筑密度限定条件下的条式街区布局自动寻优

定量	容积率 =3；建筑密度 =0.32		
变量	建筑高度（H）、街道角度（δ）、开放空间位置		
评价	夏季典型天气室外平均 UTCI 最低	适应度（Fitness）最优	25.59
编号	色彩显示顶视图	色彩显示透视图	UTCI/℃ 角度 /° MRT/℃ 平均风速 /（m·s⁻¹）
1			30.45
			45.00
			40.80
			1.49
2			30.33
			15.00
			40.21
			1.75
3			29.80
			40.00
			39.13
			2.12
4			27.10
			40.00
			38.97
			2.09
5			25.83
			45.00
			39.06
			1.70
6			25.59
			45.00
			38.87
			1.89

表 6-7　容积率、建筑密度限定条件下的点式街区布局自动寻优

定量	容积率 =3；建筑密度 =0.32		
变量	建筑高度（ H ）、街道角度（ δ ）、开放空间位置		
评价	夏季典型天气室外平均 UTCI 最低	适应度（Fitness）最优	24.40
编号	色彩显示顶视图	色彩显示透视图	UTCI/℃ 角度 /° MRT/℃ 平均风速 /（m·s⁻¹）
1			27.97 50.00 37.01 1.92
2			27.26 35.00 36.00 1.82
3			26.43 25.00 36.02 1.60
4			25.01 20.00 35.00 0.83
5			24.82 15.00 35.18 1.10
6			24.40 20.00 34.64 1.36

表 6-8 容积率、建筑密度限定条件下的庭院式街区布局自动寻优

定量	容积率 =3；建筑密度 =0.32			
变量	建筑高度（H）、街道角度（δ）、开放空间位置			
评价	夏季典型天气室外平均 UTCI 最低		适应度（Fitness）最优	24.47
编号	色彩显示顶视图	色彩显示透视图	UTCI/℃ 角度 /° MRT/℃ 平均风速 /（m·s⁻¹）	
1			27.38 30.00 36.86 2.45	
2			26.91 30.00 36.14 2.39	
3			25.06 45.00 36.91 2.32	
4			24.89 45.00 35.56 1.25	
5			24.70 45.00 35.30 0.94	
6			24.47 45.00 35.18 1.02	

6.2.4　干热地区实际街区的室外热舒适度模拟及自动寻优

1）基地介绍

（1）基地区位

基地位于喀什市南湖公园东侧，占地面积为 12.25 hm²，容积率为 1.8，建筑密度为 0.24。基地西侧和西北侧临南湖、东湖；北侧、东侧皆为居住小区。选取基地内现有 6 栋 16 层柱式楼房、2 栋 16 层板楼和多栋 6 层条式住宅楼，基地西北处街角为 1 栋 6 层的 L 字形酒店，带有庭院（图 6-27）。

图 6-27　基地区位

（2）基地现状热舒适度模拟

由于现实街区内的微气候环境受众多因素影响，如周边地形地貌、建筑布局方式及建筑形状、大小、朝向等，若将所有因素都加以考虑会使得实验变得无比繁杂，同时巨大的模拟量也会耗费极大的人力、物力和极长的时间。因此，本次研究将基地分割成 5×5 的规则网格，每个基本单元尺寸为 70 m×70 m，选择较为规整的建筑体量，对基地绿化景观暂不做考虑（图 6-28）。

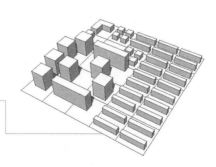

图 6-28　基地现有建筑布局情况

根据基地现有的建筑体量，在 Rhino 中建立三维数字模型，并通过参数化设计插件 Grasshopper 电池组对现存基地布局进行室外 UTCI 分析，分析结果为：基地平均 UTCI 为 31.17℃，MRT 为 43.94℃，平均风速为 2.04 m/s（表 6-9）。可从基地 UTCI 色彩显示图中发现，基地东侧由于规则的条式布局使得 UTCI 值较低；西侧大面积的开放空间使得基地整体 UTCI 值较高（图 6-29）。

表 6-9　基地现状指标表

指标	容积率	建筑密度	UTCI/℃	MTR/℃	风速 /（ m·s⁻¹）	温度 /℃	湿度 /%RH
数值	1.8	0.24	31.17	43.94	2.04	29.86	30.29

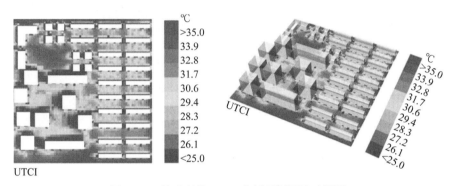

图 6-29　基地现状 UTCI 分析顶视图及透视图

2）研究过程

为方便起见，以及尽量减少计算、模拟与分析量，对基地布局进行网格及建筑形体参数设置。通过对该基地的街区肌理及建筑形体进行提取、抽象、简化，最终选择三种建筑基本型：1—5 层的点式基本型、6—10 层的条式基本型、10 层以上的柱式基本型。本实验将基地分割成 5×5 的网格，每个基本单元为 70 m×70 m。三种基本型进行随机混合布局，以探究不同的基本型组合模式对街区室外平均 UTCI 的影响（表6-10）。因为基地周边为南北向、东西向较为规则的纵横道路，本次模拟不将旋转街区角度作为研究的变量。

表 6-10　研究基本型设定表格

建筑基本型	柱式（1-mass）	条式（1-mass）	点式（4-mass）	开放空间
平面示意图	17.5 m / 35 m / 17.5 m（35 m）	5 m / 60 m / 5 m（2.5 m / 10 m / 25 m / 10 m / 2.5 m）	11 m / 17.5 m / 13 m / 17.5 m / 11 m（11 m / 13 m / 17.5 m / 11 m）	—

建筑基本型	柱式 （1-mass）	条式 （1-mass）	点式 （4-mass）	开放空间
三维示意图				—
建筑层数（n）	$n \geqslant 10$	$6 \leqslant n < 10$	$1 \leqslant n \leqslant 5$	$n=0$
建筑密度	0.24	0.24	0.24	0
容积率（P）	$P \geqslant 2.4$	$14.4 \leqslant P < 2.4$	$0.24 \leqslant P \leqslant 1.2$	$P=0$

3）生成方法

（1）形体生成

基地：通过参数化设计插件 Grasshopper 中的"Rectangle"（矩形）电池生成 X 轴方向区间为（0，350）、Y 轴方向区间为（0，350）的正方形基地。

单体：在容积率为 1.8、建筑密度为 24.2% 的限定条件下，选择三种基本型（柱式、条式、点式）进行混合实验。它们的单体底面积相同，都约为 1 200 m^2，每块组团单元的建筑密度约为 24%。

高度：设置每个建筑单体的高度在限定容积率的条件下可自动改变，层数可以互不相同。基因池的层数变化范围为 0—33 层。将层数与层高（3 m）相乘，就可以获得每个建筑单体高度的变化范围。

建筑基本型：基本型的选择与建筑层数（n）的数值有关，当 $n \geqslant 10$，程序选择柱式基本型生成形体；当 $6 \leqslant n < 10$，程序选择条式基本型生成形体；当 $1 \leqslant n \leqslant 5$，程序选择点式基本型生成形体。

开放空间位置：基地中共有（5×5）个 70 m × 70 m 的组团单元，设置其中 1 个为公共活动场地，其位置在 5×5 的基地网格上随机布局。基地建筑密度保持在 24% 不变。

容积率控制：（$H_1+H_2+H_3+\cdots+H_{25}$）× $S/350^2$=1.8（H_n 为单体层数；S=1 200 m^2）。

将研究中每代生成的单体层数与单体底面积相乘得出单体的建筑面积，将 24 个单体的面积相加得到总建筑面积，除以基地面积得到该基地的容积率。基地容积率为 1.8 不变。

（2）通用热气候指数分析

通用热气候指数（UTCI）分析模块读取基地模块和建筑模块，通过模拟建筑模块对基地的影响，分析基地各个点的太阳热辐射温度、湿度、风速和温度，将四个气候指标数值输入计算 UTCI 电池模块，求得各个点的室外 UTCI 值，并通过色彩显示电池组将结果在基地上显示出来。

（3）综合评价

在遗传算法插件 Galapagos 的"Fitness"（适应度）端口输入基地的"室外平均热舒适度值"来对街区布局进行综合评价。在用"Fitness"（适应度）评价街区布局的优劣程度时，室外平均 UTCI 越接近 9—26℃ 的区间，街区布局越优，反之则街区布局越差。

（4）自动优化

将遗传算法插件 Galapagos 的"Gene"（基因）端口连接到自变量——控制单体层数、开放空间位置的基因池，将"Fitness"（适应度）端口连接到因变量——基地室外平均 UTCI，电池组之间连成一个闭环。由遗传算法插件 Galapagos 通过改变基因池里的建筑形体参数形成新的建筑群，并完成后续的基地平均热舒适度的分析与综合评价，对生成的形态进行筛选和优化。

4）过程演示

如表 6-11 所示，设定容积率为 1.8，建筑密度为 24%。对柱式、条式、点式基本型进行混合布局寻优。选取 6 代布局样本，可以分别看出，街区的平均 UTCI 值从初始的 30.70℃ 变化到 27.43℃，寻优结果较为明显。

表 6-11　干热地区街区室外热舒适度模拟及自动寻优

定量	容积率 =1.8；建筑密度 =24%			
变量	建筑高度（ H ）、街道角度（ δ ）、开放空间位置			
评价	夏季典型天气室外平均 UTCI 最低		适应度（Fitness）最优	27.43
编号	色彩显示顶视图	色彩显示透视图	UTCI/℃ MRT/℃ 平均风速 /（m·s⁻¹）	
1			30.70 43.31 1.38	
2			30.48 43.80 1.41	
3			29.97 43.21 1.17	

定量	容积率 =1.8；建筑密度 =24%			
变量	建筑高度（H）、街道角度（δ）、开放空间位置			
评价	夏季典型天气室外平均 UTCI 最低		适应度（Fitness）最优	27.43
编号	色彩显示顶视图	色彩显示透视图	UTCI/℃ MRT/℃ 平均风速 /（m·s⁻¹）	
4			28.00	
			42.77	
			1.64	
5			27.88	
			42.52	
			1.54	
6			27.43	
			42.29	
			1.97	

6.3 讨论与分析

6.3.1 容积率、建筑密度可变条件下的街区布局自动寻优结果解析

从 1 519 代样本中，删除 386 代无效样本，剩余 1 133 代样本。可以从图 6–30 中看出，室外平均 UTCI 上下波动，整体呈下降趋势。将室外平均 UTCI 值按从大到小的顺序排列，获得取值的区间范围，室外平均 UTCI 从 33.7℃下降到 25.5℃（图 6–31）。根据各代平均 UTCI 从大到小的顺序，对布局的形态指标和气候因素的变化趋势进行分析。

1）形态指标分析

（1）容积率、建筑密度

观察模拟所得的容积率、建筑密度趋势图可以得知，街区的容积率、建筑密度对基地室外平均 UTCI 有着重要影响：街区容积率、建筑密度越大，干热地区室外平均 UTCI 越优。其中，如图 6–32 所示，因为实验设定条件为容积率不超过 5，随着寻优的展开，容积率从 0.5 变为 4.5 左右，变化趋势较为明显；靠近横轴的折线表示建筑密度的变化趋势，同

样呈上升趋势。这说明在干热地区，容积率、建筑密度和室外 UTCI 呈正相关性。

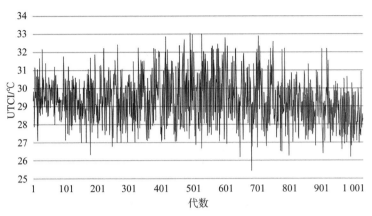

图 6-30　室外平均 UTCI 变化趋势

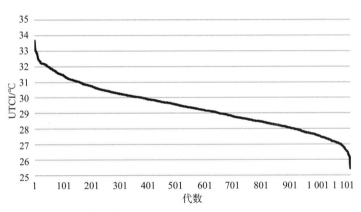

图 6-31　室外平均 UTCI 变化区间

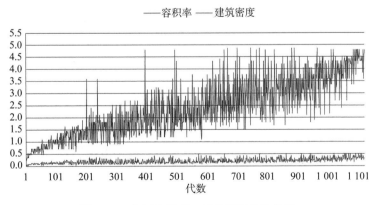

图 6-32　街区容积率、建筑密度变化趋势

（2）街道高宽比

观察模拟得出的高宽比趋势图可知，高宽比的大小与街区热舒适度有着重要关系。其中，南北向街道高宽比［纵向街道的高宽比（H/W_x）］与东西向街道高宽比［横向街道的高宽比（H/W_y）］都从浅层峡［高宽比（H/W）<0.5］到标准层峡［高宽比（H/W）=1］再到深层峡［高宽比（H/W）>2］发展；且东西向街道高宽比（橙色折线）比南北向街道高宽比（蓝色折线）高出许多。这是由于街道高宽比可以直接影响街区建筑物的阴影投射，进而影响街道接收到的太阳热辐射的时间和大小。随着层峡高宽比数值的升高，基地平均太阳热辐射值降低，热舒适度趋于最优。其中，南北向街道高宽比与东西向街道高宽比相比要低，这是因为相对于南北向街道，东西向街道更容易受到长时间的太阳辐射，因此，随着东西向街道高宽比的提高，基地整体的太阳热辐射减少（图6-33）。

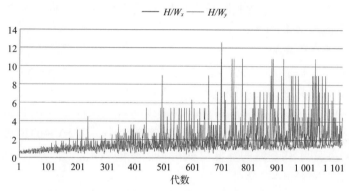

图6-33　街区街道高宽比变化趋势（彩图见书末）

（3）街区朝向

从模拟结果可知，街道朝向也是影响街区层峡内风和太阳辐射的重要形体参数之一。如图6-34所示，随着UTCI越来越优，街道朝向的角

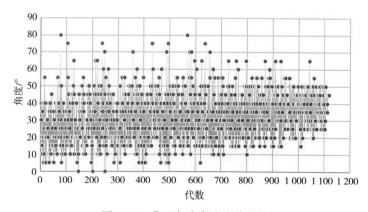

图6-34　街区朝向角度变化趋势

度逐渐趋向于 25° 与 50° 之间，也就是说，与正南正北的南北向街道、东西向街道相比，东北—西南向街道、西北—东南向街道等与南北轴有一定夹角的街道朝向更利于街区产生更多阴影，从而改善街道的热环境。

街道朝向对街区的通风也有较大影响。主导风向与街道长轴方向的关系主要有垂直、倾斜及平行三种。由于本次研究设置的是西北方向来的风，最后街道的朝向趋向于与风速方向平行或有夹角，使街区形成多个通风廊道，由于没有障碍物的阻挡，街区可获得较大的平均风速。对于街区来说，如果上风向处有湖泊、林地等具有降温加湿性质的地表肌理，街区的街道朝向与风的方向平行，可为干热地区城市街区带来湿润的空气，降低街区温度，提高人们在室外的舒适感。但由于在干热地区，不少城市处于沙漠地带，虽然风速加大能带走街道的部分热量，但较大的风速会给城市带来风沙困扰。因此，在风沙比较严重的干热地区，建议采用与当地风向垂直的街道朝向，来减少沙尘对室外环境舒适度的干扰。

（4）天空可视域

SVF 是反映街区几何形态的重要参数之一。从图 6-35 可以看出，随着室外平均 UTCI 的不断优化，SVF 从 80% 逐渐下降到 35% 左右。从结果中选择 10 代街区布局，可以发现随着街区建筑密度和容积率的增加，街区街道高宽比的增大，SVF 逐渐变小，即 SVF 的值变小（表6-12）。这表明 SVF 值的降低可使街道层峡的太阳辐射变少，从而影响街区的太阳辐射量与气温。

当然 SVF 的值不是越低越好，相关研究证明，当城市街区的平均 SVF 大于 50% 时，城市中心区便于散热；当城市街区的平均 SVF 小于 35% 时，较易产生城市热岛效应，特别是在湿热气候区[5]。

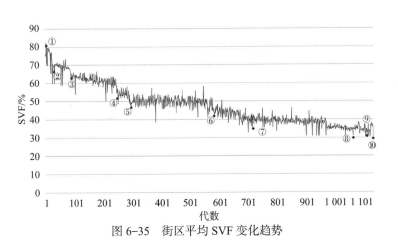

图 6-35　街区平均 SVF 变化趋势

表 6-12　街区 10 个样本的平均 SVF 表

类别	代数	SVF/%	代数	SVF/%	代数	SVF/%	代数	SVF/%	代数	SVF/%
	4	81.39	32	68.58	89	63.00	259	52.04	297	45.36
透视图										
SVF										
类别	代数	SVF/%	代数	SVF/%	代数	SVF/%	代数	SVF/%	代数	SVF/%
	586	42.32	712	36.75	1 064	28.74	1 104	31.21	1 133	28.39
透视图										
SVF										

（5）建筑长宽

建筑长度、宽度的变化会影响街道宽度，进而影响到街道的高宽比。从图 6-36 可以看出，随着街区室外平均 UTCI 的优化，建筑长度（蓝色折线）、建筑宽度（橙色折线）数值上升。其中建筑宽度的数值越来越超过建筑长度的数值，表明建筑长宽比越来越小。这与"东西向街道高宽比的变化比南北向街道高宽比的变化对街道室外热舒适度的作用更大"的结论相匹配。建筑进深（宽度）大于面宽（长度），使得东西向街道的高宽比增大，从而使得东西向街道产生更多的阴影。

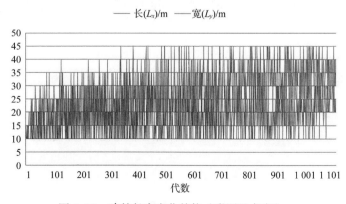

图 6-36　建筑长宽变化趋势（彩图见书末）

2）气候指标分析

（1）太阳辐射

如图6-37蓝色折线所示，太阳热辐射是影响UTCI的重要因素之一。随着UTCI的不断优化，基地MRT从53℃下降到38℃，变化趋势极其显著。

（2）风速

如图6-37橙色折线所示，随着UTCI的优化趋势，基地平均风速值从2.5 m/s升高到3.5 m/s左右。由于UTCI的计算方法，在一定范围内，风速的提高有利于室外热舒适度值的优化。因此，最优模拟结果显示街道朝向与风向平行。但对于那些位于风沙较大的干热地区城市而言，风速过大会对室外活动造成干扰。

尤其在沙漠化地区，与主导风向夹角为0°的街区层峡会在一定程度上加重城市的风沙侵扰，需要在整体层面上加以综合考虑[6]。因此，在规则型街道布局的基础上，保持街道容积率、建筑密度、角度不变，再分别改变每个单体的长和宽，优化生成不规则街道布局，表6-13的结果表明不规则街道、街区的平均风速将大大减小。

在干热地区，对于上风向有湖泊、林地等具有降温加湿特征的地表肌理而言，建议街道朝向与风向平行，利于街区通风、降温，增加空气湿度，

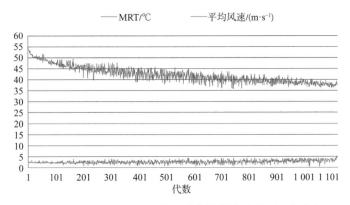

图6-37　街区MRT、平均风速变化趋势（彩图见书末）

表6-13　规则街道布局与不规则街道布局对比表

规则街道布局					不规则街道布局				
容积率	建筑密度	UTCI/℃	MRT/℃	平均风速/（m·s⁻¹）	容积率	建筑密度	UTCI/℃	MRT/℃	平均风速/（m·s⁻¹）
4.8	0.32	25.44	37.48	3.11	4.8	0.32	26.03	38.09	2.06

提高室外热舒适度；对于沙漠地带的街区而言，虽然风速加大会带走部分热量，但较大风速会给城市带来更多的风沙困扰，建议采用与当地风向垂直的街道朝向或不规则街道，使穿越街道的风速变小，以减少沙尘对室外热舒适度的干扰。

3）相关性分析

为进一步研究对室外 UTCI 影响较为明显的形态因素，排除关联性不显著的因子，用数据分析软件 SPSS 进行相关性分析。通过因子的相关性与显著性筛选进入回归分析的参数，并通过相关性指标预先判断在回归分析中可能会产生的共线性影响。

从皮尔逊相关系数表（表6-14）中可见高度（H）、角度、长宽比、南北向街道高宽比（H/W_x）、东西向街道高宽比（H/W_y）的相关系数分别为 −0.113、0.103、0.108、−0.152、−0.313，但显著性分别只有 0.082、0.076、0.126、0.257、0.133，均在 0.05 的水平上不明显，可以认为高度、角度、长宽比、南北向街道高宽比、东西向街道高宽比与 UTCI 呈低相关或不相关关系。

表6-14　皮尔逊相关系数表

	类别	高度（H）	角度	容积率	建筑密度
室外 UTCI	皮尔逊相关性	−0.113	0.103	−0.515**	−0.645**
	显著性（双侧）	0.082	0.076	0.003	0.000
	数据个数（N）/个	1 149	1 149	1 149	1 149
	类别	长宽比	H/W_x	H/W_y	SVF
	皮尔逊相关性	0.108	−0.152	−0.313	0.495**
	显著性（双侧）	0.126	0.257	0.133	0.000
	数据个数（N）/个	1 149	1 149	1 149	1 149

注：** 表示在 0.01 水平（双侧）上显著相关。

容积率与 UTCI 的相关系数显著性为 0.003，小于 0.05 的水平，应认为容积率与 UTCI 显著相关，而对应相关系数为 −0.515，应认为容积率与 UTCI 的值呈中高度负相关性。

建筑密度与 UTCI 的相关系数显著性为 0.000，小于 0.01 的水平，应认为建筑密度与 UTCI 显著相关，而对应相关系数为 −0.645，应认为建筑密度与 UTCI 的值呈高度负相关性。

SVF 与 UTCI 的相关系数显著性为 0.000，小于 0.01 的水平，应认为 SVF 与 UTCI 显著相关，而对应相关系数为 0.495，应认为 SVF 与 UTCI 的值呈中高度正相关性。

4）回归分析

根据相关性分析结果，挑选三个与室外 UTCI 相关性最高的因素，即 SVF、建筑密度以及容积率作为自变量，以室外 UTCI 作为因变量建立多元回归分析模型，具体如表6-15所示。

表 6-15　回归分析模型汇总表

模型汇总				
模型	R	R 方	调整 R 方	标准估计的误差
1	0.710[a]	0.504	0.403	0.419 880 6

注：a 表示预测变量为（常量）、SVF、建筑密度、容积率。R 是复相关系数；R 方是多重判定系数，用以判断线性回归直线的拟合优度好坏。

由表 6-15 可知模型调整 R 方达到 0.403，模型拟合效果尚可，可认为模型对样本数据解释效果良好（表 6-16）。

表 6-16　回归分析方差分析表

方差分析（ANOVA）[a]					
模型		平方和	df	均方	F	Sig.
1	回归	2 094.089	3	698.030	3 959.336	0.000[b]
	残差	196.574	1 115	0.176	—	—
	总计	2 290.663	1 118	—	—	—

注：a 表示因变量为室外 UTCI。b 表示预测变量为（常量）、SVF、建筑密度、容积率。df 表示自由度；F 表示检验统计量；Sig. 表示显著性。

由表 6-16 可见，模型 F 值为 3 959.336，对应显著性为 0.000，小于 0.01 的水平，应认为回归模型中至少有一个自变量与因变量存在线性关系（表 6-17）。

表 6-17　回归分析系数分析表

系数[a]								
模型		非标准化系数		标准系数	t	Sig.	共线性统计量	
		B	标准误差	试用版			容差	VIF
3	（常量）	24.157	0.163	—	148.129	0.000	—	—
	SVF	0.116	0.002	0.881	48.617	0.000	0.234	3.265
	建筑密度	−0.798	0.180	−0.054	−4.424	0.000	0.524	1.909
	容积率	−0.061	0.025	−0.049	−2.390	0.017	0.184	4.437

注：a 表示因变量为室外 UTCI。B 表示回归系数。Sig. 表示显著性，显著性是 t 检验的结果。VIF 表示方差膨胀因子。

首先多元回归模型的各个回归系数对应的方差膨胀因子（VIF）值均小于 5，应认为模型不存在共线性的问题。在模型中，自变量 SVF、建筑密度以及容积率的回归系数显著性分别为 0.000、0.000、0.017，故 SVF、建筑密度以及容积率的回归系数均在 0.01 的水平上较为显著，对应的回归系数分别为 0.116、−0.798、−0.061。由此得出回归模型方程式为

UTCI=24.157+0.116×SVF−0.798× 建筑密度 −0.061× 容积率 ＋残差

（式 6-1）

根据实验模拟数据选择五代样本数据利用回归模型方程式进行验证，如表 6-18 所示。根据方程得出的 UTCI 计算值与实验测得的 UTCI 实际

值较为接近，表明回归模型方程式解释效果较好。

表 6-18　回归模型方程验证表

样本	SVF/%	建筑密度/%	容积率	UTCI计算值/℃	UTCI实际值/℃	相差值/℃
1	82.00	4	0.24	33.622	33.687	−0.065
2	70.35	10	0.60	32.201	32.230	−0.029
3	64.34	14	0.84	31.457	31.670	−0.213
4	43.17	48	2.88	28.606	29.307	−0.701
5	30.65	25	4.50	27.238	26.522	0.716

根据表 6-17 中的标准系数列可知，三个显著的自变量的标准系数绝对值大小依次是 SVF（0.881）、建筑密度（0.054）以及容积率（0.049），应认为在这三个自变量中，SVF 对室外 UTCI 的值影响最大，其次是建筑密度，最后是容积率。

5）小结

通过针对容积率、建筑密度可变条件下的街区布局自动寻优研究，对于干热气候区的城市设计来说，街区基本形态指标直接影响街区微气候的形成及室外人体热舒适度。首先，在容积率限定在 5.0 以内的情况下，随着容积率和建筑密度的升高，街区室外热舒适度变优。其次，街区街道高宽比和 SVF 通过控制街道两侧建筑的形态来影响和限制街区层峡内的太阳辐射量与风速，与南北轴线成 25°—50° 夹角的朝向比正南正北朝向更好一些，能在夏季提供更多的阴凉。再次，连续开放且与风相平行（0°）的街道风速最大，适用于上风向有林地、水体的地表肌理；对于面临风沙侵袭的街区，建议采用与当地风向垂直的街道朝向或不规则的狭窄街道来使风速变小，以减少沙尘对室外热舒适度的影响。最后，从建筑单体尺度来说，在建筑密度一定的条件下，建筑的长宽比影响着南北向街道和东西向街道的高宽比，对街区微气候产生间接的影响。

通过研究数据回归分析发现，街区容积率、建筑密度、街道高宽比、街道朝向、SVF、建筑长宽比等形态系数影响着街区的空间形态，对街区内的太阳辐射、气温、湿度、风速与风向等室外微气候要素在街区中的变化与分布有着不同程度的影响。其中，SVF、建筑密度、容积率指标的大小对街区微气候起着决定性作用。

6.3.2　容积率、建筑密度限定条件下的街区布局自动寻优结果解析

从四组实验中分别得到柱式、条式、点式、庭院式街区的平均 UTCI 的变化趋势，从图 6-38 可以看出四种街区的 UTCI 上下波动，但整体呈下降趋势，说明街区布局寻优效果显著。将各代平均 UTCI 按照从大到小的顺序排列，如图 6-39 所示。柱式街区的平均 UTCI 从 30.45℃ 下降至 28.01℃；条式街区的平均 UTCI 从 31.45℃ 下降至 25.59℃；点式街

区的平均 UTCI 从 27.97℃下降至 24.40℃；庭院式街区的平均 UTCI 从 27.38℃下降至 24.47℃。从图表可以直观地发现，点式、庭院式街区比柱式、条式街区的室外平均 UTCI 低。

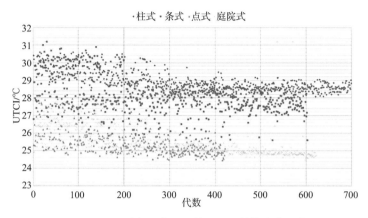

图 6-38　四种类型街区平均 UTCI 趋势变化比较

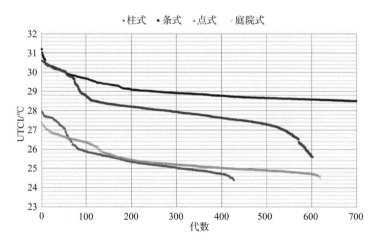

图 6-39　四种类型街区 UTCI 范围变化比较

1）形式指标分析

（1）街道朝向分析

如图 6-40 所示，随着代数序列的增加，室外平均 UTCI 逐渐变优，四种类型街区的角度也趋于某些范围的数值：柱式街区角度变化范围最后为 35°—40°，条式街区角度变化范围最后处于 45° 左右，点式街区角度变化范围最后处于 20° 左右，庭院式街区角度变化范围最后处于 15° 左右。不同基本型的街区对应不同的最优角度，但其范围基本位于 15°—45°，与研究 I 得出的最佳角度区间 25°—50°有部分重合。

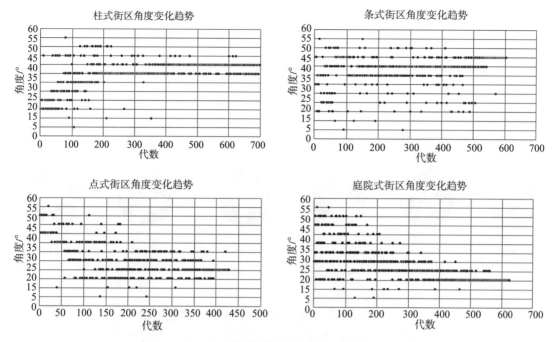

图 6-40　四种类型街区角度变化趋势

（2）天空可视域分析

表 6-19 选择了四种类型街区的最优布局，并分析了坐标点为（50，200）、（150，150）、（100，50）三个点的 SVF。从中看到，柱式街区平均 SVF ＞ 条式街区平均 SVF ＞ 庭院式街区平均 SVF ＞ 点式街区平均 SVF。由研究 I 可知，SVF 是反映街区空间结构形态的重要参数之一。通常干热地区的城市呈现如点式街区般高密集、狭窄的街道空间结构形态，这种形态使得 SVF 大大变小，即 SVF 的值降低，可以使得街道受到的太阳辐射量变少，从而影响街区的人体热舒适度。

表 6-19　四种类型街区最优布局 SVF 对比表

柱式街区			条式街区		
平均 SVF	0.415		平均 SVF	0.392	
0.378	0.417	0.468	0.369	0.345	0.336

点式街区			庭院式街区		
平均 SVF	0.249		平均 SVF	0.278	
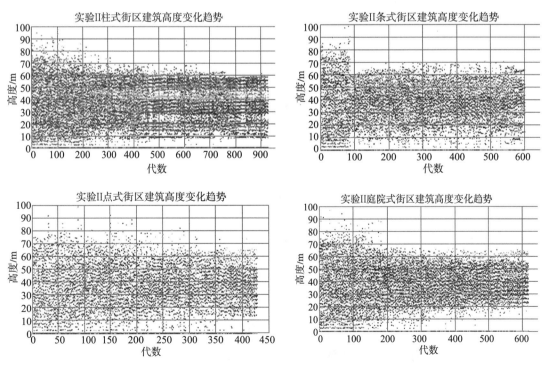					
0.359	0.192	0.340	0.265	0.233	0.227

（3）建筑层高分析

在固定容积率和建筑密度的条件下，街区内 22 个建筑单体的高度可随机变化。随着室外热舒适度值的降低，四个街区各建筑的高度优化趋势如图 6-41 所示。随着室外热舒适度越来越优，建筑高度从开始的 0—100 m 的随机范围逐渐收缩，高度范围在 15—60 m 趋于稳定，相当于 5—20 层的高度。

图 6-41　四种类型街区建筑层高变化趋势

从表 6-20 可以看出四种街区形式的不同布局之间的差异：左侧为较差布局，建筑之间的错落度较高，造成部分区域建筑较高、部分区域建筑较低，低矮建筑导致周边地面的日照时间较长，MRT 高，进而影响了街区的平均热舒适性；而在右侧四种布局较好的街区中，可以看到各个基本单元的高度相当，没有出现低于 15 m 的建筑单体，不会使其周边地面曝晒过度，从而影响到街区的 MRT。此外，在较优布局中，建筑错落度较小，使得街区有一个较为平缓的轮廓线，形成内向封闭的街区空间形态，有利于防止风沙进入街区内部。

表 6-20　四种类型街区较差布局与较优布局对比表

柱式街区		条式街区	
较差布局 UTCI=30.45℃	较优布局 UTCI=28.37℃	较差布局 UTCI=30.45℃	较优布局 UTCI=25.83℃
点式街区		庭院式街区	
较差布局 UTCI=27.97℃	较优布局 UTCI=24.40℃	较差布局 UTCI=27.38℃	较优布局 UTCI=24.89℃

（4）开放空间布局分析

基地网格为 5×5，将其按照 1—25 的顺序命名，并将不同代数的开放空间位置标记出来，模拟得出四个街区开放空间的分布规律。如图 6-42 和表 6-21 所示，随着室外热舒适度的不断优化，不同街区开放空间分布于不同位置。柱式街区的开放空间主要位于基地中部；条式街区的开放空间主要分布于基地西侧和中间部分；点式街区的开放空间主要分布于中间和北侧；庭院式街区的开放空间则分布于西侧和东侧。另外，在较优的建筑布局中，开放空间周边一般都有较高的建筑进行遮挡，可在开放空间中产生阴影。

开放空间的位置分布主要受太阳辐射和通风的影响。当开放空间位于地块中部和东部时，可以受到周围较多建筑的遮挡。由于实验设定的模拟风为西北风，当开放空间位于西部和北部时，可加快基地内的空气流动；但在干热地区的夏季，风速过大会形成风沙。因此，建议在基地上风向设置开放空间，布置绿化水体：其一，绿植可以降低风速，减弱风沙过大对街区的影响；其二，绿化水体可以增加空气湿度，降低空气温度，提高干热地区夏季街区的整体热舒适度。

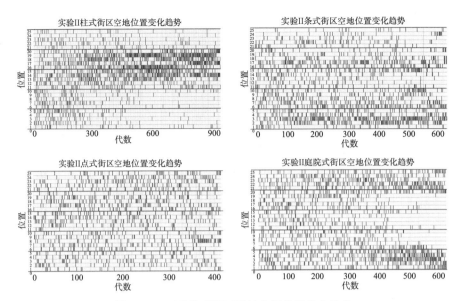

图 6-42　四种类型街区开放空间位置分布趋势

表 6-21　四种类型街区开放空间位置分布对比表

柱式街区	条式街区	点式街区	庭院式街区

2）气候指标分析

（1）平均辐射温度

太阳辐射是影响室外 UTCI 的重要因素之一，随着 UTCI 的优化，四种类型街区的 MRT 都呈现出下降的趋势。其中，如图 6-43 所示，蓝色折线表示柱式街区的 MRT 变化趋势，从 41℃下降到 39.5℃；橙色折线表示条式街区的 MRT 变化趋势，从 40℃下降到 38.8℃；灰色折线表示点式街区的 MRT 变化趋势，从 36℃下降到 35℃；黄色折线表示庭院式街区的 MRT 变化趋势，从 36.5℃下降到 35.2℃。从该图可以直观地发现，在街区容积率和建筑密度一定时，点式和庭院式街区地面接收的太阳辐射量要远远小于柱式和条式街区的地面接收量，点式和庭院式街区的 MRT 要比柱式和条式街区低 4—5℃，其关系为点式街区 < 庭院式街区 < 条式街区 < 柱式街区。

（2）平均风速

如图 6-44 所示，蓝色折线表示柱式街区的平均风速变化，开始时段起伏较大，最后稳定在 3 m/s；橙色折线表示条式街区的平均风速变化，从 1.75 m/s 最后波动在 1.5 m/s 到 3 m/s 之间；灰色折线表示点式街区的

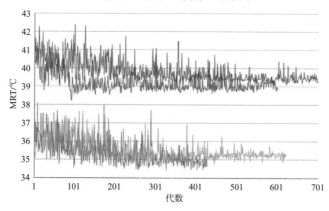

图 6-43　四种类型街区 MRT 变化趋势（彩图见书末）

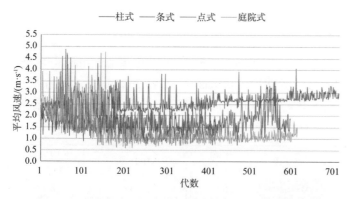

图 6-44　四种类型街区平均风速变化趋势（彩图见书末）

平均风速变化，开始时段起伏较大，从 1.5 m/s 最后波动在 1.25 m/s；黄色折线表示庭院式街区的平均风速变化，开始时段起伏较大，从 2.5 m/s 最后波动在 1.25 m/s。随着热舒适度的不断优化，柱式和条式街区的平均风速上升趋势较明显，点式和庭院式街区一开始风速较大，随后降低。在舒适度较差的阶段，街区西北方位的建筑高度较低，从而为基地带来大量的风，随着优化的进行，建筑高度稳定在一定的数值，基地的平均风速也随之下降。整体来看，不同建筑形态的街区其平均风速有明显差别，为庭院式＜点式＜条式＜柱式。

　　在干热地区，不同地理条件下风速的提高对室外热舒适度的影响不同。对上风向处有湖泊、林地等具有降温加湿性质的地表肌理，建议选择利于多方位导风的柱式、与风向相平行的条式街区模式，加强通风可对街区进行降温，增加空气湿度，优化室外热舒适度。对某些有风沙的街区，虽然提高风速能带走街道的部分热量，但过高风速也会给城市带来较多的风沙困扰，建议采用点式和庭院式街区，使风速降低来减少沙尘对室外舒适度的影响。

3）小结

通过研究可以发现，对干热地区来说，在容积率和建筑密度一定的情况下，街区建筑基本型的选择与街区微气候直接相关。其中，建筑基本型的致密度可通过碎化度来衡量（表 6-22）。

表 6-22　四种基本型碎化度分析表

条式（1-mass）	庭院式（2-mass）	柱式（1-mass）	点式（4-mass）

点式碎化度（4-mass）＞庭院式碎化度（2-mass）＞条式碎化度（1-mass）＝柱式碎化度（1-mass）。如表 6-23 所示，随着基本型碎化度的增大，街区的平均 SVF 降低，MRT、平均 UTCI 值也随之降低。

表 6-23　四种类型街区最优布局对比表

类型	碎化度	平均 UTCI/℃	MRT/℃	平均风速 /（m·s⁻¹）	平均 SVF
柱式	1-mass	28.01	39.42	2.77	0.415
条式	1-mass	25.59	38.87	1.89	0.392
点式	4-mass	24.40	34.64	1.36	0.249
庭院式	2-mass	24.47	35.18	1.02	0.278

注：低　　　　　　　　　　　高。

就太阳辐射而言，地面太阳辐射量最大的是柱式街区，它拥有最宽的露天街道；最小的是点式街区和庭院式街区，这种街区布局适合在干热的沙漠地区出现。就风速来看，最利于通风的建筑组合方式是柱式街区，且在不同的街道朝向角度上都有不错的通风效果；与风向平行的条式街区风速较大，但与风向成一定夹角的条式街区能减缓部分风速；封闭的庭院式街区和密集的点式街区风速最低。

上述研究表明街区的建筑基本型、建筑高度组合、开放空间位置分布等形态系数可以影响街区内部的太阳辐射、气温、湿度、风速与风向等室外微气候要素在街区中的分布与变化，从而影响人们在其中活动时的热舒适度。建筑基本型的碎化程度影响街区的平均 SVF，对干热地区的城市街区来说，选择碎化度较大的点式基本型和庭院式基本型是较为适宜的形态选择。

6.3.3 干热地区实际街区室外热舒适度模拟及自动寻优结果解析

模拟得到 678 代有效数值，从图 6-45 可以看到，平均 UTCI 上下波动，整体呈下降趋势，说明在混合基本型的研究中，系统寻优具有方向性且有效，通过系统寻优可以得到有意义的优化布局情况。将每代数值依照平均 UTCI 从高到低的顺序排列出来，如图 6-45 所示，平均 UTCI 的值从 30.70℃下降到 27.43℃；原有基地的平均 UTCI 值为 31.17℃，说明优化结果较为明显。接下来，依据数据中平均 UTCI 从高到低的顺序，来分析形态指标和气候指标的变化趋势。

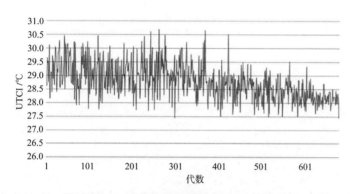

图 6-45　实际街区室外平均 UTCI 变化趋势

1）形态指标分析

（1）基本型的数量变化趋势分析

选择最差、最优结果及其之间的中间代数结果进行分析（表 6-24）。在最差结果排布中，柱式基本型为 1 个，条式基本型为 20 个，点式基本型为 3 个；随着 UTCI 值的不断优化，柱式基本型个数增加到 4 个基本保持不变；点式基本型的个数逐渐增加，从 3 个变成 10 个；相应地，条式基本型的个数则逐渐减少，从开始的 20 个减少为最后的 10 个。在最优结果排布中，柱式基本型为 4 个，条式基本型、点式基本型各有10 个。

从基本型的变化中，可以清楚地发现软件模拟对基本型的选择趋向。在容积率为 1.8、建筑密度为 0.24 的设定条件下，点式基本型的增多对街区室外 UTCI 有较好的影响。

（2）建筑高度分析

在容积率（1.8）、建筑密度（0.24）固定的条件下，街区内 24 个建筑单体的层数可随机变化。当层数为 1—5 层时，建筑基本型采用点式；当层数为 6—10 层时，建筑基本型采用条式；当层数大于 10 层时，建筑基本型采用柱式。随着室外 UTCI 的优化，街区各个建筑体块的高度在有效的 678 代中的变化趋势如图 6-46 所示。在前 200 代，建筑高度集

表 6-24　街区基本型数量变化分析表

最差结果	第 5 代	第 40 代	第 606 代	第 637 代	最优结果
UTCI=30.70℃	UTCI=30.48℃	UTCI=29.97℃	UTCI=28.00℃	UTCI=27.88℃	UTCI=27.43℃
柱式：1 个	柱式：4 个	柱式：2 个	柱式：4 个	柱式：3 个	柱式：4 个
条式：20 个	条式：17 个	条式：18 个	条式：11 个	条式：12 个	条式：10 个
点式：3 个	点式：3 个	点式：4 个	点式：9 个	点式：9 个	点式：10 个

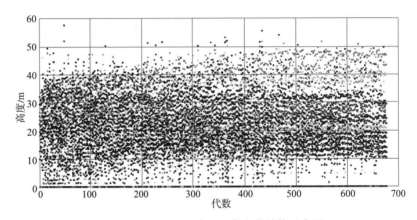

图 6-46　实际街区建筑层高变化趋势示意图

中在 0—40 m，建筑基本型多为条式、点式；从第 200 代之后，部分单体高度逐渐增高，超过 40 m 往上起伏，说明柱式建筑单体渐渐增多，而此时低于 10 m 的点式单体渐渐变少。第 600 代之后，高度结果趋于稳定，建筑高度区间稳定在 10—50 m，其中 30—50 m 为柱式基本型，点数较为稀疏；10—30 m 点数较为密集，为点式基本型和条式基本型。建筑高度特征大致可以反映出基本型的变化趋向。

（3）开放空间布局分析

基地网格为 5×5，按 1—25 的顺序命名，并将不同代数的开放空间位置标记出来，得出街区开放空间分布规律。如图 6-47 所示，随着 UTCI 的优化，不同代数的开放空间分布于不同的位置，但到最后，街区开放空间主要趋向分布于地块东部和东北部。

开放空间的位置分布主要受太阳辐射和风速的影响。由于设置的模拟时间为 10：00 到 16：00，当开放空间处于地块东部时，可以受到西边较多建筑的遮挡，下午没有大量的日晒；而当开放空间处于北部时，可

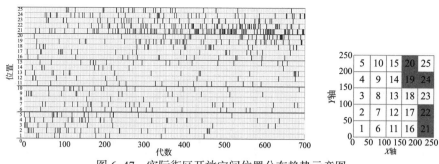

图 6-47　实际街区开放空间位置分布趋势示意图

加快基地内部的空气流动，因而有较多的开放空间分布于东部和东北部。

2）气候指标分析

太阳辐射：如图 6-48 蓝色折线所示，是影响室外 UTCI 的重要因素之一。随着 UTCI 的逐渐优化，基地 MRT 从 47℃下降到 43℃。

风速：如图 6-48 橙色折线所示，随着 UTCI 的逐渐优化，基地平均风速从 2 m/s 左右略有升高，但整体变化不大。

总体而言，基地 MRT 和平均风速有略微的变化，但因为基地设定的容积率较小，微气候指标变化趋势不太明显。

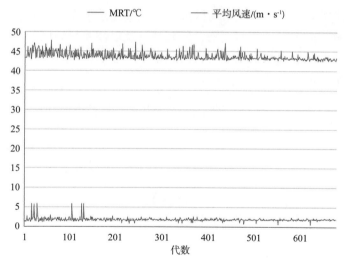

图 6-48　实际街区 MRT、平均风速变化趋势（彩图见书末）

3）小结

通过实际街区寻优模拟表明（表 6-25），对干热地区的城市设计而言，在容积率和建筑密度一定的情况下，通过改变街区的各种建筑基本型数量及位置分布，通过自动寻优，可得到有参考意义的较优布局，从而影响街区微气候的形成及室外人体舒适度。

表 6-25　街区优化前后对比表

优化前					优化后				
容积率	建筑密度 /%	UTCI/℃	MRT/℃	平均风速 /（m·s⁻¹）	容积率	建筑密度 /%	UTCI/℃	MRT/℃	平均风速 /（m·s⁻¹）
1.8	24	31.17	43.94	2.04	1.8	24	27.43	41.29	1.97

在街区容积率和建筑密度一定的条件下，优化后的街区 UTCI、太阳辐射、风速均有所减小。与原有街区相比，点式基本型的增加能够优化街区的微气候环境，说明碎化度大的建筑体量利于干热地区的夏季热环境优化。对于干热地区气候适应性城市设计而言，基于街区微气候分析，应尽可能设计碎化度较大的建筑基本型，采取高密集、紧凑式、狭窄街道的空间结构是实现干热地区城市气候舒适度提升的有效方法。

6.4　策略探讨与分析

上述研究主要针对城市街区尺度，从其建筑形态层面对干热地区街区布局做了三组寻优实验。结合研究结论及以往干热地区的城市设计策略，从城市、建筑和景观不同层面总结出干热地区室外热环境的优化措施，具体如表 6-26 所示。

表 6-26　基于室外热舒适度需求的干热地区城市设计优化策略表

城市层面		建筑层面		景观层面	
选址开发	城市形态	建筑形态	构造材料	开放空间	绿地水体
选择合适的海拔、坡度与方位	高密度、紧凑的空间结构	院落式、碎化度高的建筑组合布局	立面屋顶遮阳构建	小而分散的城市开放空间	城市中的绿洲
临水、临绿洲	平缓、均匀的城市天际线	鼓励骑楼、地下空间设计	高反射率屋面、低反照率墙面材料	天井、庭院的利用	城市中的水体
城市地下空间开发利用	街区层峡和朝向	窗洞的设置	厚重、蓄热好的建筑材料	屋顶空间的利用	渗水性地面

6.4.1　城市层面的优化策略

1）选择合适的海拔、坡度与方位

对于干热地区的城市选址，山的迎风坡和海拔较高的位置可以获得良好的自然通风潜力和适宜温度，是较好的城市建设基地。如能充分利用自然地形条件，可为干热地区城市室外热舒适度的提升营建良好的基础性条件。

2）临水、临绿洲

干热地区城市选址应尽可能临水、临绿洲。城市上风向最好有大型的水体或成规模的林地，可提供有益的水汽蒸发，提高空气湿度，这对处于下风向的城市微气候改善有着积极作用。

3）城市地下空间开发利用

干热地区的空气湿度低、太阳辐射强，应鼓励在城市中心人群密集地区开发地下空间或半地下空间，利用地下廊道建立地下步行系统网络。这样做既可避免当地夏季的高温太阳辐射，又可充分利用土壤的热效能，实现公共空间冬暖夏凉的热舒适度效果。

4）高密度、紧凑的空间结构

干热地区高密度、紧凑的城市街区可使得建筑之间相互遮掩，产生大量阴影，有效阻挡太阳热辐射所导致的升温效应。同时，密集的建筑群布局减少了风沙影响，有利于促进城市室外公共活动；还可缩减居住区、工作区、公共设施区之间的通勤距离，减少交通能耗。

5）平缓、均匀的城市天际线

平缓、均匀的城市天际线有利于形成内向封闭的城市形态，使得风绕过街区狭窄的街道从屋顶掠过，从而减少风渗入城市内部，有利于沙漠地区城市防止风沙侵扰。

6）街区层峡和朝向

干热地区街区应采用街道高宽比（H/W）较高的深层峡（$H/W > 2$），较低的 SVF（25%—35%），有利于形成建筑阴影。朝向应与南北轴成 20°—50° 夹角，利于在夏季中午和下午最热时段遮挡更多的太阳热辐射。如果风沙严重，可布置狭窄、弯曲的不规则街道，以有效防范风沙。

6.4.2　建筑层面的优化策略

1）院落式、碎化度高的建筑组合布局

干热地区的建筑组合建议采用院落式布局，这样既能在庭院内外产生较多的阴影空间，又能防止风沙进入庭院。同时，可碎化大体量的建筑，形成众多狭窄的街区室外活动街道空间。

2）鼓励骑楼、地下空间设计

在干热气候环境下，骑楼的设置可使当地街道不直接暴露在夏季阳光下。地下空间可防止太阳热辐射，也可将地下空间所产生的凉气引导到地面建筑中去，以改善室内热环境。

3）窗洞的设置

通风口与采光口要独立分开。通风口要便于调控，白天关闭以隔绝高温，夜晚打开以通风散热；采光口应避免太阳直射，洞口尽可能小。

4）立面屋顶遮阳构建

遮阳构件应采用轻质能反射阳光的材质，不仅可减少太阳辐射，而且可防止雨水渗漏和眩光干扰。对于南北向立面，太阳高度角相对较高，水平遮阳构件较为有效；对于东西向立面，由于太阳高度角较低，所以垂直遮阳构件更利于减少太阳辐射。

5）高反射率屋面、低反照率墙面材料

干热地区宜采用高反射率的屋面材料，减少建筑对太阳辐射的吸收；墙面采用低反照率材料，减少强光反射，不至影响到街道上行人的室外活动。

6）厚重、蓄热好的建筑材料

在干热地区，加厚的建筑外墙和屋顶可有效抵挡夏季高温和冬季严寒；同时，选用厚重、热稳定性强、蓄热性好的建材来减少昼夜温差，以及冬夏两季温度变化所带来的不便。

6.4.3 景观层面的优化策略

1）小而分散的城市开放空间

在干热地区，太阳辐射是影响室外热舒适度的重要因素，应避免设计大而空旷的城市广场，可依托街道形成有遮阳的室外或半室外、分散的、面积较小的城市开放空间。

2）天井、庭院的利用

阴凉的天井和庭院是干热地区的人们在夏季喜欢的户外活动空间。一般而言，天井和庭院的高度大于长度和宽度，这种传统的多孔紧凑的室外空间结构利于遮阳和防风沙。

3）屋顶空间的利用

干热地区日夜温差较大，夜晚城市上空的空气温度降低较快。在高密度街区，街道狭窄，建筑高度接近，风几乎全部从屋顶掠过，可充分利用屋顶空间，形成人们夏夜休息、纳凉的场所。

4）城市中的绿洲

由于干热地区气候干燥，因此比其他气候地区的水汽蒸发潜力大，绿地和植被对城市微气候的调节作用十分显著。在城市上风向种植一定规模的绿植，将会大大改善城市的空气湿度和室外活动空间的风沙干扰。绿植应选择在干热地区较易存活、只需少量雨水就能维系且能维护土壤的植物品种。

5）城市中的水体

干热地区水分蒸发较快，利用水体蒸发降温可调节城市街区周边的微气候。水体应在城市街区的上风向同绿地植被组合布置，可有效改善空气湿度状况。

6）渗水性地面

降水对于干热地区来说非常难得，道路、广场采用渗水性地面，可有效减少城市地表水的流失，调节空气湿度。

以上具体针对干热地区室外环境热舒适性的优化措施，可为城市设计前期提供参考，在具体的方案设计中还需通过完整的数值模拟反复验证其有效性，以期设计出具有良好气候适应性的方案。

第 6 章参考文献

［1］昆·斯蒂摩，陈磊. 可持续城市设计：议题、研究和项目［J］. 世界建筑，2004（8）：34-39.

［2］RATTI C, RAYDAN D, STEEMERS K. Building form and environmental performance：archetypes, analysis and an arid climate［J］. Energy and buildings，2003, 35（1）：49-59.

［3］IGNATIUS M, WONG N H, JUSUF S K. Urban microclimate analysis with consideration of local ambient temperature, external heat gain, urban ventilation, and outdoor thermal comfort in the tropics［J］. Sustainable cities and society, 2015, 19：121-135.

［4］STEEMERS K, BAKER N, CROWTHER D, et al. City texture and microclimate［J］. Urban design studies, 1997（3）：25-49.

［5］GIRIDHARAN R, LAU S S Y, GANESAN S, et al. Urban design factors influencing heat island intensity in high-rise high-density environments of Hong Kong［J］. Building and environment, 2007, 42（10）：3669-3684.

［6］GIVONI B. Climate considerations in building and urban design［M］. New York：John Wiley & Sons Inc., 1998.

第 6 章图表来源

图 6-1 至图 6-9 源自：笔者绘制.

图 6-10 至图 6-25 源自：软件截图.

图 6-26 至图 6-48 源自：笔者绘制.

表 6-1 至表 6-26 源自：笔者绘制.

7 寒冷地区街区空间形态布局与自动寻优

目前许多研究已证实城市微气候与城市形态要素变化直接相关，但也不难发现已有城市形态与微气候关联性研究基本是对单一变量逐个进行分析后的人工耦合与优化。对于城市这一复杂体来说，该方法只能给出若干近似判断和较优解，并不能给出一个终极意义的最优解。

本章借助参数化设计插件 Grasshopper，将城市形态生成、微气候性能模拟与搜索寻优三个模块整合在一起，以通用热气候指数（UTCI）比率为优化目标，运用遗传算法进行搜索，通过若干代运算之后得出最优城市形态组合。实验通过对研究基地的建筑形态进行分析、梳理和凝练，从中挑选并抽象出五种建筑形态原型，用以表征这一区域的建筑形态特征。在程序运行过程中，遗传算法将挑选不同的建筑形态原型加以组合而形成整体街区形态，并进行微气候性能模拟。通过不断反复上述过程，逐步淘汰掉性能较差的形态组合，留下优质的形态"基因"。最终待目标值收敛不再变优时终止运算，即可得到微气候性能最优的形态组合方案。

上述寻优结果具有两个方面的意义：从结果上来说，它得出了可以直接用来参考的城市形态组合，为设计提供了最为直接可靠的微气候方面的依据；从过程上来说，遗传算法在不断寻找最优解的过程中积累了数百代的不同形态和微气候数据，使得后续的统计学分析成为可能。相比之前几个城市或街区之间的对比，该研究具有更庞大的研究样本，同时本身也更具有内在的一致性，为城市形态与微气候相关性研究拓展了新的途径。

7.1 优化实验与步骤

7.1.1 研究区域形态特征分析与提取

1）城市形态原型研究

城市微气候的影响原因非常复杂，目前城市微气候领域的研究呈现出相关学科基于研究需求向建筑学方向交叉渗透的趋势，其中与城市微气候相关的最重要的研究对象即城市形态[1]，前文已详细罗列并分析了城市形态对城市微气候的影响。

此处有两个问题需要注意：一是所有要素都是已有城市形态特征的描述，它们只能表征而不能全面定义城市形态，即这些要素从某种意义上来说都是因变量而非自变量；二是这些影响要素都是针对形态某一个或几个方面特征的概括，且彼此之间还存在交叠部分，这就容易造成在综合分析多要素对城市微气候影响时难以清晰地判定是哪个变量影响了结果。

现有城市形态与城市微气候关联性的研究绝大部分都集中在对真实环境的计算机模拟与单因素关联性分析方面（即独立分析每个关联性要素对城市微气候的影响）。然而在理想城市微气候与城市形态模型方面的研究一直比较匮乏：一方面，以往受到计算机性能的限制，研究者无法通过大量优化模拟获取最佳城市形态组合；另一方面，尚未建立起一套科学有效的城市形态优化自变量。已有关联因子都是城市形态的因变量，无法单独控制生成完整的城市形态，也就无法在优化算法中不断调整，对千变万化的城市形态进行有效的数据表征和描述成为一个关键问题。

用图示表示建筑和城市形态是建筑学研究最为直接的手段，也是形态参数化的基础与核心问题。剑桥大学的马丁研究中心（The Martin Centre）在 1970 年曾以欧洲城市为范本归纳出城市形态的六种基本原型，并以其为基础进行了关于气体流动和污染扩散的风洞实验。时至今日，西方学者研究城市微气候的基本模型依然沿用马丁研究中心的城市形态原型。但由于以欧洲城市为基础建立的模型具有建筑单元尺度差异小、高度基本均等之特点，并不能广泛适应世界范围内的城市形态，尤其是街区完整度差、单元差异过大和建筑高度显著不同的美洲和亚洲城市。因此，有必要重新归纳适应不同区域的城市形态原型，或针对不同区域归纳相对应的城市形态原型[1]。

由于本书并非专门针对城市形态原型的研究，因此只针对研究片区，即沈阳太原街的城市形态进行分析、归类、提取以供实验使用。

2）研究区域形态特征提取与分类

（1）街区尺度设定

初期设置合理的街区网络结构能够较好地满足城市运行的需求，很少因为后期发展的原因发生街区尺度再分的现象。综合现有研究成果，理想的单一街区面积为 1—2 hm²，路网间距为 100—200 m。本章城市形态研究样本沈阳太原街片区路网尺寸为 90—120 m，基本符合上述要求。据此，将实验用的基本街区单元设置为 100 m×100 m，并将街区轮廓线向内退 5 m 作为街区内建筑布局范围。

（2）道路宽度设定

一般来说，城市中心区道路宽度（道路红线间距）为 20—30 m 时，在城市未来的运行过程中能保持良好的稳定性，低于这一数值的传统商业街道一般都在后期发展中经历了不同程度的拓宽。实验以 20 m 道路红线间距为基准宽度，分别向上、向下浮动 10 m，形成 10 m、20 m、30 m 这三种不同宽度的道路红线间距，作为寻优实验中的一组变量。

3）研究范围内建筑形态汇总与分类

选取沈阳市内建筑类型比较齐全且形态较具代表性的太原街片区作

为城市形态原型研究对象，对其范围内的建筑高度进行调查、建模、分析后，大致将其建筑高度分为四类：1—3 层附属建筑（6—10 m）、5—7 层多层建筑（21—24 m）、11—14 层小高层建筑（30—40 m）、30—40 层高层建筑（90—120 m），其分布如表 7-1 所示，颜色越深代表高度越高，研究区域内的空白部分为开放空间或在建地块。

对其高度数量进行统计后，结果如表 7-1 所示。区域内共有建筑 124 栋（为便于统计，此处将高层和其裙房算作两栋不同建筑）。其中 6—10 m 的共 20 栋，21—24 m 的共 50 栋，30—40 m 的共 17 栋，90—120 m 的共 37 栋，它们所对应的比例分别为 16%、40%、14% 和 30%。

表 7-1　沈阳太原街研究范围内的建筑高度与形态研究

高度 /m	6—10	21—24	30—40	90—120
数量 / 栋	20	50	17	37
比例 /%	16	40	14	30

从形态上来看，基本可以分为行列式、围合式（包括满铺式）、板式高层和点式高层几种。在真实场地中，高层下方一般都带有围合式裙房，行列式的居民楼末端也有一定的转折收尾，以形成对内院的围护。为了简化形体和放大每种城市原型的微气候特征，将只凝练出每种类型形态最具影响特征的部分，其余部分均予以忽略。

（1）建筑形态原型化与参数化

根据前面建筑的高度和形态分析，可以提取出五种城市形态原型（表 7-2），其中包括四种实体形态和一种开放空间形态。首先，将实验的小街区尺度确定为 100 m × 100 m，建筑红线向内退 5 m，在此基础上将之前提到的四种形态组合到小街区内，形成城市形态原型（图 7-1）。

表 7-2　城市形态原型相关数据

编号	周测	密度/%	容积率	高度/m	原类型	原高度/m
1		29	2.0	21	多层	6—10
2		52	2.6	24		21—24
3		28	8.4	100	高层	30—40
4		25	11.0	150		90—120
5		0	0.0	0	开放空间	0

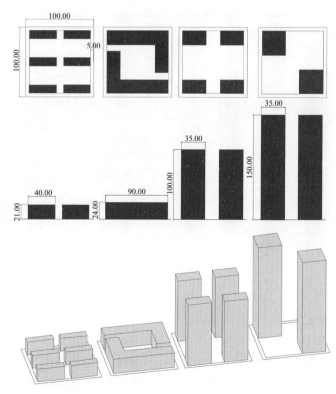

图 7-1　本书提取的城市形态原型（单位：m）

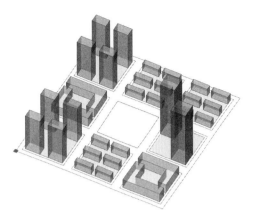

（2）整体街区组合

整个街区由 9 个小街区组成，每个小街区根据遗传算法选择被赋予一种城市形态原型，每个小街区边界线之间的距离为街道宽度，其宽度有三种选择，分别为 10 m、20 m 与 30 m。整个街区被设定为正南北排布，各建筑长轴方向为东西方向。图 7-2 为组合街区可能的形态示意。

7.1.2　软件平台搭建

图 7-2　城市形态原型组合形成的复合街区

1）形态生成模块

（1）原型单元输入

每个原型单元由一个 100 m×100 m 正方形范围边框和位于边框内的建筑实体组成，在犀牛（Rhino）中建模完成后，分别赋予参数化设计插件 Grasshopper 中相对应的"Geo"（几何体）电池。根据上文中的城市形态原型的研究，这里共计设置五种原型单元。此处需注意的是同一原型单元中的模型物件必须黏和成一个整体，否则在之后自动选择原型单元进行组合时无法将单元中的所有模型物件选中。此外，所有原型单元在模型空间中要放置在相同的位置，以便于程序自动选择和移动时进行定位（图 7-3）。

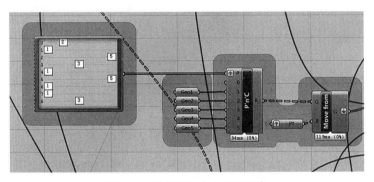

图 7-3　形态原型输入设置示意

（2）单元组合

整个模拟实验街区由 9 个 100 m×100 m 的原型单元组成，每个单元有五种可能的地块形态，通过不同的数字编码指代，在遗传算法运算过程中自动为每个地块选取相应的原型单元，最终组合成不同的街区形态。街区间街道的宽度通过"RecGrid"（矩形）生成的网格"Offset"（偏移）后形成（图 7-4）。

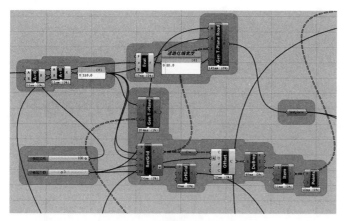

图 7-4　道路宽度设置示意

（3）参数提取与判断

形态生成模块中所需要监测的基础数据包括街区密度、街区容积率，需要在参数化设计插件 Grasshopper 中进行程序编写计算。基本思路是通过体面相交得出建筑基底面积，再通过相应的层数计算出总建筑面积，最后结合基地面积推算出密度和容积率。每次新生成一种街区方案时将计算所得的密度、容积率数值与设定的目标区间进行比较，通过加入一个"And Gate"（与门）电池进行判断，当两个值都为真时，输出结果为真，否则为假。

（4）模型输出

建模和数值提取判断完成后的模型即可输出至舒适度模拟模块，在形态生成和舒适度模拟模块之间可以加入"Cull Item"（剔除项目）电池进行控制，当容积率、密度判断布尔值为真时才输出模型。

2）舒适度模拟模块

（1）测试平面设置

风环境和热环境模拟都需要设置测试平面，用来划定模拟的范围和精度。测试平面的设定主要有两个参数，分别为测试平面高度和测试网格的大小。将流体力学计算软件 OpenFOAM 测试面的高度设为 10 m，即主要收集 10 m 高度处的风速值，再将其提供给随后热舒适度计算中的风速接口（10 m 高度风速）；将环境分析软件瓢虫（Ladybug）测试面的高度设置为 1.5 m，以模拟人身体所处的高度位置。兼顾模拟精度和运行速度之需，将两个测试面的网格大小都设置为 10 m×10 m，数值设定过小会造成模拟速度严重下降（图 7-5）。这里注意风热模拟的网格数值设定必须一致，否则将导致后续计算电池报错。

（2）风舒适度模拟——流体力学计算软件 OpenFOAM 风环境模拟

Ladybug 的 UTCI 在计算中需要若干输入项，其中很重要的一项便是 10m 高度处的风速。但在 Ladybug 自带的热舒适度模拟案例中，风速这一项的数据来源是模拟周期内每小时风速的平均值，也就是说，在同一

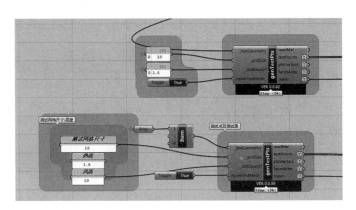

图 7-5　测试平面参数设置示意

次模拟计算中，模型中不同测试点上被赋予的风速是相同的。这在街区尺度的舒适度模拟中显然是不能被接受的，这一尺度上因为建筑实体影响风速而造成的舒适度差异并不能被忽略，此后的实验数据也证明了这一点。

因此，需要引入单独的风环境模拟工具，具体计算每一个测试点相对应的风速。目前比较常用的计算流体动力学（Computational Fluid Dynamics，CFD）软件有 OpenFOAM、FLUENT、CFX 及 scSTREAM等。其中能与参数化设计插件 Grasshopper 良好连接的目前只有 OpenFOAM，通过参数化设计插件 Grasshopper 的性能分析插件蝴蝶（Butterfly）可以与其他运算器进行连接。

① 测试模型输入

将生成的测试模型接入 Butterfly 的风环境模拟模块，软件将根据模型尺寸自动生成合适尺寸的风洞［注意 Butterfly 的风洞尺寸计量单位为米（m），因此在建模时要将 Rhino 的建模尺寸也更改为米（m）］。当模型尺寸较大时，生成的风洞尺寸会相应增大，划分模型和风洞网格的计算量将成倍增加。此时需要根据计算机的运算能力适当调整网格划分的尺寸，尺寸划分越细密，计算量越大，相应花费的时间也就越多。

② 网格化

在进行风环境模拟时需要将模型网格化后再计算，如图 7-6 的数据表示网格划分的尺寸。本实验将网格尺寸设置为（80，80，40），此时既能保持风环境模拟的精度，又能保证模拟速度，当然这一数值可以根据计算机性能进行调整。数值越小越精细，但速度也相应越慢。

③ 环境模拟结果输出

网格化完成之后软件会自动弹出窗口进行后台运算，将计算数据传至"solution"（解决方案）运算器，经运算整理后输出风速风压结果。这里需要注意的是，每次的风环境模拟都会进行数百次（具体次数由设定的参数决定）迭代以使计算结果收敛至较为准确的结果。默认情况下每次迭代都将输出一次结果至 Ladybug 的风速输入接口（图 7-7），这显然是大家不希望看到的，只有完成所有迭代后的最终结果才是实验所需要

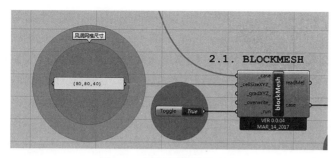

图 7-6　网格划分设置示意

的。因此需要将"interval"（间隔）这个接口的输入值设为负值，根据运算器设定，当此值为负时，运算器只输出最终结果而不输出过程结果。在"solution"（解决方案）输出处可以找到代表风速的电池，根据需要计算出平均风速和最大风速比后导出到数据记录模块。

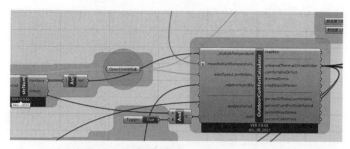

图 7-7　风环境模拟计算结果输入示意

（3）热舒适度及气候指数模拟——Ladybug 中 UTCI 计算

在实验模拟过程中，UTCI 的值由 Ladybug 计算得出，计算过程一般分为以下几个步骤：

① 气象数据读取，在 Ladybug 关联的气象数据网站找到模拟地区的气象数据，将其对应的网址复制粘贴进参数化设计插件 Grasshopper，并接入"EPW-STAT"（.epw 格式转化）电池，将气象数据导入 Ladybug 运算器（图 7-8）。

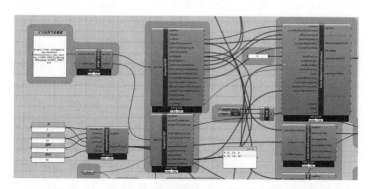

图 7-8　Ladybug 气象数据读取及模拟时段设定示意

② 输入模型信息，由建模软件生成需要模拟的城市形态以及周边环境（在运用遗传算法的软件平台中，因为后期有实时改变更新模型的需要，一般运用参数化设计插件 Grasshopper 进行建模），完成后通过电池连接至 Ladybug 舒适度模拟模块，模型信息以参数化的形式输入。

③ 进行 MRT 计算，Ladybug 中的 "Outdoor Solar Temperature Adjustor"（室外太阳能温度调节器）运算器可以将输入的 ".epw 格式" 气象数据文件（其中包括了含位置在内的各种地理、气象信息）分析并运算得出每小时的 MRT（图 7-9）。

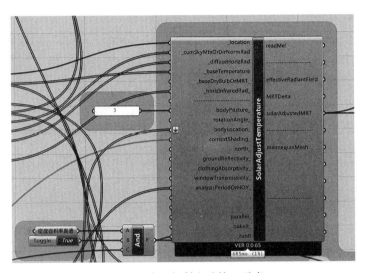

图 7-9　太阳辐射电池接口示意

运算器输入端还可输入：身体姿态（站姿、坐姿等姿态）、身体角度、地面反射（数值为 0 至 1，其中混凝土反射值为 0.23）、穿衣指数（数值为 0 至 0.99）、分析区间（某年某月某日某时至某时）、环境投影（周边建筑的立体模型）及身体位置等数据。

④ 进行 UTCI 计算，运算器基于温度、相对湿度、风速等，对每个测试点 "body position"（人体位置）进行模拟，计算得出相应位置的 UTCI。

⑤ 计算符合舒适度范围的比例，通过将每个点计算得出的 UTCI 与设定的舒适气候指数范围进行比较，得出落在舒适度范围内的比例，将这一比例作为遗传算法的目标值 "适应度"（Fitness）。

3）优化模块

（1）目标值设定

舒适度评价指标采用测点舒适比率，即根据事先设定的 UTCI 区间，衡量进入区间范围的气候指数的测点个数占总测点个数的比率。这样可以避免在遗传算法运行过程中因密度变化造成的总测点变化影响，便于比较不同密度形态下室外人体舒适度环境的优劣。测点舒适比率计算部分设置在舒适度模拟模块完成后评价与优化模块的最前端，并将计算结果输入遗传算法插件 Galapagos 的"Fitness"（适应度）接口（图 7-10）。

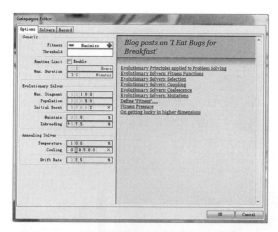

图 7-10　遗传算法插件 Galapagos 运行界面

（2）优化模块设置

遗传算法插件 Galapagos 是一款单目标优化插件，"Fitness"（适应度）接口代表寻优目标值，在此接入模拟计算得出的舒适比率。"Genome"（基因）接口代表进化算法基因，在此处接入城市形态原型数值和街道宽度数值（图 7-11）。

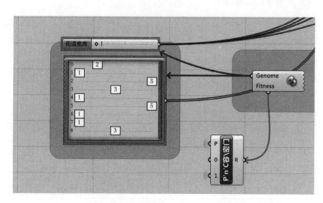

图 7-11　遗传算法插件 Galapagos 连接设定示意

尤其需要注意的是，遗传算法插件 Galapagos 无法同时处理多个目标参数，但在本书搭建的实验平台中需要同时对密度、容积率真值判断（判断基因的密度容积率是否进入设定的目标区间）和测点舒适比率比较两个目标的操作，因此需要对这两个目标进行调整，将其统一成同一目标值。这里选择将密度、容积率真值判断结果转化为测点舒适比率结果，即当密度、容积率真值判断为真时，正常进行模拟得出测点舒适比率结果。当密度、容积率真值判断为假时，跳过中间舒适度模拟模块，直接得出测点舒适比率为0，相当于从结果上抛弃了这一组基因。

4）记录与导出模块

由于遗传算法插件 Galapagos 在寻优过程中无法记录各种参数，因此需要借助插件来满足这一需求。"TT Toolbox"（TT 工具箱）也是参数化设计插件 Grasshopper 平台的插件，它可以读取与写入电子表格 Excel 中。如图 7-12 所示，连接好电池之后，将目标值输入完整列表（Galaplist）的"G"输入口，将其他需要记录的参数输入至"［F］"输入口，将上方开关调至"True"（真）即可开始记录数据。

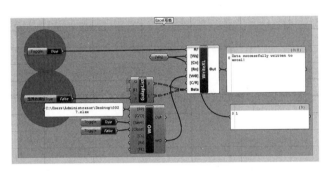

图 7-12　记录与导出模块电池连接示意

5）实验变量与软件参数设定

本章中各项参数设定如表 7-3 所示。

表 7-3　模拟参数设定

参数	数值
模拟时段	2 月 13 日 8：00 至 20：00
风向	北偏东 30°
初始风速	4 m/s
密度区间	25%—45%
容积率区间	3.0—5.5
舒适度区间	−17—20℃
风速阈值	4 m/s

7.2　结果分析与讨论

7.2.1　单一形态街区微气候性能模拟

1）实验组织过程

在进行混合形态模拟寻优之前，为了更好地了解每种单一城市形态原型的微气候性能特征，本节将对单一城市形态原型组成的街区进行微气候性能模拟。

软件参数按照第7.1.2节的介绍进行设定。将舒适度范围设定为>−17℃，风向为北偏东30°，初始10 m高度处的风速为4 m/s，模拟时段为2月13日8:00至20:00（图7-13）。

通过程序分别对三种不同街道宽度下单一形态组合成的街区进行舒适度模拟，共得到12幅街区舒适度分布图，将它们与相对应的指标数据制成表格（表7-4）。从表中可以看出，不同街区形态所对应的微气候舒适度分布图显示出截然不同的分布形式，且在街道宽度（高宽比）变化的过程中，每种形态街区所对应的指标变化趋势也不尽相同。

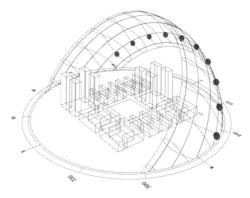

图7-13 模拟时段太阳路径示意

表7-4 单一形态组合微气候性能模拟

	街宽/m	密度/%	容积率	SVF/%	MRT/℃	平均风速	最大风速比	UTCI/℃	舒适比率/%
街区1：多层均布（7层）	20	29	2.0	42	−9.7	2.5	0.074	−15.0	78.86
	30	29	2.0	53	−9.3	2.5	0.076	−14.7	80.03
	40	29	2.0	60	−8.7	2.5	0.077	−14.2	81.14
街区2：围合式均布（5层）	20	52	2.6	28	−9.1	1.7	0.041	−13.1	84.41
	30	52	2.6	38	−8.9	2.3	0.111	−14.3	74.22
	40	52	2.6	48	−8.5	2.5	0.139	−14.4	71.15

街区 3″板式高层均布（30 层）	街宽 /m	密度 /%	容积率	SVF/%	MRT/°C	平均风速	最大风速比	UTCI/°C	舒适比率 /%
	20	28	8.4	24	−9.2	2.4	0.092	−13.5	78.41
	30	28	8.4	28	−9.1	2.3	0.088	−13.2	81.23
	40	28	8.4	32	−9.1	2.2	0.086	−12.9	81.32
街区 4″点式高层均布（50 层）	街宽 /m	密度 /%	容积率	SVF/%	MRT/°C	平均风速	最大风速比	UTCI/°C	舒适比率 /%
	20	25	11.0	32	−8.4	2.2	0.132	−12.5	80.36
	30	25	11.0	37	−8.3	2.3	0.119	−12.9	78.58
	40	25	11.0	40	−8.2	2.3	0.105	−12.8	81.49

注：SVF 即天空可视域。

2）数据对比分析

为了更清晰地展示各街区形态对应数据的对比情况和变化趋势，下面将每项数据制成柱形图（图 7-14、图 7-15）进行分析。

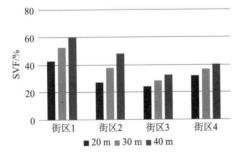

图 7-14　不同街道宽度时各街区 SVF 变化情况

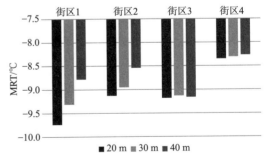

图 7-15　不同街道宽度时各街区 MRT 变化情况

SVF：四种街区 SVF 在街道宽度增加的情况下都呈现出上升趋势，

从各自的数值来看，街区 1 的整体 SVF 最高，街区 2 和街区 4 次之，街区 3 最低。

MRT：从数值变化趋势来看，多层建筑组成的街区（街区 1、街区 2）对街道宽度变化较为敏感，随着跨度增加，太阳辐射温度也有显著上升。高层建筑组成的街区（街区 3、街区 4）反映较为迟钝，仅有小幅波动。这是由于高层在街道上的投影面积较大，宽度增加并不能使街道受太阳辐射的面积显著增加，而多层街区在街道上的投影距离较近，街道宽度增加意味着受太阳照射的面积增加，所以辐射温度上升比较显著。

平均风速：从街区平均风速变化来看，街区 1、街区 3、街区 4 对街道宽度的变化并不敏感，仅有小幅变化，街区 2 则表现出较大的上升趋势。这是因为街区 2 街道两侧的围合性较强，风压较大，当街道宽度增加时，侵入街道的气流会被显著加速。而街道围合空隙率较大的街区 1 因为风压可以通过空隙释放，因此加速效应并不明显。从总体来看，围合度高的街区在平均风速的表现上还是要优于其他三个街区的（图 7-16）。

最大风速比：最大风速比的变化体现出相似的规律。街区 2 对街道宽度的变化相当敏感，这里的原因与前面形成平均风速变化趋势的原因相同。值得注意的是，多层街区（街区 1、街区 2）的最大风速比会随着街道宽度的增加呈现出上升趋势，而高层街区（街区 3、街区 4）的最大风速比则呈现出下降趋势。这是因为多层街区中风环境恶化的主要原因是侵入街道内部的冷风，而高层街区则是因为迎风面下沉气流所造成的湍流，且高层过于聚集（街道宽度变小）会使这一情况恶化（图 7-17）。

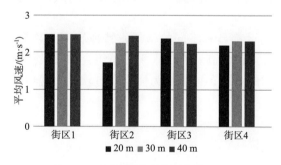

图 7-16　不同街道宽度时各街区
平均风速变化情况

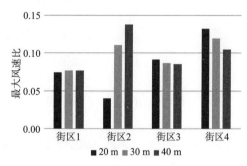

图 7-17　不同街道宽度时各街区
最大风速比变化情况

UTCI 和舒适比率：总体而言 UTCI 和舒适比率的变化还是体现出一致性，但综合了太阳辐射和风速等因素所得到的舒适度指标显示出较为复杂的变化趋势。街区 1、街区 3、街区 4 总体上随着街道宽度的增加都呈现出一定的上升趋势，街区 2 则由于风的影响显示出显著的下降趋势。从总体上看，街区 1、街区 3、街区 4 的舒适度比较接近，而街区 2 在街道宽度为 20 m 时大幅优于其他街区，但在街道宽度增加后则迅速下降并落后于其他形态的街区（图 7-18、图 7-19）。

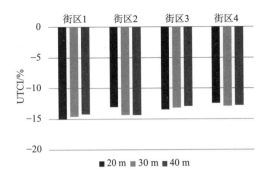

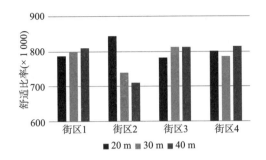

图 7-18　不同街道宽度时各街区　　　　　　图 7-19　不同街道宽度时各街区
UTCI 变化情况　　　　　　　　　　　　　　　舒适比率变化情况

3）小结

街区 1 在四个街区中 SVF 最大，在街道宽度增加的过程中 MRT 上升最显著，但在平均风速和最大风速比方面并不敏感，舒适比率在这一过程中呈现缓慢上升趋势。

街区 2 的各项指标都对街道宽度变化的回应比较敏感，随着街道宽度的增加，其 MRT 有明显上升，平均风速和最大风速比呈显著上升趋势，究其原因主要是由其高围合度所导致的。最终舒适比率呈下降趋势，从 20 m 时的同比最优，降至 30 m、40 m 的同比最差。

街区 3 和街区 4 的特征较为接近，在 MRT 和平均风速这两个指标上变化都不显著。但街区 4 最大风速比的平均值要高于街区 3，这是因为高度越高，阻滞风形成的下沉湍流越强烈，高层周边的风速也就越大。

综合来看，每种形态的街区都具有不同的微气候特征和变化趋势，且单一形态街区的舒适比率普遍都不高。通过人工分析组合求解最优微气候性能的街区显然具有相当的难度，这也是为何要通过软件实现程序自动寻优的原因。

7.2.2　街区整体微气候性能寻优

1）实验组织过程

本次模拟以街区整体舒适比率为优化目标，即模拟并测量包括街区内部场地和街区外部道路在内的所有裸露地面（图 7-20）。在 Ladybug 和 Butterfly 的 "testPlane"（测试面）输入端输入除建筑外的整个街区地面范围作为测试平面。软件参数按照第 7.1.2 节中的介绍进行设定。根据 Ladybug 给出的当地气象数据设定实验边界范围，初始 10 m 高度处的风速为 4 m/s，风向为北偏东 30°，模拟时段为 2 月 13 日 8：00 至 20：00。这里并未选取极端寒冷周，因为此类气候出现时间较短，情况极端，不具有普遍性，因此仅针对寒地城市典型的冬季气候进行研究。

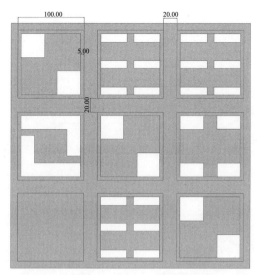

图 7-20　街区整体微气候性能测试平面范围示意（单位：m）

本次实验记录的数据包括 2 组共 9 个参数：测点 MRT、测点 UTCI、测点平均风速、测点最大风速比、街区整体密度、容积率、测点平均 SVF、街区平均围合度、街区错落度。

在遗传算法插件 Galapagos 显示数值趋近稳定之后停止计算，实验历时 42 小时，共得出 972 代结果，其中有效数据（优化目标值非 0）为 601 代。

2）实验有效性验证

为了验证程序寻优结果的有效性，分别选取优、中、差三档中各两代形态进行舒适度再现（表 7-5）。数据表明，通过程序优化，街区整体舒适比率从最差情况的 73.6% 提升至 87.7%，提升幅度达 14% 左右。这说明优化程序通过对形态最优组合的搜索，有效提升了整体街区组合的微气候舒适性能。

表 7-5　优、中、差代数街区整体微气候性能对比（街道优化）

代数	街宽 /m	舒适比率 /%	代数	街宽 /m	舒适比率 /%
1	20	87.7	2	40	87.7

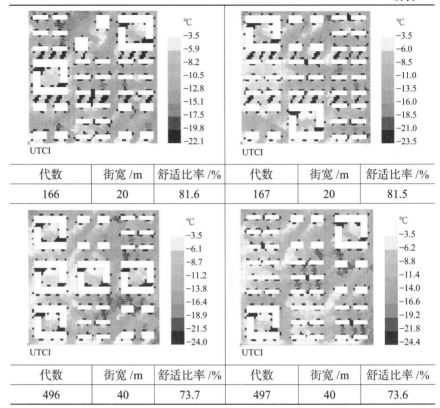

代数	街宽 /m	舒适比率 /%	代数	街宽 /m	舒适比率 /%
166	20	81.6	167	20	81.5

代数	街宽 /m	舒适比率 /%	代数	街宽 /m	舒适比率 /%
496	40	73.7	497	40	73.6

3）形态优化分析

（1）最优解与最差解形态对比分析

为了分析遗传算法与街区形态相关的优化规律，选取了最优解和最差解中各 10 代形态进行还原，下面将围绕这两个部分的形态布局进行对比分析（图 7-21、图 7-22）。

从城市形态原型的类型和数量上来说，最优解和最差解中都没有出现开放空间，这说明大面积的开放空间在冬季寒地城市对微气候环境较为不利（最差解仅为优化过程中的最不利情况，并不一定是所有可能组合中最差的）。点式高层和板式高层在最优和最差情况中出现的比例基本相同，绝对数量上板式高层要多于点式高层，这说明在街区整体舒适度层面上板式高层要优于点式高层。

从分布位置上来看，在最优解中高层集中分布在最北侧的中间位置和西南侧位置。这里初步推断是由于气流来自东北方向，因此当高层建筑位于上风向位置时能为下风向街区提供更好的庇护。但东北角位置侧面缺少保护，会造成冷风从两栋高层之间侵入地块内部，所以程序算法并没有在东北角部设置高层，而是放置了围合度最高的街区形态以提供对西侧高层侧面的庇护。同样，在靠东侧的位置上没有出现任何高层建筑，这也是为了防止冷风从侧面侵袭。而在最差情况各代中基本都有位于东侧迎风向位置的高层建筑，这对于小街区内部的微气候环境十分不利。

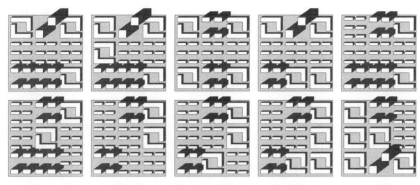

图 7-21　街区整体微气候性能最优形态解

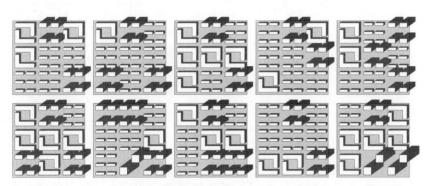

图 7-22　街区整体微气候性能最差形态解

　　需特别说明的是，上述优化方案之所以未在北侧形成连续板式高层街区，是因为风向来自东北侧，组成街区的形态原型特征决定了如果沿北侧成排布置必然会在前后两排楼间距中形成一个大的气流廊道，这对于底层风环境十分不利。因此，在城市设计时如果建筑与风向呈一定角度，首先要保证迎风面的侧面要得到有效保护；其次应避免前后两排平行布置，形成一定角度或错落布置可有效降低通过的气流速度，从而改善局部微气候性能。此外，高层建筑连续紧密排布时也会造成局部风速显著增加，影响周边风环境。

　　（2）前 150 代形态分布统计分析

　　进一步选取前 150 代（优良解）的形态分布数据进行分析，并制成表格（表 7-6）。表中每一个正方形的方框代表一个街区，每个方框中的第一列数字为街区形态代号，第二列数字为相应形态在 150 代中出现的比例。每个方框中的数据都已经按照降序进行了排列，其中处于第一行的就是在前 150 代中这一位置出现频率最高的形态及其比例数值。

　　观察各类型的数量分布情况，1 和 2 占据了绝大多数位置的前两位，如 A1、A2、B2、C1、C2、C3 位置街区；3 高频出现的位置为 A3、B1、B3；4 没有出现在任何一个街区的高频位置；5 并没有在前 150 代中出现。

表 7-6　前 150 代街区形态分布统计（风向为北偏东 30°，整体优化）

类别		A		B		C	
1	1	62%	3	65%	2	49%
	2	36%	2	19%	1	43%
	3	2%	4	13%	3	8%
	4	0%	1	3%	4	0%
	5	0%	5	0%	5	0%
2	1	65%	1	79%	1	73%
	2	25%	2	18%	2	24%
	3	7%	3	2%	4	2%
	4	3%	4	1%	3	1%
	5	0%	5	0%	5	0%
3	3	59%	3	43%	1	50%
	2	17%	1	29%	2	42%
	1	15%	2	18%	3	6%
	4	9%	4	10%	4	2%
	5	0%	5	0%	5	0%

在绝对数量上，多层建筑类型街区 1、2 要多于高层建筑街区 3、4 和开放空间 5。从限制条件方面分析，这是由程序的密度与容积率限定决定的。较多的高层街区会显著提高整体的容积率，而超出限定范围，开放空间则会显著拉低整体街区的建筑密度，因此这两个形态要素在基因选取的初期就会被较为严格地控制。从微气候影响方面分析，高层和大面积开放空间都会在其周边形成不利的风环境，点式高层相较于板式高层更是如此。因此，从整体来看高层街区和开放空间的出现频率都较低，而在高层出现的位置上，板式高层 3 的出现频率显著高于点式高层 4。

在分布位置上，上风向 C1 处的高频形态为围合度最高的 2，能在最大程度上阻挡来袭的寒流，并为 B1 位置的高层侧翼提供保护。处于次要迎风位 B1 处的高频形态为板式高层 3，利用其正面宽度遮挡北向来风，同时其侧面的楼间空隙可以由东侧的围合式街区给予一定程度的保护。同理，板式高层不宜出现在东侧是因为楼间空隙会暴露给寒风来向，导致街区舒适度下降。剩余的高层街区形态频繁出现在西南角，因为这里是上风向高层形成的风影区，能在最大程度上减小高速气流在高层周边所造成的不利影响。

4）专项分析

（1）风环境分析

在本次实验中，每个小街区的形态都由固定的城市形态原型分配形成，因而相同小街区内部的太阳辐射所贡献的温度都相同，而从整体街区层面来看，相同形态类型比例的小街区所组成的大街区的街道辐射得热也基本相同（因为相同比例的形态无论如何组合，其对街道的总投影面积都是相同的）。综合以上两个方面可知，在整体街区舒适度影响因素方面，太阳辐射热导致的差异并不明显，因此下面主要就街区风环境展开讨论。

通过上一小节的形态分布分析可以得知在街区整体优化时，高层在街区中的位置分布对街区整体微气候性能有着重要影响，其主要是通过高层街区对风环境的影响而形成的，故下文将针对高层风环境展开相关研究。参考程序优化的形态结果，将重点探讨 3 栋板式高层在街区中的位置分布对 30 m 高度处街区风环境的影响，设定初始风速为 4 m/s，风向为北偏东 30°。

为了精确研究风环境与高层形态及其分布的相关性（表 7-7），在模拟中将引入三个监测指标，用以量化评估模拟结果。这三个指标分别为迎风面密度（λ_θ）、平均风速、最大风速比（将风速阈值设定为 6 m/s）。迎风面密度通常是评估风环境的重要参考指标，它指障碍物 A_F 的"剪影面积"（垂直于风向的投影面积）与障碍物用地面积 A_R 之比，用以表达障碍物在平行于风向方向上对于风的阻碍效果，其中 θ 代表迎风角。

$$\lambda_\theta = \frac{A_F}{A_R} \qquad\qquad （式 7-1）$$

表 7-7 高层分布与风环境关系（30 m 高度平面）

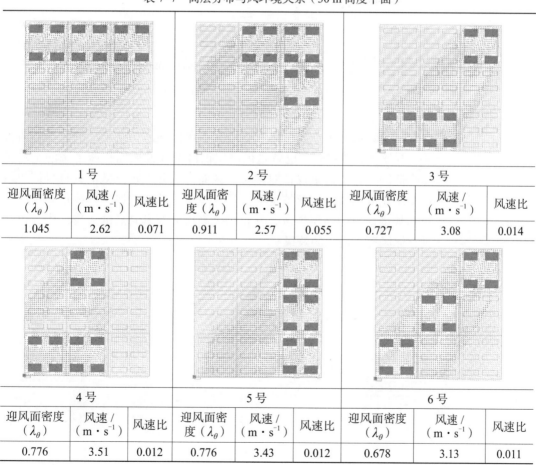

1 号			2 号			3 号		
迎风面密度（λ_θ）	风速 /（m·s⁻¹）	风速比	迎风面密度（λ_θ）	风速 /（m·s⁻¹）	风速比	迎风面密度（λ_θ）	风速 /（m·s⁻¹）	风速比
1.045	2.62	0.071	0.911	2.57	0.055	0.727	3.08	0.014

4 号			5 号			6 号		
迎风面密度（λ_θ）	风速 /（m·s⁻¹）	风速比	迎风面密度（λ_θ）	风速 /（m·s⁻¹）	风速比	迎风面密度（λ_θ）	风速 /（m·s⁻¹）	风速比
0.776	3.51	0.012	0.776	3.43	0.012	0.678	3.13	0.011

从风环境整体分布来看，高层对于所在方向上的高速气流有显著的阻挡作用，高层风影区中的风速要显著低于其他区域，且这种"保护"效应可以延续至下风向处的整个街区范围。从遮挡气流的效果来看，2号形成的风影区面积最大，对街区的整体"保护"最好，其次是1号和5号，它们的风影区面积基本上也占到了整个街区面积的2/3。但从遮挡效率上来看，对气流遮挡效率最高的分布形式是3号和6号，仅位于东北角的一个高层小街区就可以为整个大街区提供近1/2的风影区。

进一步可将此高层街区分布形式所对应的指标制成折线图（图7-23、图7-24），可以发现迎风面密度与平均风速近似成反比，而与最大风速比成正比关系。从本质上来看，这里平均风速表征的是30 m高度处的整体风环境质量，而最大风速比表征的则是最不利情况的比例，即高层周边的风环境质量。结合折线图中的信息可以得出这样的初步推断，当障碍物的迎风面（等价于迎风面密度）增大，街区整体（30 m处）风环境将得到改善，但高层周边风环境将会恶化。

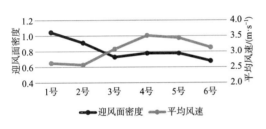

图7-23 迎风面密度与平均风速关系

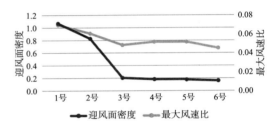

图7-24 迎风面密度与最大风速比关系

在实际情况中，高层风影效应对下风向多层街区形成的风环境改善并不显著（图7-25），也就是说高层街区增加迎风面积所带来的平均风速降低的收益（这里仅针对多层街区而言）并不足以抵消其自身周边风环境恶化的损失。在此情况下，最优策略是选择在遮挡效率最高的位置布局数量最少的高层街区，并将剩余高层藏在其背后的风影区中，以达到整体风环境最优的效果。

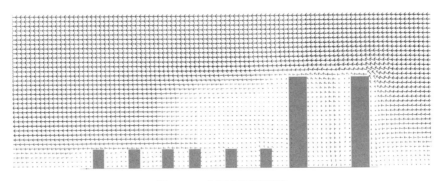

图7-25 街区剖面风环境

（2）预测指标分析

本次实验共得到 972 代结果，其中有效数据（优化目标值非 0）为 601 代，除去无效数据后绘制优化目标值的变化折线如图 7-26 所示。模拟片区整体舒适度指标从第 0 代至第 180 代左右呈不断上升趋势，随着模拟运算的进行逐渐趋于稳定。这里需要说明的是，图中不时出现的大幅波动是由遗传算法本身特性决定的，为了防止持续选取相似的"优质基因"而造成"近亲繁殖"，算法会不时选取与"优质基因"差异较大的"基因"进行计算，以增加多样性，防止数值过早收敛。

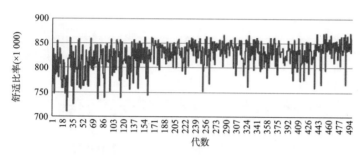

图 7-26 遗产算法插件 Galapagos 产生的舒适比率变化趋势（整体优化）

将相关数据随舒适比率的变化进行降序排列（图 7-27），并将整理过后的城市形态指标数据，如密度、容积率、SVF、围合度和错落度制成相应的图表，用折线图表示（图 7-28 至图 7-32）。下面对各项实验数据进行简要分析。

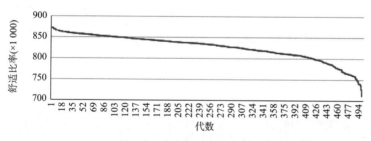

图 7-27 舒适比率降序排列后变化趋势（整体优化）（彩图见书末）

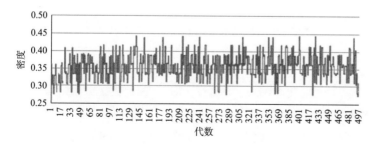

图 7-28 街区整体密度变化趋势（整体优化）

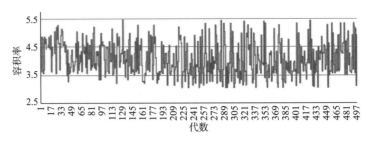

图 7-29　街区整体容积率变化趋势（整体优化）

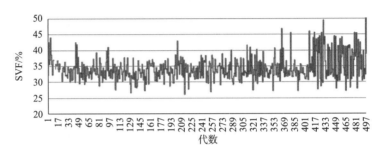

图 7-30　测点平均 SVF 变化趋势（整体优化）

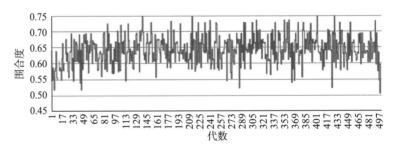

图 7-31　街区平均围合度变化趋势（整体优化）

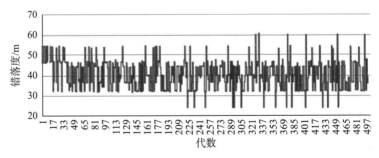

图 7-32　街区错落度变化趋势（整体优化）

① 形态指标分析

从实验记录的五项数据随舒适比率变化趋势的折线图来看，除测点平均 SVF 一项数据之外，其他四项数据并未显示出与舒适比率显著的关联性。这说明对于街区整体舒适度的优化来说，密度、容积率、围合度与错落度四个因素并不能有效解释其变化趋势，即不具备明显关联性。接着，观察测点 SVF 的折线图，除在前 10 代左右出现了异常的极大值外，数值基本随着舒适比率的降低而逐渐升高。这说明 SVF 与舒适比率成一定程度的负相关，即较小的 SVF 有利于提高街区整体的冬季室外舒适比率。

② 微气候指标分析

观察实验记录的四个微气候指标——MRT、UTCI、平均风速、最大风速比（图 7-33 至图 7-36），除 MRT 未见明显变化趋势外，其他三个预测变量都与舒适比率呈现显著的相关性。其中平均风速和最大风速比与舒适比率呈负相关，即这两个值越大，舒适比率越小。而 UTCI 与舒适比率呈正相关，即随着 UTCI 的升高，舒适度范围也随之扩大。

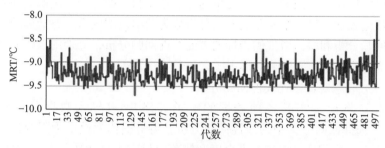

图 7-33　测点 MRT 变化趋势（整体优化）

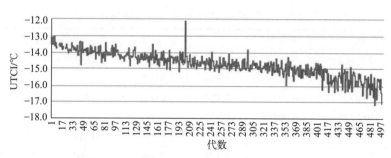

图 7-34　测点 UTCI 变化趋势（整体优化）

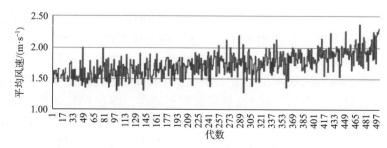

图 7-35　测点平均风速变化趋势（整体优化）

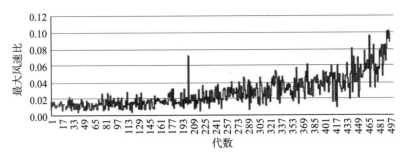

图 7-36 测点最大风速比变化趋势（整体优化）

5）预测指标回归分析

为了进一步明确各变量与城市微气候之间的关联性及其关联程度，借助数据分析软件 SPSS 对两次实验记录的各项数据进行多元线性回归分析，得出以舒适比率为因变量的各变量的标准化系数，即与舒适比率关联程度的参数化表达。将每个实验的回归分析分为两组，即城市形态指标的多元线性回归分析和城市微气候指标的多元线性回归分析，分别用以研究对室外舒适比率产生主导影响的形态要素和微气候要素。

（1）形态要素多元线性回归分析

首先将记录实验各项数据的电子表格 Excel 导入数据分析软件 SPSS，选择回归分析中的线性回归分析，将舒适比率设定为因变量，依次将密度、容积率、SVF、围合度和错落度设定为自变量。点击"确定"后软件会自动生成分析报告（表 7-8）。

表 7-8　以舒适比率为因变量的多元线性回归指标（整体优化）

类别	非标准化系数		标准系数	t	Sig.	共线性统计	
	B	标准误差	Beta			容差	VIF
（常量）	1 175.691	82.674	—	14.221	0.000	—	—
容积率	−23.054	3.085	−0.493	−7.474	0.000	0.359	2.788
密度	−75.049	292.146	−0.095	−0.257	0.797	0.012	86.834
SVF	−4.737	0.409	−0.635	−11.571	0.000	0.518	1.929
围合度	−197.584	254.578	−0.315	−0.776	0.438	0.009	105.490
错落度	1.466	0.507	0.373	2.893	0.004	0.094	10.655

B 表示回归系数。"$Beta$"表示标准化的回归系数，代表自变量也就是预测变量和因变量的相关性。"$Sig.$"代表显著性，显著性是 t 检验的结果。在统计学上，$Sig. < 0.05$ 一般被认为是系数检验显著，显著的意思就是回归系数的绝对值显著大于 0，表明自变量可以有效预测因变量的变异，做出这个结论有 5% 的可能会犯错误，即有 95% 的把握结论正确。如果 $Sig. < 0.05$，说明至少有一个自变量能够有效预测因变量。如果容差（tolerance）≤ 0.1 或方差膨胀因子（VIF）（容差的倒数）≥ 10，则说明自变量间存在严重共线性情况。

模型摘要（表 7-9）中"R 平方"代表模拟的因变量与线性回归模型的拟合程度，即因变量能被回归方程所解释的比例，这里的 0.235 代表只有 13.7% 可以被回归方程解释。这个比例显著低于可接受程度，所以得出标准化系数的可靠性也大大降低。基于以上分析，可以认为这组数据在描述街区整体舒适比率变化时准确性不够高，因此放弃对其进行关联性分析。

表 7-9　模型摘要

模型	R	R 平方	调整后的 R 平方	标准估算的错误	更改统计量		
					R 平方变化	F 更改	$df1$
1	0.485^a	0.235	0.227	25.034 114 739	0.235	30.115	5

注：a 表示因变量为舒适比率。R 表示复相关系数；F 表示检验统计量；df 表示自由度。

（2）微气候要素多元线性回归分析

将数据导入数据分析软件 SPSS 后，将舒适比率设为因变量，将平均风速、最大风速比、MRT 指标设为预测变量，分析并导出结果（表 7-10），R 平方为 0.742。

接下来以平均通用热气候指数（M–UTCI）为因变量，同样将平均风速、最大风速比、MRT 指标设为预测变量，分析并导出结果（表 7-11），R 平方为 0.534。

表 7-10　以舒适比率为因变量的微气候要素多元线性回归指标（街道优化）

模型		非标准化系数		标准系数	t	$Sig.$	共线性统计	
		B	标准误差	$Beta$			容差	VIF
1	（常量）	731.500	30.921	—	23.657	0.000	—	—
	最大风速比	−1 189.292	54.196	−0.771	−21.944	0.000	0.424	2.359
	MRT	−16.365	3.451	−0.113	−4.742	0.000	0.920	1.087
	平均风速	−14.255	5.201	−0.096	−2.741	0.006	0.424	2.357

表 7-11　以 UTCI 为因变量的微气候要素多元线性回归指标（街道优化）

模型		非标准化系数		标准系数	t	$Sig.$	共线性统计	
		B	标准误差	$Beta$			容差	VIF
1	（常量）	−16.079	1.052	—	−15.286	0.000	—	—
	最大风速比	−8.376	1.844	−0.215	−4.543	0.000	0.424	2.359
	MRT	−0.550	0.117	−0.150	−4.689	0.000	0.920	1.087
	平均风速	−2.054	0.177	−0.549	−11.612	0.000	0.424	2.357

首先通过观察发现表 7-10、表 7-11 中的"$Sig.$"值均为 0，表明预测变量与舒适比率均有显著相关性。对比最大风速比和平均风速两项数据的标准系数，也就是"$Beta$"值可以发现，当以舒适比率为因变量时，二者数值的绝对值分别为 0.771 和 0.096；而当以 UTCI 为因变量时，两

者数值的绝对值分别为 0.215 和 0.549。这说明最大风速比在决定街区舒适区域比例时起着主导性的作用，即如果希望扩大街区的舒适区域，减少局部不良高速风环境是最有效的手段。而在决定街区 UTCI 方面，平均风速占有较大优势，也就意味着提高街区 UTCI 的主要途径为降低城市的平均风速。

接下来观察 MRT 的影响，两种情况下，MRT 的值均为负，这意味着 MRT 与舒适比率成负相关。这一结论明显与理论和常识相违背。究其原因，程序在寻优过程中，MRT 所起的影响较小，被其他如风速等主导因素所影响，导致其数值变化出现随机性，甚至反向变化，见图 7-34。另外，此处线性回归分析是为了描述预测变量与因变量之间的关系，而不是确定决定因变量的自变量权重，因此其负值只说明在客观上它们的数值之间呈负相关，并不代表在实际情况下预测变量对其有负向影响。

6）小结

本节以街区整体微气候性能为目标进行了寻优实验，通过对遗传算法产生的形态结果和实验记录的形态与微气候数据进行分析与研究，试图探究形态布局优化规律以及微气候与形态之间的关联关系。

实验结果显示，对于寒地城市的中小尺度街区，最佳街区整体微气候对应的空间形态为：较小的街道宽度；在迎风侧北侧一面布置少量高层建筑，为下风向建筑提供有效保护，为避免寒流从高层街区侧面侵入，一般选择将高层建筑布置在北侧中间位置，而不放置在东北角；其余高层建筑布置在上风向建筑的风影区之中。这样可以在最大程度上保护高层街区不受侧面寒风侵扰，又可在最大程度上为下风向建筑提供风屏障保护。

利用数据分析软件 SPSS 对各变量进行多元线性回归分析中，除了 SVF 一项指标外，其他预测指标均未表现出与舒适比率明显的关联性。

7.2.3 街道空间微气候性能寻优

在上一节中，实验以街区整体舒适度为目标进行了优化，从实验记录数据来看，在几个被纳入考量的形态指标中，仅 SVF 与舒适比率变化存在着显著相关性，而密度、容积率、错落度、围合度等指标并未显示出与舒适度的关联性。本节实验将调整优化范围，将街道空间作为寻优目标，对街区内部的舒适度影响将不再计入考量范围。

1）实验组织过程

本次模拟以街道舒适比率为优化目标，即模拟并测量街区范围之外的所有街道空间（图 7-37）。在 Ladybug 和 Butterfly 的 "testPlane"（测试面）输入端输入街道范围作为测试平面。软件参数同样按照第 7.1.2 节中的参数进行设定。根据 Ladybug 所给出的当地气象数据设定实验边界范围，初始 10 m 高度处的风速为 4 m/s，风向为北偏东 30°，模拟时段为 2 月 13 日 8：00 至 20：00。

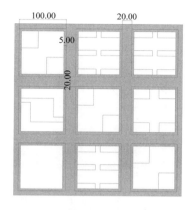

图 7-37　街道空间微气候性能测试平面范围示意（单位：m）

本次实验记录的数据包括 2 组共 9 个参数：测点 MRT、测点 UTCI、测点平均风速、测点最大风速比、街区整体密度、容积率、测点 SVF、街区平均围合度及街区错落度。

在遗传算法插件 Galapagos 显示数值趋近稳定之后停止计算，实验历时 31 小时，共得出 948 代结果，其中有效数据（优化目标值非 0）为 452 代。

2）实验有效性分析

为了验证程序寻优结果的有效性，分别选取优、中、差三档中各两代形态进行舒适度再现（表 7-12）。数据表明，通过程序优化，街道舒适比率从最差情况的 73.7% 大幅提升至 90.6%，提升幅度达 17% 左右。这说明优化程序通过对形态最优组合的搜索，可有效提升整体街区组合的街道微气候舒适性能。

表 7-12　优、中、差代数街道空间微气候性能对比（街道优化）

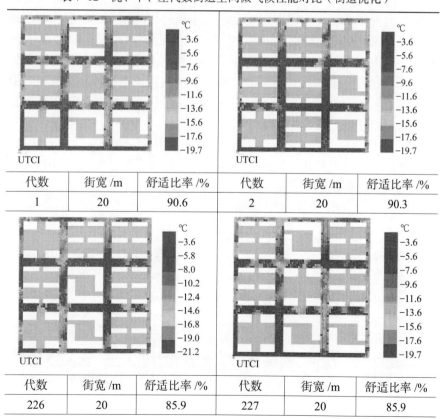

代数	街宽 /m	舒适比率 /%	代数	街宽 /m	舒适比率 /%
1	20	90.6	2	20	90.3
226	20	85.9	227	20	85.9

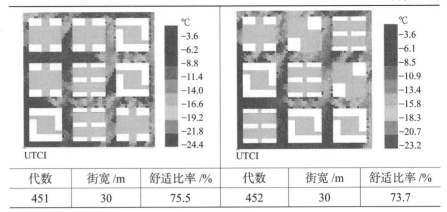

代数	街宽 /m	舒适比率 /%	代数	街宽 /m	舒适比率 /%
451	30	75.5	452	30	73.7

3）优化形态分析

（1）最优解与最差解形态对比分析

为了分析遗传算法对街区形态的优化规律，选取了最优解和最差解中各 10 代形态进行还原（图 7-38、图 7-39），下面将围绕这两个部分的形态分布进行对比分析。

从城市形态原型的类型和数量上来说，最优解和最差解中都没有出现开放空间，这说明大面积的开放空间在冬季寒地城市对微气候环境十分不利而被淘汰。最优代数中的点式高层形态仅出现一次，而在最差代数中共出现了 9 处。这说明点式高层对于街道风环境十分不利。对于板式高层来说，在最优解中仅以最少数量出现（保证容积率达标），而在最差解中则出现数量较多。这说明板式高层相比多层建筑，对于街道舒适度较为不利，过多的板式高层引起的下沉气流和周边扰流会造成街道舒适度的大幅下降。对于两种多层街区来说，最优和最差情况下仅就数量来说比较相近。

围合式街区，可以在最大程度上防止气流从侧面进入板式高层内部。此处优化之所以未在北侧形成连续板式高层的原因在第 7.2.2 节中已分析过，这里不再赘述。

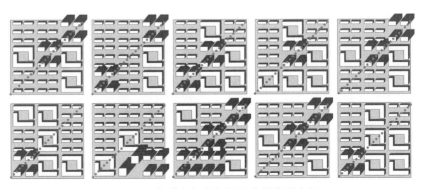

图 7-38　街道空间微气候性能最优形态解

图 7-39　街道空间微气候性能最差形态解

（2）前 150 代形态分布统计分析

选取前 150 代形态分布数据进行分析，并制成表格（表 7-13）。

同样先观察各类型的数量分布情况，1 和 2 也占据了绝大部分位置的前两位，如 A1、A2、B1、B2、B3、C2、C3 位置街区；3 高频出现的位置有 A3 和 C1；4 没有出现在任何一个街区的高频位置，且在前 150 代中出现的总数要显著少于整体优化时出现的次数；5 同样没有在前 150 代中出现。

从绝对数量来看，多层建筑类型街区（1、2）要多于高层建筑街区（3、4）和开放空间（5）。此原因在上一节已经做过阐述，这里不再赘述。

表 7-13　前 150 代街区形态分布统计（风向为北偏东 30°；街道优化）

类别	A		B		C	
1	1	73%	2	44%	3	49%
	2	24%	1	41%	4	28%
	3	3%	3	15%	1	20%
	4	0%	4	0%	2	3%
	5	0%	5	0%	5	0%
2	1	74%	2	50%	1	65%
	2	21%	3	31%	2	29%
	3	4%	1	18%	3	6%
	4	1%	4	1%	4	0%
	5	0%	5	0%	5	0%
3	3	82%	2	44%	2	47%
	1	7%	1	33%	1	34%
	2	6%	3	19%	3	19%
	4	4%	4	2%	4	0%
	5	1%	5	2%	5	0%

4）专项分析

（1）风环境分析

如前文所述，寒地城市冬季微气候舒适度受风环境的影响显著。位于迎风面的高层街区对于下风向街区能起到保护作用，但连续的高层出现在迎风面位置会导致高层周边气流加速效应剧增从而导致微气候舒适度降低。为了在这两种拮抗效应中取得平衡，优化算法选择在东北角的位置布置高层，此时高层街区所能提供的风影效率最高（迎风面高层数量少，风影面积大），将剩余高层布置在迎风面高层的风影区中。图 7-40 展示了街道空间微气候性能寻优结果中两种典型高层分布下 30 m 高度处的风环境分布，从中可以清晰地识别上述特点。

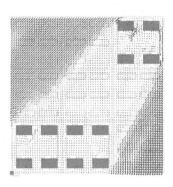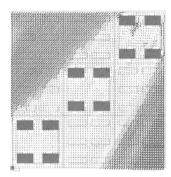

图 7-40　街道优化中两种典型高层分布方式的风环境分布（30 m 高度处）

（2）预测指标分析

遗传算法插件 Galapagos 显示数值趋于稳定后停止计算，实验共历时 31 小时，获得 948 代结果，其中有效数据（优化目标值非 0）为 452 代，除去无效数据后绘制优化目标值的变化折线，如图 7-41 所示。模拟片区整体的舒适度指标在第 0 代至第 130 代左右呈不断上升趋势，随着计算的进行逐渐趋于稳定。

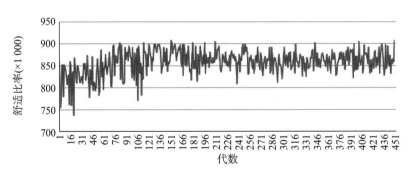

图 7-41　遗产算法插件 Galapagos 产生的舒适比率变化趋势（街道优化）

将所有相关数据随舒适比率的变化进行降序排列（图 7-42），并将整理过后的数据制成相应的图表。本次实验记录 2 组共 9 项数据，一组为微气候指标，即 MRT、UTCI、平均风速和最大风速比；另一组为城

市形态指标，即密度、容积率、SVF、错落度和围合度。下面将对各项
实验数据进行简要分析与讨论。

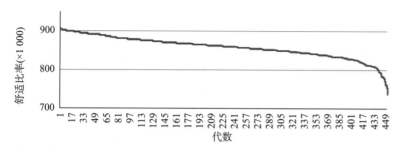

图 7-42　舒适比率降序排列后变化趋势（街道优化）（彩图见书末）

（3）形态指标分析

街区整体密度值在 0—120 代逐渐下降，在之后的代数中呈现平稳
波动的状态，从这一趋势来看，高密度的城市布局有利于改善寒地城市
冬季室外街道微气候舒适度；容积率变化曲线总体上呈现较为无序的状
态，前半段数值相对较小，后半段数值相对较大，反映到形态上可解释
为相对较高的城市密度不利于寒地城市冬季街道室外热舒适度的改善。
这与以往的实验结论不甚相符，这里推测是因为实验中对提升容积率有
贡献的形态原型基本都是高层建筑，而高层建筑周边的风环境一般较差，
会对室外热舒适度产生不利影响（图 7-43、图 7-44）。

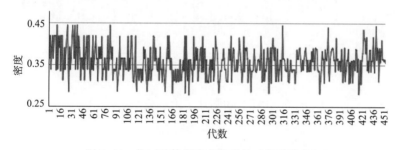

图 7-43　街区整体密度变化趋势（街道优化）

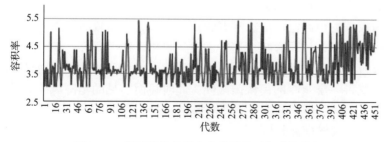

图 7-44　街区整体容积率变化趋势（街道优化）

测点平均 SVF 变化趋势随舒适比率下降而平稳上升，说明较小的 SVF 对于街道室外微气候舒适度有改善作用，即围合性较强的街道空间有利于冬季街道舒适度性能的提升（图 7-45）。

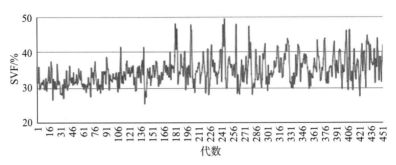

图 7-45　测点平均 SVF 变化趋势（街道优化）

街区平均围合度数值在 1—120 代呈显著下降趋势，随后稳定在 0.6 附近上下波动。这说明街区的平均围合度与街道室外舒适比率呈正相关，围合度较高的周边街区对于中间街道室外舒适度的提升有着正向贡献（图 7-46）。

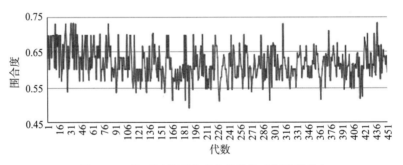

图 7-46　街区平均围合度变化趋势（街道优化）

街区错落度的变化趋势随着舒适比率的下降呈现出显著的阶梯状上升趋势（图 7-47）。这说明较小的街区错落度有利于改善街道空间的微气候舒适度，而较大的街区错落度则会导致街道微气候舒适度下降。这是因为较大的街区错落度意味着建筑高差大，会导致冷风被较高的建筑导入街区内部，从而影响街道舒适度。根据以往的研究，较大的错落度同样有益于增加太阳辐射的反照比例，从而使更多的太阳辐射进入城市内部，改善冬季寒冷的街道微气候。此时显而易见的是冷风所造成的损失要比太阳辐射带来的裨益显著得多。

（4）微气候指标分析

观察观测点 MRT 的变化趋势（图 7-48）可以发现，随着舒适比率

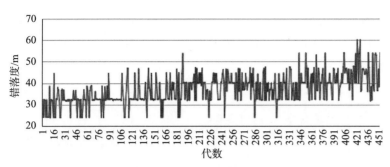

图 7-47　街区错落度变化趋势（街道优化）

的下降，MRT 值呈现不规则的变化趋势。在 0—180 代数值基本集中在 -8.9℃ 至 -8.7℃ 之间，随后数值波动变大。整体来看，随着舒适比率的降低，MRT 不仅没有下降，反而在较差的代数中显现了较大的数值。这说明与以前的经验不同，在寒地城市的冬季太阳辐射并不是影响室外人体舒适度的主导性因素。

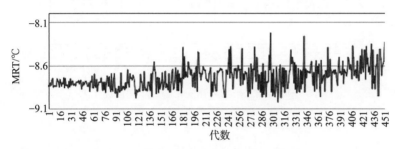

图 7-48　测点 MRT 变化趋势（街道优化）

测点 UTCI（图 7-49）随着舒适比率的下降呈现出波动但稳定下降的变化趋势。不难看出，舒适度指标的变化趋势基本上与舒适比率变化趋势呈线性正相关，但舒适度指标折线图中不时出现大幅的波动，说明当测试范围内的平均 UTCI 较高时（即总体舒适度较高时），并不代表场地内大部分区域是舒适的。有可能出现某些区域舒适度指数很高，而某些区域舒适度指数非常低，但从平均值上却无法看出这种差异。这也从侧面证实了实验选取舒适比率作为优化指标的合理性，即保证最大范围的城市区域能够达到舒适度标准。

观察平均风速和最大风速比的变化趋势（图 7-50、图 7-51）发现，两者都随舒适比率的下降而呈现上升趋势，说明两者都与寒地城市冬季舒适度成负相关。对比平均风速和 MRT 可以发现，在微气候要素层面，风是比太阳辐射更能影响寒地城市冬季室外微气候舒适度的环境要素。回归到风环境本身，将平均风速和最大风速比的变化趋势折线图与降序排列后的舒适比率变化趋势进行对比可以发现，虽然平均风速在总体走向上与舒适比率变化趋势相近，但最大风速比的变化趋势显然与舒适比率的变化趋势更加一致，即对街道舒适比率有更为直接的影响。

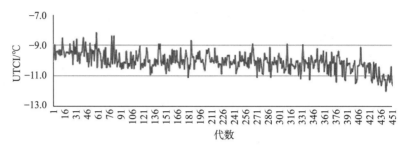

图 7-49　测点舒适度指标变化趋势（街道优化）

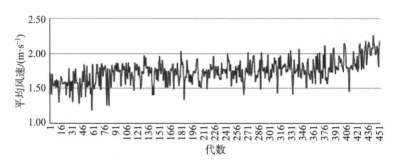

图 7-50　测点平均风速变化趋势（街道优化）

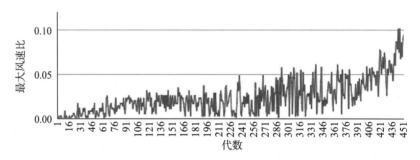

图 7-51　测点最大风速比变化趋势（街道优化）

5）预测指标回归分析

（1）形态要素多元线性回归分析

首先将记录实验各项数据的电子表格 Excel 导入数据分析软件 SPSS，选择回归分析中的线性回归分析，将舒适比率设定为因变量，依次将密度、容积率、SVF、围合度和错落度设定为自变量。点击确定后软件会自动生成分析报告（表 7-14），R 平方为 0.538。

"Beta"表示标准化的回归系数，代表自变量也就是预测变量和因变量的相关性。"*Sig.*"代表显著性，在统计学上，*Sig.* < 0.05 一般被认为是系数检验显著，显著的意思就是回归系数的绝对值显著大于 0，表明自变量可以有效预测因变量的变异，此结论有 5% 的错误率，即有 95% 的把握结论正确。如果 *Sig.* < 0.05，说明至少有一个自变量能够有效预测因变量。如果容差≤0.1 或方差膨胀因子（VIF）≥10，则说明自变量间存在严重共线性情况。

选取表 7-14 进行观察，根据前段说明可以发现，在五个预测变量中容积率的 *Sig.* 值为 0.589，远远超过一般认为的合理边界 0.05，说明容积率的影响不显著。接着观察方差膨胀因子（VIF）值，围合度、密度和错落度的方差膨胀因子（VIF）值都远远大于 10，说明存在显著的共线关系，会使线性回归分析结果出现误差，需要通过主成分分析来消除彼此间的影响。

表 7-14　以舒适比率为因变量的多元线性回归指标

模型		非标准化系数		标准系数	*t*	*Sig.*	共线性统计	
		B	标准误差	*Beta*			容差	VIF
1	（常量）	1 366.939	82.733	—	16.522	0.000	—	—
	SVF	−3.056	0.300	−0.466	−10.184	0.000	0.604	1.655
	围合度	−1 113.298	359.784	−1.933	−3.094	0.002	0.003	308.747
	错落度	−3.431	0.700	−0.877	−4.904	0.000	0.040	25.282
	密度	1 121.402	426.633	1.480	2.628	0.009	0.004	250.742
	容积率	2.641	4.888	0.060	0.540	0.589	0.101	9.909

剔除容积率变量（显著性大于阈值）后对剩余变量进行主成分分析。首先对剩余的四个变量进行标准化处理，得到标准化变量 X_1（SVF）、X_2（围合度）、X_3（错落度）、X_4（密度）。然后对标准化后的四个变量进行主成分分析，得到三个主成分表达式 X_1'（式 7-2）、X_2'（式 7-3）、X_2'（式 7-4）。最后以舒适比率为因变量，以主成分 X_1'、X_2'、X_3' 为自变量进行线性回归分析，得到式 7-5。将式 7-2、式 7-3、式 7-4 代入式 7-5，得到式 7-6。

$$X_1' = -0.256X_1 + 0.782X_2 - 0.239X_3 + 0.358X_4 \qquad （式 7-2）$$

$$X_2' = 0.291X_1 + 0.288X_2 + 0.926X_3 - 0.216X_4 \qquad （式 7-3）$$

$$X_3' = 1.048X_1 + 0.188X_2 - 0.506X_3 + 0.212X_4 \qquad （式 7-4）$$

$$Y' = 0.291X_1' - 0.55X_2' - 0.099X_3' \qquad （式 7-5）$$

$$Y' = -0.338X_1 + 0.051X_2 - 0.529X_3 + 0.202X_4 \qquad （式 7-6）$$

根据式 7-6 得到新的标准化系数（表 7-15），其中各指标的 *Sig.* 值均为 0，说明它们均与舒适度显著相关，与其对应的标准化系数可信程度高。其中，围合度和密度的标准化系数为 0.051 和 0.202，表明其与舒适比率呈正相关。SVF 和错落度的标准化系数分别为 −0.338 和 −0.529，表明它们都与舒适比率呈负相关。从标准系数的绝对值来看，对舒适度影响比较显著的变量为 SVF 和错落度，密度和围合度的影响较弱。依据标准系数并以百分比计算各预测变量影响程度，错落度、SVF、密度、围合度的数值分别为 47%、30%、18%、5%。

表 7-15　以舒适比率为因变量的多元线性回归指标（修正）

模型	标准系数
	Beta
（常量）	0
SVF	−0.338
围合度	0.051
错落度	−0.529
密度	0.202

对上述结论进行验算（表 7-16），回归模型计算得出的舒适比率与原始舒适比率值基本一致，说明模型基本能准确描述数据，其结论可信。

表 7-16　多元线性参数回归验证

舒适比率 （×1 000）	SVF/%	围合度	错落度 / m	密度	主成分 1	主成分 2	主成分 3	舒适比率验算 值（×1 000）
877	32.37	0.60	32.51	0.34	−0.01	−1.16	−0.41	875
877	32.60	0.60	32.51	0.34	−0.02	−1.14	−0.35	875
877	34.27	0.60	32.51	0.34	−0.12	−1.02	0.07	871
875	32.21	0.70	24.28	0.42	1.87	−0.55	1.00	877
875	36.58	0.57	32.68	0.31	−0.80	−1.41	0.36	871
875	37.51	0.53	32.84	0.29	−1.39	−1.90	0.30	874

（2）微气候要素多元线性回归分析

同形态要素多元线性回归分析中的操作步骤，将数据导入数据分析软件 SPSS 后，将舒适比率设为因变量，将平均风速、最大风速比、MRT 指标设为预测变量，分析并导出结果（表 7-17），R 方为 0.762。

接下来以 M-UTCI 为因变量，同样将平均风速、最大风速比、MRT 指标设为预测变量，分析并导出结果（表 7-18），R 方为 0.998。

表 7-17　以舒适比率为因变量的微气候要素多元线性回归指标

模型		非标准化系数		标准系数	t	显著性	共线性统计	
		B	标准误差	*Beta*			容差	VIF
1	（常量）	346.771	42.723	—	8.117	0.000	—	—
	平均风速	−28.360	4.607	−0.175	−6.156	0.000	0.656	1.523

模型		非标准化系数		标准系数	*t*	显著性	共线性统计	
		B	标准误差	*Beta*			容差	VIF
1	最大风速比	−892.614	39.532	−0.641	−22.580	0.000	0.660	1.514
	MRT	−66.502	4.717	−0.330	−14.099	0.000	0.970	1.031

表 7-18 以 M-UTCI 为因变量的微气候要素多元线性回归指标

模型		非标准化系数		标准系数	*t*	显著性	共线性统计	
		B	标准误差	*Beta*			容差	VIF
1	（常量）	−1.608	0.090	—	−17.890	0.000	—	—
	平均风速	−3.530	0.010	−0.992	−364.163	0.000	0.656	1.523
	最大风速比	−0.802	0.083	−0.026	−9.640	0.000	0.660	1.514
	MRT	0.265	0.010	0.060	26.692	0.000	0.970	1.031

首先观察表 7-17、表 7-18 中的显著性值均为 0，表明预测变量与舒适比率均有显著相关性，可以用来进行相关性分析。对比两表中最大风速比和平均风速两项数据的标准系数，也就是 *Beta* 值可以发现，当以舒适比率为因变量时，两者数值绝对值分别为 0.641 和 0.175；而以 M-UTCI 为因变量时，两者数值绝对值分别为 0.026 和 0.992。这说明最大风速比在决定街区舒适区域比例时起着主导性作用，即如果希望扩大街区的舒适区域，减少局部不良的高速风环境是最有效的手段。在决定街区 M-UTCI 方面，平均风速占有绝对主导地位，即提高街区 M-UTCI 的主要途径为降低城市平均风速。

接下来观察 MRT 对舒适度的影响。当以舒适比率为因变量时，MRT 的值为负，这意味着 MRT 与舒适比率呈负相关。这一结论明显与理论和常识相违背。究其原因，程序在寻优过程中，MRT 所起的影响较小，被其他如风速等主导因素所影响，导致其数值变化出现随机性，甚至反向变化，这从图 7-49 便可以看出。当以 M-UTCI 为因变量时，也可以看出这一点，相比平均风速的 *Beta* 值 −0.992，MRT 的 *Beta* 值仅有 0.06，也就是说其对 M-UTCI 的影响程度远不及平均风速。

6）小结

本节以街道空间微气候性能为目标进行了寻优实验，通过对遗传算法产生的形态结果和实验记录的形态与微气候数据进行分析，探究了形态布局优化的规律以及微气候与形态之间的相关性。

通过实验发现，对于寒地城市的中小尺度街区，最佳街道空间微气候所对应的空间形态为街道宽度尽量减小；在迎风侧东北角布置少量高层建筑为下风向建筑提供最有效的保护；其余高层建筑布置在上风向高层街区的风影区之中。这样既可以减少大量高层建筑处于迎风面所造成的周边风环境恶化，又可以在最大程度上为下风向建筑提供风屏障庇护。

通过数据分析软件 SPSS 对各变量进行多元线性回归分析发现，除了容积率一项，其他预测指标均表现出与舒适比率较高的关联性，错落度、SVF、密度、围合度的影响程度百分比依次为47%、30%、18%、5%。其中，SVF 和错落度与舒适比率呈负相关，密度和围合度与舒适比率呈正相关。

7.2.4 以街道空间微气候性能为目标的高层布局优化

通过上述实验可以发现，无论是街区整体微气候性能还是街道空间微气候性能，高层建筑的布局模式对其都有着重要影响。为了进一步探究与验证高层建筑对微气候的影响方式，本节将针对高层街区的位置与角度展开补充模拟研究。

1）实验组织过程

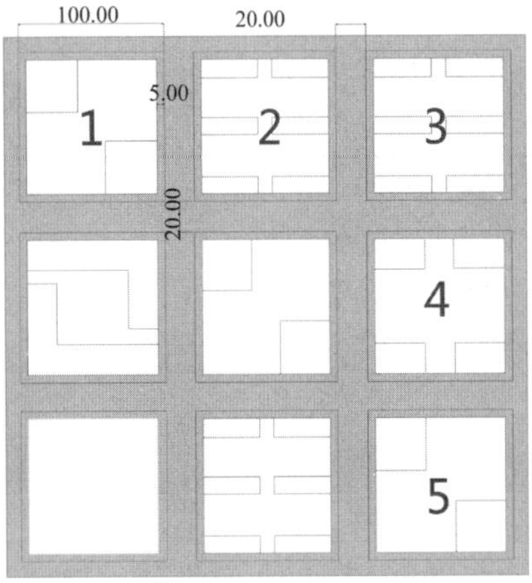

为了避免因高层前后互相遮挡引起的实验误差，本次优化模拟仅允许高层出现在迎风向的北侧和东侧的位置（图 7-52）。优化实验中三个高层街区将被随机分配在图 7-53 标示的五个位置上，与此同时，每个街区内的高层建筑方位角可以在 −30°、−15°、0°、15°、30°、45° 这六个值中变化，其中 0° 代表正南北向，负号为逆时针转动，正号为顺时针转动。在高层街区分配完成之后，其他小街区位置将由多层分布式街区填充。

由于街道空间是人群冬季活动的主要室外空间，因此本次实验选取的优化目标为街道空间的微气候舒适比率，各参数设置如表 7-19 所示。

图 7-52 高层街区位置分布（单位：m）

表 7-19 优化实验参数

	模拟时段	2 月 13 日 8：00 至 20：00					
常量	高层街区数量	3 个					
	多层街区数量	6 个					
	初始风速	4 m/s					
	初始风向	北偏东 30°					
变量	高层位置	1	2	3	4	5	—
	高层角度	−30°	−15°	0°	15	30°	45°

2）数据分析

通过 279 代的计算，目标值开始收敛至最大值。停止计算后将记录数据按照舒适比率进行降序排列，如图 7-53、图 7-54 所示。

首先观察 UTCI 和 MRT 的变化趋势与范围，随着舒适比率的下降，UTCI 值也呈逐步下降趋势，最大值与最小值的差值大于 1℃。MRT 并没有呈现出与舒适比率显著的正相关，反而在后期还出现了轻微的上升趋势，

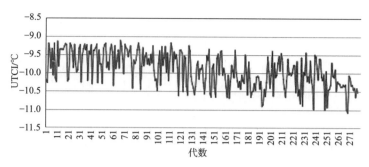

图 7-53 测点 UTCI 变化趋势

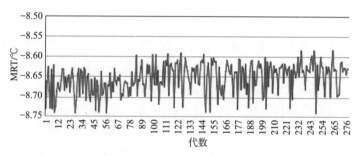

图 7-54 测点 MRT 变化趋势

且最大值与最小值之间的温度贡献仅相差约 0.1℃。这说明在整个 UTCI 温度影响中，太阳辐射所起的作用十分有限。

接下来观察最大风速比和平均风速的变化（图 7-55、图 7-56）。随着舒适比率的下降，测点最大风速比呈显著上升趋势，从最低的 2% 上升至 16%，提升了 14 个百分点，这说明局部高风速对舒适比率有着显著影响。平均风速也随着舒适比率的降低有所上升，但高低差值也仅有 0.6 m/s，这说明平均风速对舒适比率有一定程度的影响。这一组数据也印证了之前在第 7.2.2 节中关于风环境的推论。接下来将结合形态分布对高层街区影响街道微气候舒适度的机制进行研究。

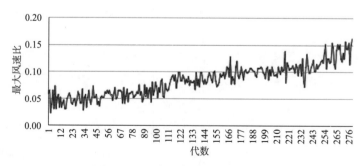

图 7-55 测点最大风速比变化趋势

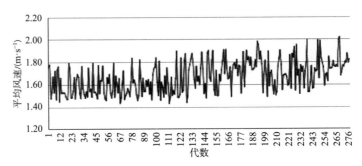

图 7-56　测点平均风速变化趋势

3）形态分析

实验共产生 278 代结果，下面选取优良代数与不良代数各五代进行分析。通过上一小节的分析基本可排除 MRT 和平均风速作为影响舒适比率主导影响因素的可能性。因此下面将针对形态特征和最大风速比与舒适比率的关系进行分析。

本次实验中形态变量有位置和方位角两大部分，这两个部分的变量都具有矢量性，包含了位置或方向的信息，无法进行直接的数据化分析，因此需要将这些形态要素转化成仅含数值的参数。根据第 7.2.2 节中对于风环境的分析结果，这里选取迎风面密度（λ_θ）作为街区形态信息的特征指标并制成表 7-20。

表 7-20　优良代数与不良代数形态及指标对比

优良代数					
	3	17	45	70	84
迎风面密度（λ_θ）	0.784	0.733	0.762	0.929	0.811
最大风速比（λ_v）	0.023	0.031	0.057	0.071	0.076
不良代数					
	134	155	177	230	278
迎风面密度（λ_θ）	1.099	0.916	1.094	1.064	1.001
最大风速比（λ_v）	0.084	0.073	0.110	0.112	0.162

从模拟的街区形态图来看，高层方位角对于舒适度的影响要小于高层街区分布位置的影响。高层街区分布位置相同时，高层建筑的方位角才会对微气候舒适度产生一定的影响。从图7-57可以看出，在相同位置情况下，高层建筑倾向于用长边迎风，可以在最大程度上阻挡气流。

为了更清晰地展示高层街区建筑分布形态与微气候之间的关系，可将表7-20中的最大风速比（λ_v）和迎风面密度（λ_θ）制成折线图（图7-58）。从中可以看出，最大风速比的数值随着高层街区迎风面密度的提高而增大。这说明高层街区的迎风面越大，街区中的极端风环境比例越高。这是因为高速气流在前进方向上遭遇高层建筑时会产生下降气流，同时建筑前后风压差会在建筑角部形成高速气流，这两种效应叠加起来造成高层风环境要比一般多层建筑差很多。尤其当高层建筑在迎风向上聚集成排时更会加剧这种气流的加速效应，严重影响这些高层建筑周边的风环境，进而导致微气候舒适度的下降。

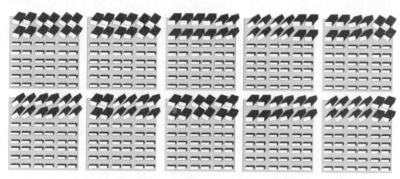

图7-57　相同布局高层街区方位角形态（从优到差排布）

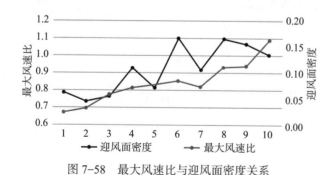

图7-58　最大风速比与迎风面密度关系

4）小结

通过上述两个实验发现，无论是街区整体微气候性能还是街道空间微气候性能，高层建筑的布局形式对其都有着重要影响。本节为了进一步探究与验证街区形态对微气候的影响方式，针对高层街区形态进行了专项研究，选取高层街区的位置与角度作为自变量展开以街道空间微气候性能为目标的高层布局优化。

实验发现，在影响微气候舒适度的气候变量中，在整体街区层面上太阳辐射对于高层的位置和方位角变化并不敏感，舒适度的主要变化是由风环境主导的。通过数据比较可以发现，高层街区位置分布对微气候的影响（主要通过风速影响）要大于高层街区方位角的影响；高层街区的迎风面密度越大，街区的最大风速比越大，其不舒适范围也就越大；当高层街区的分布位置相同时，建筑倾向于以长边迎风，以在最大程度上阻挡入侵气流。需要注意的是，以上结论是仅针对中小尺度街区研究得出的，当整体街区面积显著增大时，高层建筑迎风面密度增大所带来的风影区收益会逐渐超过其周边风环境恶化所造成的损失。

7.2.5 寒地开放空间微气候性能模拟

由于开放空间（5）会显著拉低街区的平均建筑密度，再加上其冬季微气候性能较差，遗传算法在筛选"基因"的过程中几乎将其全数淘汰。为了更全面地研究各种形态的冬季微气候性能表现，本节人工选择了三种包含不同位置开放空间的城市街区形态组合，并对其进行微气候性能模拟，用以简要研究开放空间形态对寒地城市冬季微气候的影响。模拟实验中的开放空间（5）放置的位置分别为迎风向前端、迎风向中端和迎风向末端，并将其对应的微气候数据制成表格（表7-21）。

表7-21 寒地开放空间微气候性能对比（风向为北偏东30°）

迎风向前端开放空间						
舒适比率/%	密度	容积率	平均风速/（m·s⁻¹）	最大风速比	MRT/℃	M-UTCI/℃
85	0.43	3.2	1.9	0.03	−8.5	−14.5

迎风向中端开放空间						
舒适比率/%	密度	容积率	平均风速/（m·s⁻¹）	最大风速比	MRT/℃	M-UTCI/℃
86	0.43	3.2	1.5	0.01	−8.2	−12.8

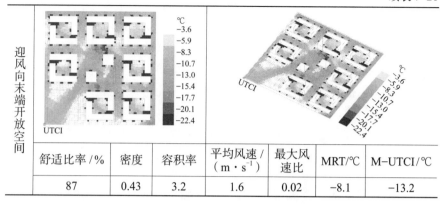

	舒适比率/%	密度	容积率	平均风速/ (m·s⁻¹)	最大风 速比	MRT/℃	M-UTCI/℃
迎风向末端开放空间	87	0.43	3.2	1.6	0.02	−8.1	−13.2

为了放大开放空间的微气候影响效应，将其与点式高层街区（4）形态进行了组合，观察并对比表格中的布局形态。

当开放空间处于上风向时，寒风可以毫无遮挡地侵入街区内部，并在高层建筑两侧的街道上形成高速湍流，使得整个点式高层所在的小街区微气候舒适度显著下降。

当开放空间处于下风向时，由于点式高层导致的周边湍流进入开放空间，在其中形成一道高速风带，这对处于开放空间中的人来说显然是非常不利的。

最有利的情况是当开放空间处于整个街区中部时，可以看到虽然其上风向处是周边风环境最差的点式高层，但其受到的影响并不算大，整个广场仍能保持较高的舒适度。

此外，上述结论也可以被与之对应的微气候数据所证明，当开放空间分别处于前端、末端、中端时，相对应的平均风速为 1.9 m/s、1.6 m/s、1.5 m/s，最大风速比为 0.03、0.02、0.01，M-UTCI 为 −14.5 ℃、−13.2 ℃、−12.8 ℃。

7.3　策略探讨与总结

7.3.1　实验小结

本章以人体室外舒适度为评价标准，展开以提升街区微气候环境为目标的形态寻优实验，共进行了两次主要寻优实验、一次辅助寻优实验和两次模拟验证。第 7.2.1 节的模拟主要是为了研究单一城市形态原型的微气候性能，为后续分析提供依据；第 7.2.2 节和第 7.2.3 节分别以整体街区和街道空间为优化目标进行街区形态优化；第 7.2.4 节和第 7.2.5 节为专项分析，分别针对前面实验中需要进一步研究的高层街区布局问题和未涉及的开放空间微气候性能进行进一步模拟。通过以上一系列研究可得出如下结论：

1）高层街区（建筑）布局形式的影响

对于寒地城市的中小尺度街区而言，无论是街区整体微气候性能还是街道空间微气候性能，高层建筑的布局形式都对其产生重要影响。在对街区整体微气候性能优化和街道空间微气候性能优化实验中发现，其最优布局都倾向于选择尽可能小的街道宽度、一定数量位于上风向位置的高层街区（建筑）以及位于其风影区中的其他高层建筑。两者不同之处在于：街区整体优化包括小街区内部，因此优化时会避免将其布置在容易被侧风侵袭的东北角位置，而是布置在北侧中间的位置。街道空间优化不存在这一问题，所以一般在迎风的西北角安排高层街区，为后方街区提供庇护。

由对高层建筑的专项分析发现，高层街区的迎风面密度越大，街区的最大风速比越大，街区的不舒适范围也就越大；当高层街区（建筑）的分布位置相同时，建筑倾向于以长边面对风向，以最大限度地阻挡入侵气流。

2）针对监测指标的分析与评价

对于气候指标，由于本次实验小街区的形态都由固定的城市形态原型分配形成，因而相同小街区内部的太阳辐射所贡献的温度基本相同；而从整体街区层面来看，由相同形态类型比例组成大街区的街道太阳辐射得热也基本相同（相同比例的形态无论怎样组合，其对于街道的总投影面积都是相同的），仅在街道宽度改变的时候太阳辐射得热会有较大的改变。综合以上两个方面，在整体街区舒适度影响因素方面，太阳辐射得热导致的差异并不明显。因此，在实验中微气候的主导影响因素还是风环境。

对于形态指标，在单一形态微气候模拟实验中，预测指标均未表现出与舒适比率明显的关联性；在街道空间微气候模拟实验中，除了容积率一项，其他预测指标均表现出与舒适比率较高的关联性，错落度、SVF、密度、围合度的影响程度百分比依次为47%、30%、18%、5%。其中，SVF和错落度与舒适比率呈负相关，密度和围合度与舒适比率呈正相关。

3）开放空间布局模式

对寒地城市开放空间的专项分析表明，寒地城市不宜布置大面积无遮挡的开放空间，如需布置，应将其放置在四周有建筑围合的街区中部，且上风向位置应尽量避开高层建筑，以防止高层加速的下沉气流对广场风环境造成不利影响。

7.3.2 基于实验结果的综合优化策略

针对上述实验所得出的结论进行分析与整合，提出如下针对城市微气候优化的思考与策略：

1）街区整体和街道空间优化策略对比

由于寒地城市冬季微气候舒适度主要受风环境影响，从程序选择的优化结果来看，街区整体舒适度寻优和街道空间舒适度寻优显示出很高的相似性。基本策略都是在上风向布置少量高层，以最大效率为下风向街区提供风影区保护。不同之处在于，由于整体优化同时要兼顾小街区内部和街道空间，为了防止冷风从侧面侵入小街区内部，迎风向高层街区并未被布置在东北角。整体优化的复杂性及难度要高于街道空间优化，这从最终的优化数值也可以看出，整体优化舒适比率的最大值为87.7%，街道空间优化则可以达到90.3%。

在实际城市环境中，各小街区内部的形态会更加复杂，这也给建模还原和模拟优化带来一定难度，考虑到街道空间是人们日常主要的出行与公共活动空间，因此针对街道空间的研究与优化更具现实意义。

2）优化范围对策略的影响

城市微气候优化的范围对于优化结果和策略选择都有极其重要的影响。例如，当研究范围为微观尺度上某一特定的街区层峡时，街区走向、南北侧建筑高度差等因素造成的太阳辐射差异，即使在冬季也会与风环境有同样重要的影响。当研究尺度为中小尺度城市片区时，不同朝向街道所造成的太阳辐射差异会相互抵消，讨论高层街区南北布置问题也不再有意义（各街区种类比例一定时），因为无论各形态小街区如何组合，街道上总的投影面积是一定的。

总体而言，高层街区不宜大量并置于迎风面，这是因为高层聚集所形成的气流加速效应会抵消掉高层风影为下风向建筑带来的平均风速的改善。随着街区范围扩大，由于高层周边不舒适区域基本恒定不变，平均风速改善带来的收益就会逐渐超过高层聚集的不利效应，此时优化策略就应转为在迎风面上集中布置尽可能多的高层。

3）风环境改善

高层建筑在寒地城市冬季微气候环境中有着相当重要的影响：一方面，它是造成城市内部风环境恶化的主要形态要素；另一方面，它又能为下风向建筑提供风影区保护。在寒地城市布局时，应根据规模选取适宜比例的高层建筑布置在上风向位置处，同时剩余的高层街区应尽量避免暴露在迎风面，而应该放置在风影保护区内。事实上，迎风面高层提供的"庇护"更多是针对其他高层建筑的，因为高层对风环境更为敏感。

根据前文所述，当街道高宽比大于0.65时，街道峡谷内部受到的气流影响十分有限。因此，多层建筑紧密排布对于寒地城市具有很好的防风效果。一旦有高层置入，就会导致冷风顺着高层建筑渗入城市内部。因此，在城市规划设计时应注重形态分区，同一分区内应尽量减小建筑错落度（高度差），以保证风环境最优化。

4）太阳辐射热改善

对于中小尺度城市微气候优化来说，街区形态本身的位置分布并不能影响太阳辐射热接收量的变化，因此只能通过改变街道峡谷自身性质来改善太阳辐射条件，通过改变街道高宽比在太阳辐射和风环境之间取得平衡。

寒地城市应避免大规模设置没有保护的开放空间，一般应该考虑将其设置在周边有建筑环绕保护的位置，或者将之拆分成小块布置在围合式建筑内部或建筑之间。

第 7 章参考文献

［1］丁沃沃，胡友培，窦平平 . 城市形态与城市微气候的关联性研究［J］. 建筑学报，2012（7）：16–21.

第 7 章图表来源

图 7–1 至图 7–58 源自：笔者绘制 .
表 7–1 至表 7–21 源自：笔者绘制 .

8 结语

目前，对开放空间的研究仍然存在一些局限和不足。首先，就分析角度而言，大部分研究都集中在微观尺度的城市设计层面，如街区、庭院的设计对改善微气候的作用。其中不少研究仅针对单一影响因子的作用进行分析，如地表反照率、建筑及下垫面材料与环境之间的关系，而在考虑多个参数综合影响的研究中，对绿化、水体的研究又占了大多数。同时，在街区尺度下就开放空间多个几何形态因子参数对微气候舒适度的综合影响的研究还较少，也缺乏相应的开放空间设计策略。其次，就评价标准而言，热环境和风环境优化是相关研究的两个主要方向。其中关于热舒适度，近年来越来越多的研究开始使用生物气候指标来预测人体热反应，常见的有预计平均热感觉指数（PMV）、生理等效温度（PET）和通用热气候指数（UTCI）等。大部分研究都基于当地气候，探索与改善极端气候条件下室外良好微气候的实现途经。最后，从使用技术手段而言，如今环境模拟软件 Envi–MET、人体热辐射评估软件 Rayman 和仿真模拟软件 CFD 等性能模拟平台已得到普及，常被用来分析城市室外热舒适度。但是性能仅仅是作为设计中的参考条件，并不能直接用于指导城市规划设计，导致环境影响对城市设计的综合参与度不够。随着技术的发展，性能驱动优化设计正逐渐成为当下城市微气候研究的重要内容之一。

8.1 关键技术

本书立足建筑与公共空间的布局形态，建立环境性能与设计之间的相关性研究，通过遗传算法实现自动寻优，探求给定条件下的理想建筑及公共空间布局模式，使用定性和定量相结合的方法探究公共空间与热舒适度间的关系及影响机制，提出切实可行的针对不同气候条件的公共空间设计策略。在前人研究的基础上初步实现如下关键技术的应用：

（1）关于热舒适度研究，目前大量研究来自宏观的城市总体规划及微观的街道、建筑等视角，从中观城市设计视角出发的理论成果和设计策略相对较少。本书立足中观尺度的公共空间与建筑之间的相对关系，从总体布局和空间形态两个层面对公共空间热环境的影响展开研究，以优化数据为依据，定性分析与总体布局相关的热环境影响因素，运用定量分析的方法寻找空间形态控制参数与热舒适度间的相关性，构建系统完整的研究框架和思路，提供气候适应性的空间布局模式，为相关热舒适度研究提供借鉴与参考。

（2）关于技术应用，尝试一种新的设计思想与流程。在传统设计过程中，设计与性能评价的脱离往往带来设计过程的反复，设计结果倾向于设计师的主观表达而无法准确反映客观生成逻辑，可以改动的余地小，优化效率低。本书借助计算机技术提出在设计初期介入对环境性能的模拟和优化，包含了"建模""分析""优化"三个方面的内容，针对传统设计与性能评价的脱离，基于遗传算法的优化搜索机制，实现环境性能与设计之间的有机整合，及时反馈模拟结果，更加直观地识别热环境的优劣，以此提高工作效率及设计的科学性。

（3）交叉学科研究。热舒适度研究涉及气候学、环境学、城市设计、建筑学等多学科，同时借助遗传优化等数学方法和计算机模拟技术手段对设计过程进行综合研究，以弥补传统设计过程中的不足，为设计和评价过程搭建良好的平台，各个学科不再局限于单纯的某一领域的研究，而是跨学科、跨领域研究，实现资源、信息更加有效地配置，促进学科间交流，加强合作和创新，以适应新时代发展的需求。

8.2　主要创新点

随着人们对城市环境问题的日益关注，气候适应性城市设计已成为未来城市设计的重要发展趋势。该理论早在 20 世纪六七十年代就已经被提出，然而由于这一课题横跨气候、物理、城市设计等多个学科，且研究对象复杂多变，学科间知识的界定整合、各种尺度气候现象的模拟和量化都是这一研究领域需要推进和解决的问题。本书在以下方面做了一些探讨：

1）研究思路创新：实现以微气候性能提升为驱动的城市形态优化

由于在城市与微气候研究中所涉及的变量繁多且有复杂的关联性，在相关研究中如何清晰地界定研究范围和研究目标是首先需要解决的问题。以建筑学的视角研究气候适应性城市设计，最终目的是通过合理的城市形态塑造营造出具有良好微气候性能的城市人居环境。本书以城市微气候性能提升为驱动目标，以 UTCI 为评价标准，通过遗传算法搜索最优的城市形态组合，将已有的、相对独立的专项理论研究整合为可以量化参照的目标。

2）优化对象创新：基于地域特征提取的城市形态原型

本书中的优化算法原型单元选择尝试打破传统的单一柱状阵列形态，根据研究区域内的建筑特征提取并简化而成。一方面，在最大程度上体现所在气候区的建筑形态特征；另一方面，优化得到的形态组合类型分化显著，更接近真实城市形态，能够为城市设计提供直接的形态布局依据，是将气候适应性城市设计理论向应用推进的一次尝试。

3）数据分析创新：基于数据分析软件 SPSS 的微气候与形态关联性参数化分析

本书尝试打破建筑与规划学科传统的偏定性研究，引入了遗传算法与统计学工具——数据分析软件 SPSS 进行计算机参数化寻优和关联性定量分析。遗传算法的意义不仅在于可以代替人工选出精确的最优解，而且在于在寻优过程中产生的海量城市形态组合及与之相对应的形态和气候数据。与传统的若干个类似街区的对比研究相比，遗传算法所提供的数据不仅因内在相似性更具可对比性，充足的数据更为统计学分析提供了可能，使得不同影响因子之间的关联性不再局限于定性讨论，而可以精确地进行参数化研究。

8.3　应用前景

基于性能驱动的设计方法是目前建筑性能领域出现的新型模拟与优化技术手段，在不同维度对传统设计手段和平台进行升级换代，为当今绿色城市设计研究方向提供了一种实用的系统性优化策略，使方案生成与评价一体化展开。通过算法和数据分析，将传统设计方法与大数据和人工智能等前沿技术相结合，完成城市设计方案构思与优化的数字化转型，具有积极的理论意义和应用潜力。

1）从设计评价分离到设计评价一体化

在传统建筑性能及环境设计中，方案的性能评价通常被安排在最后环节，即在方案完成后检验其是否符合节能规范要求，这样一方面有可能导致设计过程的反复，陷入不断修改的重复劳动，降低了效率；另一方面也会导致设计与结果的分离，使方案设计成为被动寻求环境适应的权宜之计。

性能驱动优化设计方法在设计过程中将最终所需性能作为评价指标，用程序来控制设计过程，对设计过程中产生的性能结果进行实时结算与分析，并一步步进行修正，指导设计创作，使传统行业中的设计评价分离转变为设计评价一体化，提升设计效率和数字化程度，实现方案调整的量化比对，使每步操作都有据可依。设计师在此过程中只需为计算机提供性能指标评判标准和方案的优化范围，之后交由程序通过算法进行调整，输出比较结果，再由设计师依据实际所需汇总分析，选择符合各方需求的最优方案。

在此过程中，由于在现实中设计不仅需要满足性能要求，而且需要兼顾功能、美观等其他需求，前者因有着明确的逻辑性和精确的判断标准使优化算法得以顺利进行，后者无法具体量化属于定性分析的层面，因此最终还需要设计师对生成的诸多方案进行主观评判、选择和修正。在本书所进行的实验中，遗传算法的寻优过程虽然进展得较为顺利，但也存在着对优化目标、自变量个数的限制，对最优解的寻找是单线承继而非多线并行，这使得在问题复杂且存在多种最优解的情况下遗传算法无法完全实现，因此算法的选择和升级是使设计趋向最佳的必不可少的关键步骤。算法在当今世界计算机行业中属于人工智能领域，这是一个备受关注的全新领域。一旦作为性能驱动优化设计核心的算法有了质的突破，全新的设计手段必将涌现，为传统设计行业带来新的进展。随着人工智能的飞速发展，新算法逻辑的出现指日可待，不难想象未来计算机会面对更加复杂的条件，对于环境的模拟将会更趋于现实，对最优解的选择和判别将接近并超越人类认知，未来由设计师调整的部分会越来越少。

2）从主观定性分析到客观量化评估

在气候适应性城市设计研究中，针对城市对微气候影响的探究从未停止。19世纪，学者们对城市与微气候关联性的解密主要利用历史气象资料汇总和城市气象样本采集分析，利用真实数据寻找二者间的关系来指导城市设计。随着计算机模拟技术的发展，利用仿真模拟软件CFD、生态建筑大师模拟分析软件Ecotect等软件模拟结果来替代气象站测量数据，从结果中寻求影响机制成为重要的技术路线，涌现出了诸多有价值的结论，并被广泛应用于当今的绿色城市设计中。

然而气候适应性设计是一个因地制宜的寻优过程，文献中总结的规律虽有一定的普适性，但如何将其转译并运用到实际中也是一种考验。大量的对地方特质的忽略使设计对环境的回应呈现出范式化的单调，缺乏有机结合表现出的多样性。性能驱动优化技术以当地气候条件和环境作为输入条件，根据与环境的互动进行设计优化，完成方案修正，在此过程中，方案调整范围交由设计师确定，使其在继承前人经验的基础上保留设计与环境交互的大部分特质，是对复杂环境的客观反映，也可避免气候适应性设计的趋同。

上述方法将设计过程与结果输出融为一体，结果的可视化呈现降低了气候适应性设计的准入门槛，减少设计师本人去理解城市与微气候间复杂的耦合关系、将主观判断转化为计算机的客观认知处理。与此同时，对于需要解析内在逻辑的研究者来说，该方法设计过程中对环境的回应、演变过程也为其提供了大量的数据资料，为对该地区的气候适应性设计提供了经验参考。在性能驱动优化中，过程与结果两个不同角度的成果都十分重要，其普适性使得在不同地区、不同环境下的重复应用成为可能，拓宽了气候适应性城市设计的经验样本。

3）从数据参考到数据参与

在建筑对环境适应的设计中，建筑与环境间形成了复杂的耦合关系，黑箱暗含在模拟结果之下，包含着大量复杂的数据关联。对黑箱的解密过程即需要从这些大规模数据中提取有效信息，而人脑对于数据处理的能力是有限的，从复杂现象中得到的信息亦有限，计算机成了不二选择。

为了从多因子耦合的复杂结果中挖掘出有效的关联性，足够数量的样本十分必要，而传统测量方法耗费大量的人力物力，且易受多种因素的干扰，导致精确性缺失。本书所采用的性能驱动优化方法以设计结果作为目标，同时着眼于其优化过程。这种依靠计算机自动生成和优化的方法可以同时测试大量的样本，保证了各种可能性的高水平覆盖，便于发现最佳形式。实践过程中所产生的数百上千个设计方案的数据资料不单单是简化的若干数值，而且是无差异地完整保留了设计环境的复杂信息，每一组设计与结果都成为揭秘黑箱的一组证据，当证据足够多的时候，明晰的关联性将浮出水面。此外，通过解读优化过程中的形态演变模式，影响微气候的各因子及其相关性将得到阐释，从而将复杂关系化解为简单的数理模型，促进设计师清晰地理解与认知城市开放空间形态对微气候环境的影响。

传统设计行业习惯以图说话，性能分析结果也仅作为参考所用，其数据并没有真正影响到方案设计。在未来，当大数据处理技术与气候适应性城市设计成熟结合时，城市形态与微气候间的复杂关系将被抽丝剥茧般地提取出来，从数据转变为形式语言，直接应用于设计中，并力求使每一个方案都有据可依。

8.4 存在问题

城市公共空间形态与热环境的影响因素众多，相互间的关系也十分复杂，需要投入长期持续的科学研究。由于时间和资源的限制，本书对于基于热舒适度的公共空间形态优化进行了初步探索，研究内容仍存在一些不足，亟待加以解决和完善。

（1）本书缺少对公共空间热舒适度的行为观察和实测研究。热舒适度是人的一种主观生理和心理感受，受性别、年龄、种族、适应性等因素的影响，需要通过调研和实测，分析人体真实的热舒适度状况及行为活动规律，实现对热舒适性更加准确的预测和评价，并以此指导城市设计。

（2）本书中的实验是在形态简单且无任何复杂周边环境条件下进行的，探究优化解决问题的能力，而现实的建筑形态及周边城市环境会更复杂，对场地热环境有着不可忽视的影响，因此需要考虑周边复杂环境限制下实验的可行性与适应性。

（3）设计目标需要考虑错综复杂的因素，如在冬冷夏热地区，热舒适度主要关注夏季白天的高温天气，但不同季节与时段的影响也需要关注。本书未对夜间及多季节的变化规律进行探讨。实际问题的优化设计不仅仅是单目标的求解，更是多目标综合因素的考虑，以求得到更加具有科学性的结论。

（4）瓢虫（Ladybug）、蝴蝶（Butterfly）等部分软件因其研发时间较晚，虽然国内外已经有相关的实验研究，但总体应用还比较少，计算机性能模拟与实测相比较可能会存在一些误差，软件模拟精度还有待进一步验证。

（5）开放空间作为一个复杂的城市系统，其构成因子中不仅包含了形态因子，而且包含了绿化、材料等诸多要素。限于软件和自身能力的不足，本书只对开放空间的数个形态因子与微气候相关性进行了模拟分析。

8.5 研究展望

对于我国而言，有关城市空间与气候关系的研究还在发展阶段，可持续发展的低碳节能型城市需要更多跨学科的研究和探索。本书为基于热舒适度的公共空间优化设计提供了一种可能，随着生态、可持续发展的不断深入，以及性能模拟技术等方法的不断进步，基于计算机模拟的城市建筑形态优化生成展现出了很大的发展潜力，希望未来城市规划设计能够在延续传统设计经验和方法的基础上，结合当前先进的理论和技术方法，更加关注气候对城市环境的影响，通过合理的设计手段来协调人、建筑和环境的关系，改善城市微气候，创造更加舒适的人居环境。

（1）如第 1 章所提到的，随着全球经济与科技不断地发展融合，城市之间的竞争已逐渐从资源、区位的较量转变为对于人才的争夺，高端人才对于城市宜居环境的需求就成为城市竞争力中不可忽视的一部分，而气候正是塑造城市整体空间环境的一个最为重要的因素，城市微气候性能考量将成为未来城市设计中必不可少的一部分。

（2）城市微气候研究是未来的发展趋势之一，与参数化形态生成算法耦合，通过设定目标环境优化值（能耗强度、舒适度指标等），迭代计算输出符合要求的形态关系组合。这意味着微气候模拟将从对既有形式的评价转向生成符合要求的形式组合——模拟工具将成为性能化的整合式生成设计体系的一部分[1]。

（3）未来是信息化和大数据的时代，吸收借鉴其他学科的技术与方法，并将其整合进城市微气候研究对未来学科发展具有重要意义。结合城市微气候性能、城市耗能、城市人口流动等方面的大数据，借助统计分析处理对设计进行指导的研究方法或将超越单一的微气候性能驱动生成设计，而上升为一种广泛意义上的整体性能驱动的城市形态生成设计方法。

（4）遗传算法存在只适应单一目标、少量自变量情况的缺陷，为满足算法需求，需要简化城市形态。对于复杂的城市物理环境来说，将其化解为数个可变量极其困难，形态变化的精度、自由度有一定限制，即使如此，仍需要设计师进行抽象归纳，如果考虑到规范等要求将更为复杂。例如，在实验 SL2 和 WL2 中，为了使整体建筑密度不变，在建筑长宽改变后选择对其进行系数修正，这导致在优化中相邻建筑距离过近，甚至有粘连在一起的可能，致使部分开放空间形态因子计算出错，实验目的未能得到完全实现。

（5）遗传算法本身是一种不断去除差异性，保持单一优势血缘延续的算法，无法提供多种最优解，而单一结果往往不能满足功能等实际使用要求，设计师更需要的是从多解中择一的方式。在城市环境越来越复杂、要求越来越多样的今天，性能驱动优化设计的结果要想真正落地实施，需要技术的进一步发展与完善。

（6）本书选取室外平均 UTCI 作为评判标准。虽然 UTCI 对室外舒适度的评判较为可靠，但其作为一个综合指标，未将单一指标的舒适度纳入考虑。例如，在较大速度的气流中人容易产生风环境不适，且单纯提取整个环境中的 UTCI 平均值作为评判标准的做法也略欠考虑。对于一个整体场地，建议完备评价模型、综合考量其环境舒适性是性能驱动优化设计深入发展不可或缺的前提。

（7）优化过程中产生了大量值得分析的数据，而对数据处理经验的不足和数据处理软件的不熟悉可能导致分析无法进一步深入，且尚缺数理知识来描述开放空间几何形态的量化指标，针对开放空间与微气候关联性的挖掘还流于形式。气候适应性城市设计是一个多学科交叉的综合领域，还需与不同专业的研究合作推进。

总之，参数化设计平台作为生成、分析和优化技术沟通的桥梁，可以识别出设计中影响室外舒适度最为严峻的区域，适用于评估和改善城市室外热舒适性。性能驱动优化是设计评价一体化的实践应用，也是作为建筑行业信息化转型的先锋，将计算机行业先进的技术和优势引入设计行业，本书所做的仅是对其在气候适应性城市设计领域的初步尝试，随着计算机软件模拟技术的发展，该方法将会得到更深入的应用，进而促进传统城市设计方法的更新迭代。

第 8 章参考文献

［1］杨峰. 城市形态与微气候环境：性能化模拟途径综述［J］. 城市建筑，2015（28）：92-95.

术语中英对照

城市冠层	UCL
城市边界层	UBL
湿球黑球温度	WBGT
预计平均热感觉指数	PMV
预测不满意百分比	PPD
标准有效温度	SET
生理等效温度	PET
通用热气候指数	UTCI
平均辐射温度	MRT
联合国政府间气候变化专门委员会	IPCC
城市热岛效应	UHI
地理信息系统	GIS
非均匀有理 B 样条	NURBS
高宽比	*H/W*
天空可视域	SVF
绿色城市设计	Green Urban Design
《世界能源展望 2009》	*World Energy Outlook*-2009

在王建国院士的长期指导下，我们对绿色城市设计生态策略的研究已进行了多年。最早我们的着眼点主要在城市不同空间尺度方面所体现的绿色城市设计策略，并试图将其与我国法定的城市规划编制层次有所对应，以使"生态优先"准则能够为处在快速城市化进程中的中国城市建设实践提供"非经济、非物质、非文化"的理念参考。大约从2002年开始，我们的视野和关注对象逐渐从城市规模尺度的垂直层面扩展到基于生物气候条件的城市设计生态策略，亦即不同生物气候条件的水平层面，其中主要包括湿热地区、干热地区、冬冷夏热地区和寒冷地区的城市设计，这样就可以使绿色城市设计本身的理论和方法架构更具系统完整性。自2010年起，随着计算机技术和软件性能的不断提升，我们尝试将绿色城市设计的研究进一步拓展到城市形态与微气候舒适度及城市尺度的能源绩效层面的相关领域。

本书是在徐小东教授以及吴奕帆、刘宇鹏、殷晨欢、王艺所完成的相关研究成果的基础上重新编写、深化、整合而成。感谢契友原东南大学教授虞刚长期以来对课题研究的鼎力支持，无私援助了多名研究生全过程参与。在相关选题和写作过程中，南京大学童滋雨教授、南京工业大学钱才云教授及东南大学周颖教授、吴锦绣教授、刘捷副教授等多位专家都提出过切实中肯的意见。感谢研究生王菁睿、范静哲、岳小超、乔畅为本书校稿所付出的不懈努力。同时，还要特别感谢美国劳伦斯伯克利国家实验室洪天真先生为我们在美国就绿色城市设计和城市能源领域所展开的研究提供了巨大便利，他所在的城市能源组独特的研究视野和全球领先的实验平台为我们提供了诸多启发与技术支持。

此外，还要感谢徐宁副教授、王伟副研究员，在与他们日常性的工程合作、学术切磋和交流过程中，我们获得了许多有价值的启示和建议。对东南大学出版社的徐步政先生、孙惠玉女士所给予的精心编排与策划也深表谢意。本书在研究过程中受到国家自然科学基金面上项目（51978144、51678127）的资助，谨致谢意！

最后，期盼本书能够给"双碳"背景下关心与从事中国城市可持续发展问题的读者提供有益的帮助和价值启示。由于笔者学术水平和能力有限，书中谬误和不当之处在所难免，敬请批评指正，以期在有机会再版时加以修订与完善。

徐小东

2022年4月

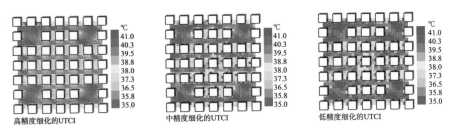

图 4-10　不同精度风洞造成的 UTCI 结果区别

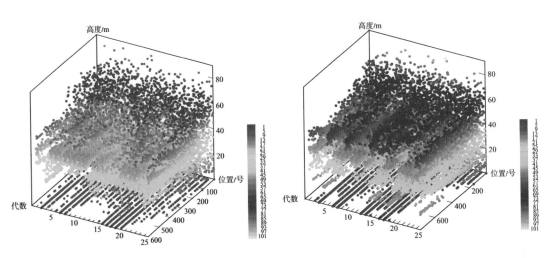

图 4-50　SL1 各点位建筑高度及节点空间选址演变　图 4-55　SH1 各点位建筑高度及节点空间选址演变

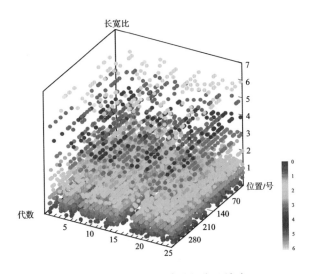

图 4-64　SL2 各点位建筑长宽比演变

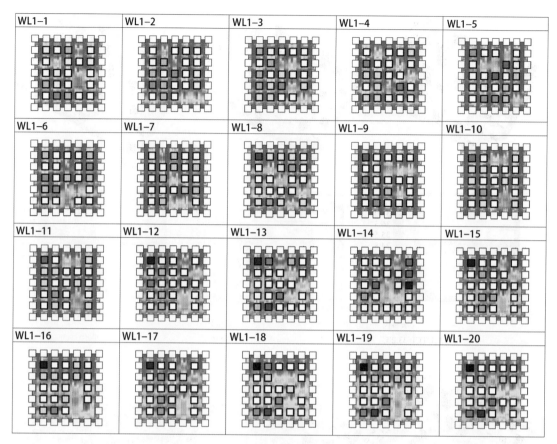

图 4-92　WL1 优化过程案例 UTCI 分布图

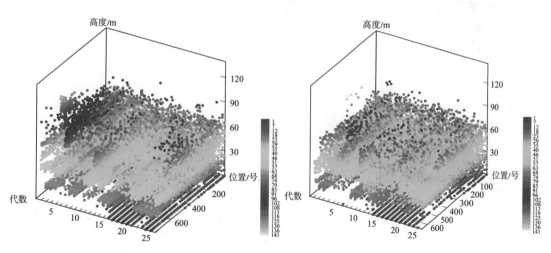

图 4-104　WL1 各点位建筑高度及节点空间选址演变　　图 4-109　WH1 各点位建筑高度及节点空间选址演变

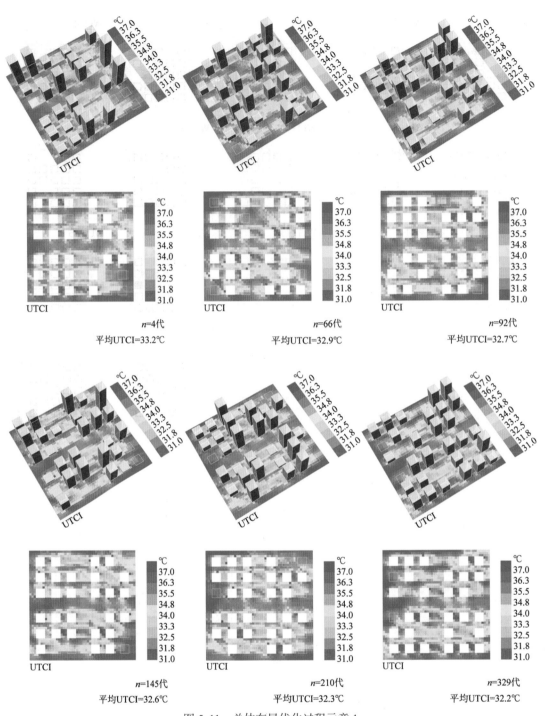

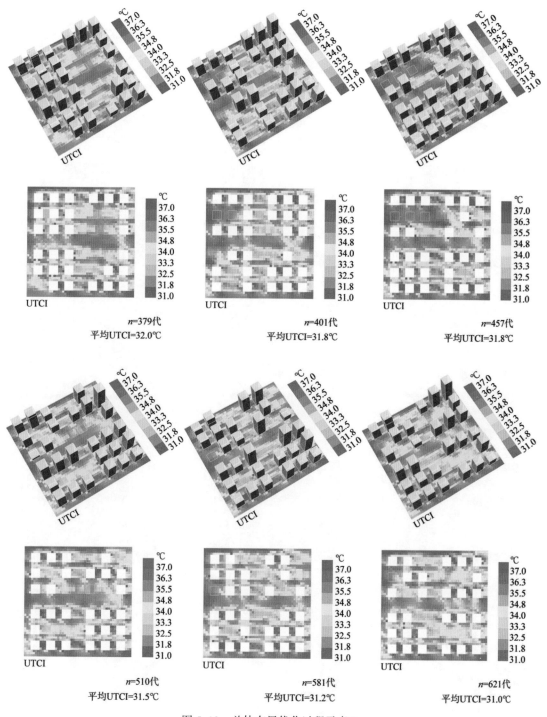

n=379代
平均UTCI=32.0℃

n=401代
平均UTCI=31.8℃

n=457代
平均UTCI=31.8℃

n=510代
平均UTCI=31.5℃

n=581代
平均UTCI=31.2℃

n=621代
平均UTCI=31.0℃

图 5-12　总体布局优化过程示意 2

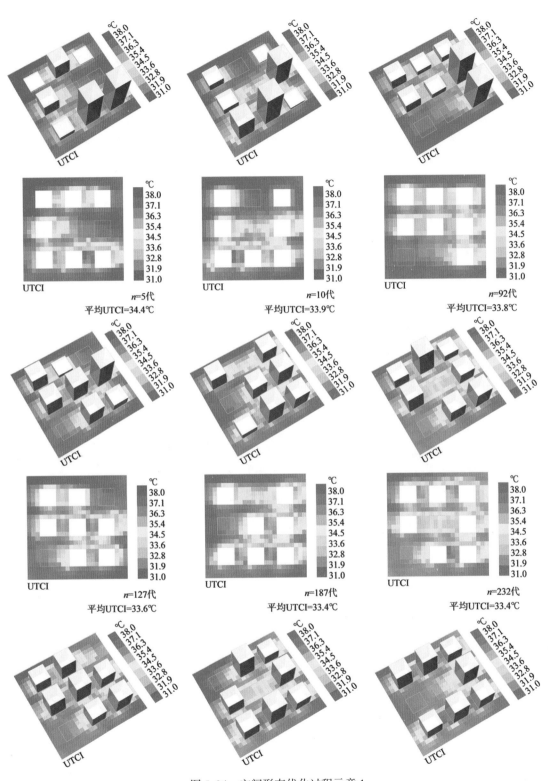

图 5-24　空间形态优化过程示意 1

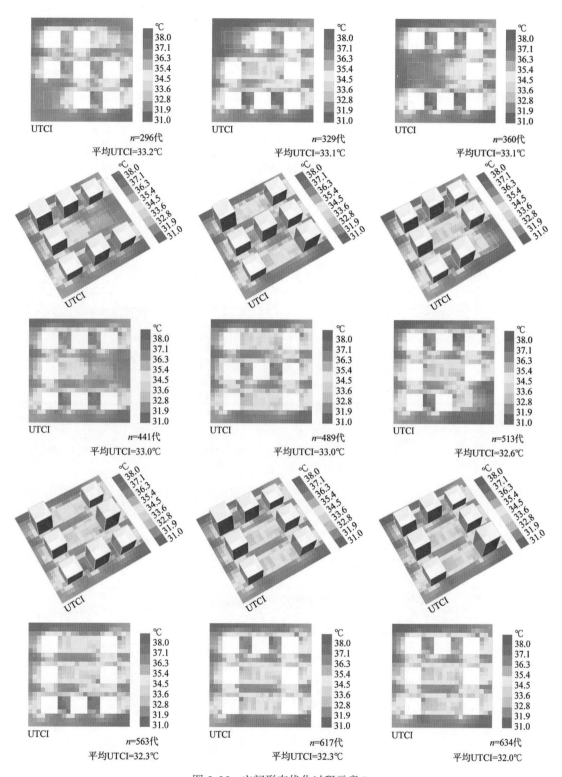

图 5-25　空间形态优化过程示意 2

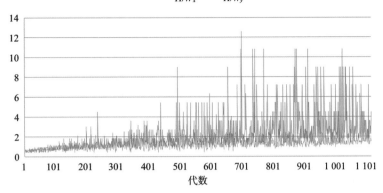

图 6-33 街区街道高宽比变化趋势

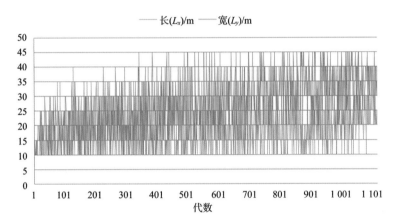

图 6-36 建筑长宽变化趋势

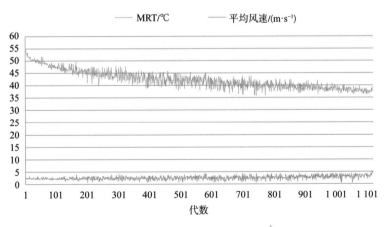

图 6-37 街区 MRT、平均风速变化趋势

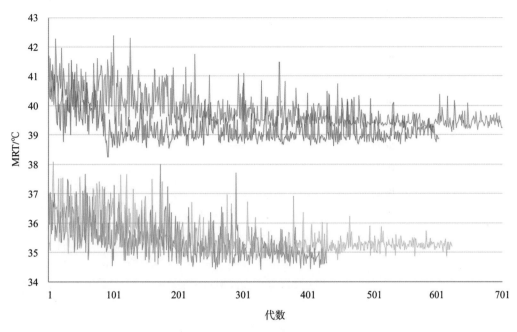

图 6-43　四种类型街区 MRT 变化趋势

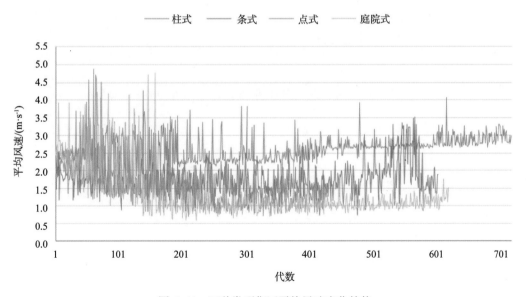

图 6-44　四种类型街区平均风速变化趋势

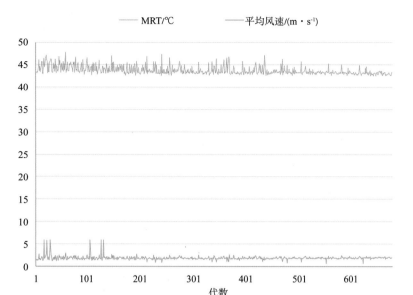

图 6-48　实际街区 MRT、平均风速变化趋势

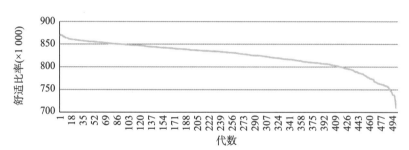

图 7-27　舒适比率降序排列后变化趋势（整体优化）

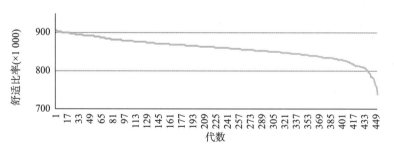

图 7-42　舒适比率降序排列后变化趋势（街道优化）

本书作者

徐小东，东南大学建筑学院教授、博士生导师，建筑系副主任，我国香港中文大学、美国劳伦斯伯克利国家实验室访问学者，兼任中国城市科学研究会绿色建筑与节能委员会委员、中国民族建筑研究会建筑遗产数字化保护专业委员会副主任委员、中国城市规划学会城市设计学术委员会理事、中国建筑学会地下空间学术委员会理事等。主要从事城市设计及理论、传统村落保护与利用的教学、科研与实践工作。主持完成"十二五"国家科技支撑计划课题 1 项，主持在研"十三五"国家重点研发计划课题 1 项、国家自然科学基金面上项目 2 项。在国内外学术刊物上发表论文 90 余篇，专著 5 部。相关成果获国家或省部级教学、科研与设计一等奖、二等奖等 20 余项。

吴奕帆，东南大学建筑学硕士。主要研究方向为农村工业化及绿色城市设计。参与多项城市设计项目，获"紫金奖"文化创意设计大赛铜奖及学生组二等奖；参与"十二五"国家科技支撑计划课题 1 项，发表学术论文多篇。现任金地集团东南区域地产公司建筑产品经理，负责项目曾获意大利 A'设计大奖赛（A' Design Award & Competition）金奖、德国标志性设计奖（Iconic Awards）优胜奖等多项奖项。

刘宇鹏，东南大学建筑学硕士，现为华东建筑设计研究总院建筑师，国家一级注册建筑师。主要研究方向为城市形态与城市微气候、类型学。参与"十二五"国家科技支撑计划课题 1 项，发表学术论文 1 篇，获"紫金奖"建筑及环境设计大赛优秀奖。参与北京城市副中心总体城市设计、珠海机场、上海东站、南京北站、菏泽绿地双子塔超高层等项目设计工作。

殷晨欢，东南大学建筑学硕士。主要研究方向为城市设计与城市形态、城市形态与参数化模拟。参与北京城市副中心总体城市设计、连云港盐坨地块城市设计等设计竞赛，参与"十二五"国家科技支撑计划课题 1 项。在国内外核心期刊发表论文数篇。现从事建筑设计工作，主要钻研于住宅产品的研发等。

王艺，东南大学建筑学硕士。获得 Autodesk Revit 杯全国大学生可持续建筑设计竞赛优秀奖，中国建筑"蓝色力量杯"微课大赛二等奖等。参与国家"十二五"国家科技支撑计划课题 1 项，发表学术论文 2 篇。现任职于中国建筑西北设计研究院有限公司，从事建筑设计工作。